清华社"视频大讲堂"大系

CAD/CAM/CAE技术视频大讲堂

AutoCAD

电子电气设计

完全自学手册

李志雄　钟日铭◎编著

U0231795

清华大学出版社

北京

内 容 简 介

AutoCAD 在机械、化工、电子电气、航空航天、造船、模具、广告、建筑、装潢等各个设计领域应用广泛。本书以最新的 AutoCAD 2019 简体中文版为讲解平台,着重介绍 AutoCAD 在电气设计方面的应用。本书共分 12 章,主要讲解了 AutoCAD 2019 制图基础、绘制二维图形与文本、图形修改、电气设计基础、制图准备及样式设置、绘制电气简图用图形符号实例、绘制电气设备用图形符号、电子元器件三维实体建模、绘制电气电路图、绘制电气接线图以及建筑电气制图设计等。

本书结构清晰、内容丰富、实例典型、图文并茂、应用性强且性价比高,是一本值得推荐的从入门到精通类的 AutoCAD 电子与电气设计学习教程。本书既可作为大中专院校理工科类专业、高等职业技术院校的计算机辅助设计课程的教材,也可以作为广大工程技术人员的电子电气设计自学用书。

图书在版编目(CIP)数据

AutoCAD 电子电气设计完全自学手册/李志雄,钟日铭编著. —北京:清华大学出版社,2018(2021.9 重印)
(清华社"视频大讲堂"大系 CAD/CAM/CAE 技术视频大讲堂)
ISBN 978-7-302-50790-1

Ⅰ. ①A… Ⅱ. ①李… ②钟… Ⅲ. ①电气设备-计算机辅助设计-AutoCAD 软件-手册 Ⅳ. ①TM02-39

中国版本图书馆 CIP 数据核字(2018)第 178659 号

责任编辑:贾小红
封面设计:杜广芳
版式设计:楠竹文化
责任校对:马军令
责任印制:刘海龙

出版发行:清华大学出版社
　　　　网　　　址:http://www.tup.com.cn,http://www.wqbook.com
　　　　地　　　址:北京清华大学学研大厦 A 座　　　　　　邮　　编:100084
　　　　社 总 机:010-62770175　　　　　　　　　　　　　　邮　　购:010-62786544
　　　　投稿与读者服务:010-62776969,c-service@tup.tsinghua.edu.cn
　　　　质 量 反 馈:010-62772015,zhiliang@tup.tsinghua.edu.cn
印 装 者:三河市龙大印装有限公司
经　　销:全国新华书店
开　　本:203mm×260mm　　　　印　　张:19.75　　　　字　　数:504 千字
版　　次:2018 年 8 月第 1 版　　　　　　　　　　　　　　印　　次:2021 年 9 月第 2 次印刷
定　　价:59.80 元

产品编号:079847-01

前　言

AutoCAD 是一款值得推荐的通用计算机辅助设计软件，它功能强大，性能稳定，兼容性好，扩展性强（即体系结构开放），使用方便，具有卓越的二维绘图、三维建模、参数化图形设计和二次开发等功能，在电子电气、机械、汽车、航空航天、造船、石油化工、玩具、服装、模具、广告、建筑、装潢等行业广泛应用。

本书以最新的 AutoCAD 2019 简体中文版为讲解平台，并结合现行电气设计制图标准来详细地介绍 AutoCAD 电气设计的基础与实战知识。在内容编排上，讲究从易到难，注重基础，突出实用，贴合专业，力求与读者近距离接触，使本书如同一位近在咫尺的资深导师在向身边学生指点迷津，传授应用技能。

1. 本书内容框架

本书图文并茂，结构清晰，重点突出，实例典型，应用性强，易学易用，是一本值得推荐的从入门到精通的电气设计学习教程。书中所选实例均来源于实际电气设计工作或教学工作。本书共分 12 章，内容全面，典型实用。各章的内容如下。

第 1 章　介绍 AutoCAD 2019 制图基础，包括启动与退出 AutoCAD 2019、AutoCAD 2019 工作空间、AutoCAD 2019 用户界面、配置绘图环境、文件基本操作、图形单位设置、对象选择操作和执行命令的几种方式等。

第 2 章　介绍绘制二维图形和文字的基础知识。

第 3 章　结合典型实例介绍图形修改的实用知识。

第 4 章　首先介绍电气工程制图概述，包括初识电气工程与电气图、电气图分类和电气图的特点，接着介绍电气图符号的一些入门知识，以及介绍电气工程制图的相关规范。

第 5 章　以建立一个某企业内的电气制图图形模板文件为例，说明如何设置图层、文字样式、尺寸标准样式，以及如何绘制满足国家标准的图框和标题栏等。

第 6 章　首先介绍一些类别的电气简图用图形符号绘制实例，类别包括：符号要素、限定符号和其他常用符号；导体和连接件；基本无源元件；半导体管和电子管；开关、控制和保护器件；测量仪表、灯和信号器件。

第 7 章　继续介绍一些典型的电气简图用图形符号绘制实例，主要涉及电信交换和外围设备图形符号、电信传输图形符号、建筑安装平面布置图图形符号、二进制逻辑件图形符号和模拟元件图形符号等。

第 8 章　介绍绘制电气设备用图形符号的几个实例。

第 9 章　主要介绍电子元器件三维设计的一些实用知识，包括用户坐标系应用、三维建模基础、三维实体编辑与操作、相关电子元器件三维建模实例。

第 10 章　着重讲解电气电路图的一些典型画法及相应的综合实例。

第 11 章　结合几个典型实例，介绍如何在 AutoCAD 2019 中进行电气接线图绘制。

第 12 章　首先介绍建筑电气制图基本规定、建筑电气常用图形符号和建筑电气制图图样画法，接着介绍照明箱配电系统图绘制实例和室内电气照明系统图绘制实例。

2. 配套资料使用说明

为了便于读者学习，本书特意提供一个资料包，可扫描本书封底二维码下载。

（1）实例模型文件

针对本书，我们制作了原始实例模型文件及部分制作完成的参考文件，共 145 个，均放在配套资料包 CH#（#为相应的章号）文件夹中，请使用 AutoCAD 软件打开。

（2）操作视频

为帮助读者快速掌握 AutoCAD 2019 的操作和应用技巧，我们制作了 28 集视频内容，配有语音解说，读者可以扫描书中二维码观看视频，并对照书中内容加以实践练习。用电脑观看的读者可在配套资料包"操作视频"文件夹中找到教学视频文件，采用 mp4 格式，可以在大多数的播放器中播放。

（3）大量赠送资源

☑　电子附录：AutoCAD 命令集，共 10 页 365 条，帮助读者掌握 AutoCAD 2019 的快速操作。

☑　教学用参考 PPT：全 12 章电子教案，方便老师教学和读者自学。

☑　图形符号库：11 大类电气图形符号，包括开关、电容器、继电器、三极管等。

☑　图形样板：6 大图形样板，打开就用，节省做图时间。

3. 技术支持说明

如果您在阅读本书时遇到什么问题，可以扫描封底二维码，点击页面下方的"读者反馈"留下您的问题及联系方式，欢迎读者提出技术咨询或批评建议。

本书主要由李志雄、钟日铭编著，参与编写的还有肖秋连、钟观龙、庞祖英、钟日梅、钟春雄、刘晓云、陈忠钰、周兴超、陈日仙、黄观秀、钟寿瑞、沈婷、钟周寿、曾婷婷、邹思文、肖钦、赵玉华、钟春桃、黄后标、劳国红、肖宝玉、肖世鹏、黄瑞珍、肖秋引。

书中如有疏漏之处，请广大读者不吝赐教。谢谢。

天道酬勤，熟能生巧，以此与读者共勉。

编　者

目　　录

第 1 章　AutoCAD 制图基础

本章导读

　　AutoCAD（Auto Computer Aided Design）是美国欧特克（Autodesk）公司成功开发的计算机辅助设计软件，具有强大的二维绘图、三维设计、数据管理和渲染显示等功能，是国际上广为流行的绘图软件，广泛应用于机械、建筑、化工、电子电气、航空航天、造船、服装、广告、工业设计和模具设计等领域。

　　本章介绍 AutoCAD 制图基础（以 AutoCAD 2019 为软件蓝本），包括启动与退出 AutoCAD 2019、AutoCAD 2019 工作空间、AutoCAD 2019 用户界面、配置绘图环境、文件基本操作、图形单位设置、对象选择操作和执行命令的几种方式等。

1.1　启动与退出 AutoCAD 2019

　　按照安装说明安装好 AutoCAD 2019 软件后，如果设置了在 Windows 操作系统桌面上显示 AutoCAD 2019 快捷方式图标 A，那么双击该快捷方式图标便可快速启动 AutoCAD 2019 软件。用户也可以使用"开始"菜单方式来启动 AutoCAD 2019 软件，以 Windows 10 操作系统为例，其操作方法是单击 Windows 操作系统桌面左下角的"开始"按钮 以打开"开始"菜单，接着从"所有程序"列表中选择"AutoCAD 2019-简体中文（Simplified Chinese）"|"AutoCAD 2019-简体中文（Simplified Chinese）"命令即可。

　　用户还可通过打开 AutoCAD 格式文件（如*.dwg、*.dwt）来启动 AutoCAD 2019 软件。

　　要退出 AutoCAD 2019 软件，可以采用以下几种方式之一。

- ☑ 单击"应用程序"按钮 打开应用程序菜单，从中单击"退出 Autodesk AutoCAD 2019"按钮。
- ☑ 从菜单栏中选择"文件"|"退出"命令。
- ☑ 单击 AutoCAD 2019 窗口界面最右上角的"关闭"按钮 ✕。
- ☑ 在命令行中输入 Exit 或 Quit 命令，按 Enter 键。
- ☑ 按 Ctrl+Q 组合键。

1.2 AutoCAD 2019 的工作空间

　　AutoCAD 的工作空间是由分组组织的菜单、工具栏、选项板和功能区控制面板组成的集合，能够使用户在专门的、面向任务的绘图环境中工作。使用工作空间时，只会显示与任务相关的菜单、工具栏、功能区工具和选项板等。例如，在创建三维模型时，可以使用"三维建模"工作空间，其中仅包含与三维建模相关的功能区工具等，而三维建模不常需要的界面项、工具会被隐藏，从而使用户更方便地进行三维建模操作。此外，工作空间还可以显示用于特定任务的特殊选项板。

　　AutoCAD 2019 默认提供了 3 个工作空间："草图与注释"工作空间、"三维基础"工作空间和"三维建模"工作空间。用户也可以自定义工作空间。要切换当前工作空间，可以从"快速访问"工具栏的"工作空间"下拉列表框中选择所需要的一个工作空间名称即可，如图 1-1 所示。要设置工作空间，则可以在"快速访问"工具栏的"工作空间"下拉列表框中选择"工作空间设置"选项，系统弹出如图 1-2 所示的"工作空间设置"对话框，接着利用该对话框设置默认工作空间，设置工作空间菜单显示及顺序，以及设置切换工作空间时是否自动保存工作空间修改。

图 1-1 "快速访问"工具栏的"工作空间"下拉列表框　　　　图 1-2 "工作空间设置"对话框

　　如果要绘制二维草图，用户可以选用"草图与注释"工作空间；如果要进行三维模型设计，那么用户可以选用"三维建模"工作空间或"三维基础"工作空间，其中，"三维建模"工作空间的界面将提供较为完整的三维建模工具。

1.3 AutoCAD 2019 用户界面

　　这里以"草图与注释"工作空间为例，简单地介绍 AutoCAD 2019 的用户界面。在"快速访问"工具栏的"工作空间"下拉列表框中选择"草图与注释"选项，或者在状态栏中单击"切换工作空间"按钮 ⚙ ▾，在弹出的子菜单中选择"草图与注释"选项，便可快速进入该工作空间的用户界面，如图 1-3 所示。该工作空间默认的用户界面主要由标题栏、"快速访问"工具栏、应用程序菜单、功能区、命令窗口（即命令行）、绘图区域、状态栏和导航栏等几部分组成。用户也可以自定义界面。

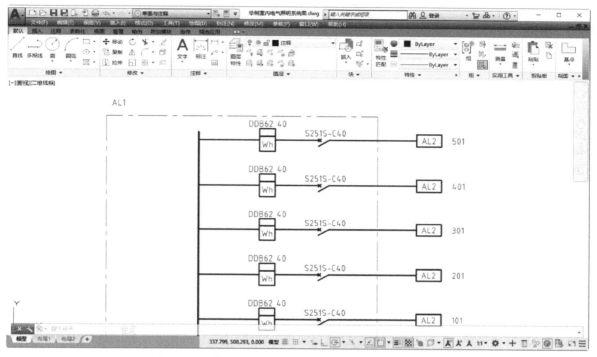

图 1-3　AutoCAD 2019 "草图与注释"工作空间的用户界面

1.3.1　标题栏与"快速访问"工具栏

标题栏位于 AutoCAD 2019 用户界面的最上方一栏，用于显示当前软件版本名称，以及显示当前图形文件的名称和格式。

标题栏的左侧区域嵌入了一个"快速访问"工具栏，如图 1-4 所示。"快速访问"工具栏提供对定义的常用命令集的直接访问工具。用户可以自定义"快速访问"工具栏，包括向"快速访问"工具栏添加更多的工具，其操作方法是在"快速访问"工具栏中单击 ▾ 按钮，接着从打开的下拉菜单中选择所需的命令进行设置，如图 1-5 所示。如果向"快速访问"工具栏添加了相当多的工具，超出工具栏最大长度范围的工具会以弹出按钮显示。当然，可以定制"快速访问"工具栏在功能区下方显示。

在标题栏右侧部位提供了"最小化"按钮 －、"最大化"按钮 □（最大化用户界面后，该按钮将切换为"向下还原"按钮 ▯）和"关闭"按钮 ×。

图 1-4　"快速访问"工具栏　　　　　　　　图 1-5　自定义"快速访问"工具栏

1.3.2　应用程序菜单和菜单栏

　　在 AutoCAD 2019 用户界面左上角有一个"应用程序"按钮，单击此按钮可打开如图 1-6 所示的应用程序菜单，从中可搜索命令以及访问用于创建、打开、关闭和发布文件的工具命令等。在应用程序菜单中，可以使用"最近使用的文档"列表来查看最近使用的文件。另外，应用程序菜单支持对命令的实时搜索，搜索字段显示在应用程序菜单的顶部区域，搜索结果可以包括菜单命令、基本工具提示和命令提示文字字符串。使用应用程序菜单搜索命令的典型示例如图 1-7 所示，在应用程序菜单顶部区域的搜索框中输入要搜索的命令字符，例如输入 ZOOM，则会显示相应的搜索结果（包括最佳匹配项和相关结果）。

　　要使当前工作空间的界面显示有 AutoCAD 经典菜单栏，可以在"快速访问"工具栏中单击"自定义快速访问工具栏"按钮，接着从弹出的菜单中选择"显示菜单栏"命令，则在标题栏的下方、功能区的上方显示菜单栏。该菜单栏包括有"文件""编辑""视图""插入""格式""工具""绘图""标注""修改""参数""窗口"和"帮助"这些菜单。用户可以在菜单栏各菜单中选择所需要的命令。在各菜单中，如果其中的命令选项呈灰色显示，则表示该命令选项暂时不可用；如果某个命令选项后面带有"…"符号，则表示选择该命令选项后将打开一个对话框来进行相应的操作；如果某个命令选项后面具有"＞"符号，则表示选择该命令选项时将展开其级联菜单。

图 1-6 应用程序菜单　　　　　　　图 1-7 使用应用程序搜索命令

1.3.3　功能区

功能区由许多面板组成，这些面板被组织到根据任务进行标记的选项卡中，有些面板还附带有溢出面板。可以将功能区看作是显示基于任务的工具和控件的选项板。使用功能区时无须显示多个工具栏，这样便使应用程序窗口变得更加简洁。功能区可以水平或垂直显示，也可以将功能区设置显示为浮动选项板。创建或打开图形时，默认情况下在图形窗口的顶部将显示水平的功能区，如图 1-8 所示。当功能区水平显示时，每个选项卡都由文本标签标识。

图 1-8 水平显示的功能区

1.3.4　绘图区域

绘图区域（即图形窗口）是主要的工作区域，绘制的图形在该区域中显示。在绘图区域中，需要关注绘图光标、当前坐标系图标、视口控件和 ViewCube 工具。其中，视口控件显示在每个视口的左上角，提供更改视图、视觉样式和其他设置的快捷方式；ViewCube 工具位于绘图区域的右上角，用来控制三维视图的方向视角等。在绘图区域的右侧提供有一个导航栏，在导航栏中提供有特定于产品的导航工具，如平移工具、缩放工具和动态观察工具等。

在绘制二维图形时，默认坐标系图标的 X 轴正方向向右，Y 轴正方向向上。

在未执行命令的情况下，鼠标光标在绘图区域显示为一个十字光标；当在执行某些命令而需要选择对象时，绘图区域中的鼠标光标会变成一个小小的方形拾取框。

1.3.5　命令窗口

命令窗口也称命令行窗口，它主要由当前命令行和命令历史列表框组成。AutoCAD 2019 中的命令窗口可以为传统的固定形式，也可以是浮动形式，如图 1-9 所示。在命令窗口中单击"最近使用的命令"按钮，可以打开"最近使用的命令"列表，从中可选择所需的命令进行操作。

图 1-9　命令窗口

对于浮动命令窗口，单击"自定义"按钮并从打开的自定义列表中选择"透明度"命令，接着利用弹出的"透明度"对话框可以设置命令行的透明度样式，如图 1-10 所示。

在命令行中输入命令或命令别名，然后按 Enter 键或者空格键，系统会执行该命令的操作。在输入命令后，用户可能看到显示在命令行中的一系列提示选项，此时可以使用鼠标单击所需的选项，也可以通过使用键盘输入大写或小写的相应字母来指定提示选项。如果对当前输入命令的操作不满意，可以按 Esc 键取消该命令操作。

在默认情况下，命令或系统变量的名称在输入时会自动完成，也会显示使用相同字母的命令和系统变量的建议列表。用户可以在"输入搜索选项"对话框中控制这些功能的设置。对于初学者来说，应该多注意命令行的提示。

使用固定命令窗口时，按 F2 功能键，系统弹出一个独立的 AutoCAD 文本窗口，如图 1-11 所示。可以直接在该窗口的命令行中输入命令或相应的参数来执行操作。另外，利用该 AutoCAD 文本窗口，可以很方便地查看和编辑命令操作的历史记录。再次按 F2 功能键，将关闭 AutoCAD 文本窗口。如果使用浮动命令窗口，则按 Ctrl+F2 组合键才能打开或关闭独立的 AutoCAD 文本窗口。

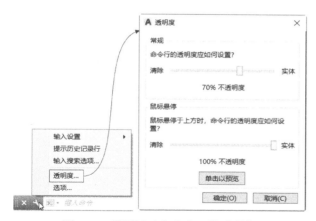

图 1-10　设置浮动命令窗口的透明度

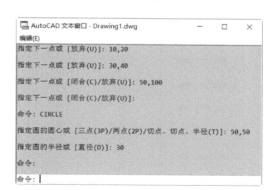

图 1-11　AutoCAD 文本窗口

1.3.6　状态栏

状态栏显示光标位置、绘图工具以及会影响绘图环境的工具，状态栏提供对某些最常用的绘图工具的快速访问，如图 1-12 所示。要更改状态栏中显示的项目，那么可以在状态栏右侧单击"自定义"按钮 ≣，接着从"自定义"菜单列表中选择要显示在状态栏中的项目即可。

图 1-12　状态栏

在实际设计工作中，通常需要使用状态栏中的相关模式控制按钮，如"捕捉模式" ⠿、"栅格显示" ⊞、"正交模式" ⌐、"极轴追踪" ⊘、"对象捕捉" ⊡、"三维对象捕捉" ⬚、"对象捕捉追踪" ∠、"允许/禁止动态 UCS" ↟、"动态输入" ⁺□、"显示/隐藏线宽" ≣、"快捷特性" ⊞ 和"选择循环" ⊡ 等。

1.3.7　工具选项板

工具选项板是一种十分有用的辅助设计工具，它提供了一种用来组织、共享，放置块、图案填充及其他工具的有效方法。工具选项板还可以包含由第三方技术开发人员提供的自定义工具。

在工具选项板中，包含了很多工具类别的选项卡，如"机械""建模""建筑""电力"和"结构"等诸多选项卡，每个选项卡都集中了相应类别的内容。例如，"机械"选项卡中列出了常用的机械图形，如图 1-13 所示。在绘制图形的过程中，对于一些常用件，可以使用鼠标拖曳的方式将其从工具选项板相应的选项卡拖到图形区域中放置即可。

如果当前的用户界面中没有显示工具选项板，那么可以在功能区"视图"选项卡的"选项板"面板中单击"工具选项板"按钮 ⊞，如图 1-14 所示，即可打开工具选项板。用户也可以在菜单栏中选择"工具"|"选项板"|"工具选项板"命令来打开或关闭工具选项板，另外，按 Ctrl+3 组合键也可打开或关闭工具选项板。

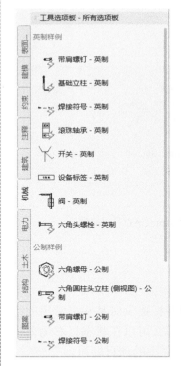

图 1-13　工具选项板　　　　　　　　　　　图 1-14　设置打开工具选项板

1.4　配置绘图环境

　　用户可以接受系统默认的绘图环境设置，也可以根据个人习惯、喜好和具体的绘图需要来重新配置。

　　单击"应用程序"按钮 🔺 并在打开的应用程序菜单中单击"选项"按钮，或者在菜单栏中选择"工具"|"选项"命令，系统弹出如图 1-15 所示的"选项"对话框。该对话框具有 10 个选项卡，分别为"文件""显示""打开和保存""打印和发布""系统""用户系统配置""绘图""三维建模""选择集"和"配置"选项卡。利用这些选项卡可以设置具体的配置项目。

　　例如，要设置每隔 8 分钟自动保存一次图形文件，需要在"选项"对话框中切换至"打开和保存"选项卡，接着在"文件安全措施"选项组确保选中"自动保存"复选框，并在"保存间隔分钟数"文本框中输入 8（该文本框默认度量单位为分钟数），如图 1-16 所示，然后单击"应用"按钮即可。另外，在"打开和保存"选项卡的"文件保存"选项组中，可以设定图形另存为时的默认格式，包括设置默认另存为低版本的*.dwg 图形文件等。

图 1-15　"选项"对话框

图 1-16　设置文件安全措施

又例如，如果要将二维模型空间的背景颜色更改为白色，可以单击"应用程序"按钮并从应用程序菜单中单击"选项"按钮以打开"选项"对话框，切换到"显示"选项卡，在"窗口元素"选项组中单击"颜色"按钮，弹出"图形窗口颜色"对话框，确保"上下文"列表中的"二维模型空间"选项处于被选中的状态，"界面元素"为"统一背景"，再从"颜色"下拉列表框中选择"白"选项，如图 1-17 所示，单击"应用并关闭"按钮，然后在"选项"对话框中单击"确定"按钮。

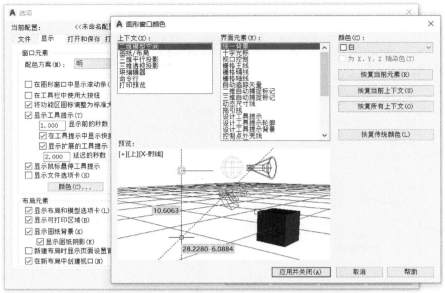

图 1-17 使用"图形窗口颜色"对话框

1.5 AutoCAD 文件管理操作

在 AutoCAD 2019 中，文件管理操作主要包括新建图形文件、打开图形文件、保存图形文件、关闭图形文件等。

1.5.1 新建图形文件

在介绍新建图形文件之前，先介绍以下两个系统变量。

☑ STARTUP：控制使用 NEW 和 QNEW 命令创建新图形时，是否显示"创建新图形"对话框，还控制当应用程序启动时是否显示"启动"对话框。当 STARTUP 的值设置为 0 时，显示的将是"选择样板"对话框，或使用在"选项"对话框的"文件"选项卡上设置的默认图形样板文件；当 STARTUP 的值设置为 1 时，启动而不打开图形样板文件，并显示"启动"或"创建新图形"对话框；当 STARTUP 的值设置为 2，启动而不打开图形样板文件，或者如果在应用程序中可用，将显示自定义对话框。

☑ FILEDIA：控制是否显示文件导航对话框。当其值为 0 时，不显示对话框，但允许用户通过在响应命令提示时输入波浪号（～）来请求显示文件对话框；当其值为 1 时，可显示对话框。

在默认情况下（假设系统变量 STARTUP 初始值为 0，系统变量 FILEDIA 初始值为 1），在"快速访问"工具栏中单击"新建"按钮 ，或者单击"应用程序"按钮 并从打开的应用程序菜单中选择"新建"|"图形"命令，或者按 Ctrl+N 组合键，系统弹出如图 1-18 所示的"选择

样板"对话框。通过"选择样板"对话框选择符合国标的某公制图形样板，然后单击"打开"按钮，即可完成新建一个图形文件。如果单击位于"打开"按钮右侧的"下三角形"按钮，则可以从出现的下拉菜单中选择"无样板打开-英制"选项或者"无样板打开-公制"选项，从而不使用样板文件来创建一个基于英制测量系统或公制测量系统的新图形文件。

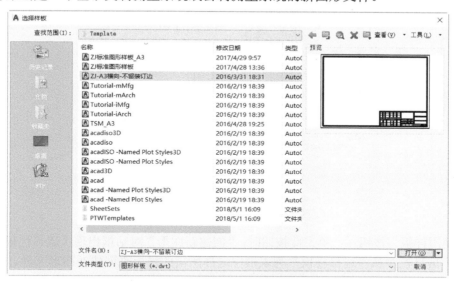

图 1-18　"选择样板"对话框

此外，可以设置在新建图形文件的过程中显示"创建新图形"对话框，其方法是通过命令行输入的方式将系统变量 STARTUP 和 FILEDIA 的值均设置为 1（开）。

```
命令：STARTUP✓              //输入 STARTUP，按 Enter 键
输入 STARTUP 的新值 <0>：1✓    //输入 1，按 Enter 键
命令：FILEDIA✓              //输入 FILEDIA，按 Enter 键
输入 FILEDIA 的新值 <1>：✓    //按 Enter 键，接受默认值为 1
```

设置好系统变量 STARTUP 和 FILEDIA 的新值后，当在"快速访问"工具栏中单击"新建"按钮，或者单击"应用程序"按钮并在弹出的应用程序菜单中选择"新建"|"图形"命令，将打开如图 1-19 所示的"创建新图形"对话框。该对话框中的按钮说明如下。

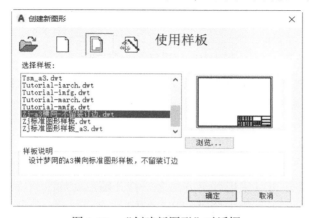

图 1-19　"创建新图形"对话框

（1）"从草图开始"按钮：单击此按钮时，"创建新图形"对话框变为如图 1-20 所示，可以在"默认设置"选项组中选择"英制（英尺和英寸）"或"公制"单选按钮。通常用户使用默认公制设置来创建新图形文件即可。

图 1-20　从草图开始创建新图形

（2）"使用样板"按钮：单击此按钮时，"创建新图形"对话框出现"选择样板"列表框和"样板说明"信息栏，从"选择样板"列表框中选择所需的样板来创建新图形文件。

（3）"使用向导"按钮：单击此按钮时，可以选择"高级设置"或"快速设置"向导选项，如图 1-21 所示，通过指定的向导来创建新图形文件。

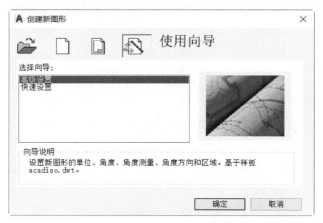

图 1-21　使用向导创建新图形

说明：如果没有特别说明，本书涉及的实例均默认系统变量 STARTUP 初始值为 0 或 2，系统变量 FILEDIA 初始值为 1。

1.5.2　打开图形文件

在 AutoCAD 2019 中，可以采用以下方法之一打开图形文件。

☑　单击"快速访问"工具栏中的"打开"按钮。

☑ 　单击"应用程序"按钮，弹出应用程序菜单，接着将光标移至应用程序菜单的"打开"命令处以展开其下一级菜单，或者在应用程序菜单中单击位于"打开"命令右侧的"展开"按钮▶来打开其下一级菜单，然后选择"图形"命令。

☑ 　在命令窗口的命令行中输入 OPEN 命令，按 Enter 键。

☑ 　使用 Ctrl+O 组合键。

执行上述操作后，系统弹出如图 1-22 所示的"选择文件"对话框，从中选择所需要的图形文件，单击"打开"按钮即可。

图 1-22　"选择文件"对话框

如果在"选择文件"对话框中，单击"打开"按钮右侧的"下三角形"按钮，还可以从其下拉菜单中选择"以只读方式打开"选项，则图形文件以只读形式打开。此外，还有两个主要选项，即"局部打开"选项和"以只读方式局部打开"选项。当选择"局部打开"选项时，将弹出如图 1-23 所示的"局部打开"对话框，由用户设置要加载的项目来打开所需图形；当选择"以只读方式局部打开"选项时，也由用户设置要加载的项目来打开局部的图形，但该图形文件以只读形式打开。

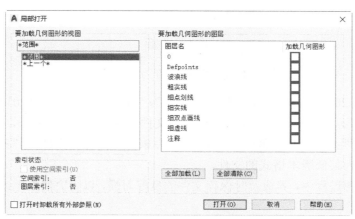

图 1-23　"局部打开"对话框

1.5.3 保存图形文件

保存图形文件的方式主要有以下两种。

（1）直接保存图形文件，其使用的菜单命令为"文件"|"保存"命令，其对应的工具按钮为"保存"按钮 ⧉。

（2）以"另存为"的方式保存图形文件，其使用的菜单命令为"文件"|"另存为"命令，其对应的工具按钮为"另存为"按钮 ⧉。

对于尚未保存过的新图形文件，如果在"快速访问"工具栏中单击"保存"按钮 ⧉，则会打开如图 1-24 所示的"图形另存为"对话框。在该对话框中，可以指定文件保存的路径、文件名、文件类型等。

图 1-24 "图形另存为"对话框

可将 AutoCAD 2019 保存的默认文件格式设置为"AutoCAD 2013/LT2013 图形（*.dwg）"或"AutoCAD 2018 图形（*.dwg）"。另外，可以保存的文件格式除了*.dwg 之外，主要有*.dws、*.dwt、*.dxf 等。注意，如果要想以后使用低版本的 AutoCAD 来打开保存的文件，则需要在 AutoCAD 2019 中将图形文件保存为某低版本格式的文件。

建议用户在制图过程中，养成及时保存文件的良好习惯，以防突然断电或者其他原因导致文件数据丢失。

1.5.4 关闭图形文件

在不退出 AutoCAD 2019 系统的情况下,关闭当前活动图形文件的方法主要以下几种。

☑ 在菜单栏中选择"文件"|"关闭"命令,或者选择"窗口"|"关闭"命令。

☑ 单击当前图形文件的"关闭"按钮 ✖,或者按 Alt+F4 组合键。

☑ 单击"应用程序"按钮 A 以打开应用程序菜单,接着从应用程序菜单中选择"关闭"命令,或展开"关闭"命令的下一级菜单并从中选择"当前图形"命令。

☑ 在命令窗口的命令行中输入 CLOSE,按 Enter 键。

如果要一次关闭打开的所有(多个)图形文件,则可以在菜单栏中选择"窗口"|"全部关闭"命令;或者单击"应用程序"按钮 A 并从弹出的应用程序菜单中展开"关闭"命令的下一级菜单,然后选择"所有图形"命令,如图 1-25 所示。

在关闭文件之前,倘若用户对图形内容进行了修改而未及时执行保存操作,那么在执行文件关闭操作时,系统会弹出如图 1-26 所示的对话框,询问是否将改动保存到指定文件。

图 1-25 关闭当前打开的所有图形

图 1-26 询问是否要保存文件

1.6 图形单位设置

用户既可以采用默认的图形单位设置,也可以根据设计实际情况更改图形单位设置,如更改坐标和角度的显示精度和格式。设置图形单位的方法及步骤如下。

1 在命令窗口的当前命令行中输入 UNITS 命令并按 Enter 键，系统弹出如图 1-27 所示的"图形单位"对话框。

2 在"长度"选项组的"类型"下拉列表框中选择"小数""科学""建筑""分数"或"工程"以设置长度尺寸的类型。在机械制图和建筑制图中，常使用"小数"类型的以十进制表示的长度单位。指定长度类型选项后，在"精度"下拉列表框中选择所需的单位精度值。

3 在"角度"选项组的"类型"下拉列表框中选择角度单位类型（可供选择的类型有"十进制度数""度/分/秒""弧度""勘测单位"和"百分度"），在"精度"下拉列表框中选择所需的单位精度值，并可以单击"顺时针"复选框将角度方向由默认的逆时针方向改为顺时针方向。我国工程界多采用"十进制度数"。

4 在"插入时的缩放单位"选项组中，可以控制插入当前图形中的块和图形的测量单位。如果创建块或图形时所使用的单位与该选项组设置的"用于缩放插入内容的单位"不相符，则在插入这些块或图形时，系统将对其进行比例缩放。这里所述的插入比例是指源块或图形使用的单位与目标图形使用的单位之比。如果想在插入块时不按照指定单位缩放，那么可以在该选项组的下拉列表框中选择"无单位"选项。

5 在"光源"选项组中设定用于指定光源强度的单位。

6 如果在"图形单位"对话框中单击"方向"按钮，则弹出如图 1-28 所示的"方向控制"对话框，从中设置基准角度。

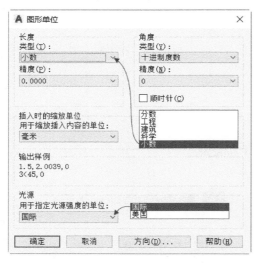

图 1-27 "图形单位"对话框

图 1-28 "方向控制"对话框

7 在"图形单位"对话框中单击"确定"按钮，从而完成图形单位的设置。

1.7 坐标系使用基础

坐标系使用基础是制图操作的重要基础之一，很多精确制图需要用户熟练而灵活地应用坐标系为图形中的点定位等技术。本节主要介绍坐标系概念、绝对坐标的应用和相对坐标的应用。

1.7.1 坐标系的概念

在 AutoCAD 中，按照坐标系的定制对象不同，可以将坐标系分为两种主要类型：一种是被称为世界坐标系（WCS）的固定坐标系；另一种则是被称为用户坐标系（UCS）的可移动坐标系。在系统默认情况下，这两种坐标系在新图形中是重合的。

通常，在新图形的二维视图中，WCS 的 X 轴方向是水平的，Y 轴方向是垂直的，其原点为 X 轴和 Y 轴的交点（0,0）。图形文件中的所有对象都可以由 WCS 坐标来定义，然而，在某些设计场合，使用可移动的 UCS 创建和编辑图形对象则更为灵活方便。

若按照坐标值参考点的不同，可以将坐标系分为绝对坐标系和相对坐标系。这样便会给制图带来很大的灵活性，既可以使用绝对坐标定位点，也可以输入点的相对坐标。

若按照坐标轴的不同，则可以将坐标系分为笛卡儿直角坐标系、极坐标系、球坐标系和柱坐标系。

下面重点介绍在非动态输入模式下，绝对坐标和相对坐标的使用方法。

1.7.2 绝对坐标的使用

点的绝对坐标表示的是指点相对于一个固定的坐标原点的位置。在制图中常使用的绝对坐标有绝对笛卡儿坐标和绝对极坐标。

1. 绝对笛卡儿坐标

笛卡儿坐标系用 X、Y、Z 坐标值来表示点的位置，即每一点的位置都是以坐标原点为基准，并分别沿着 X 轴、Y 轴和 Z 轴进行测量。

绝对笛卡儿坐标的输入格式为

$$x, y, z$$

在二维制图中，z 值为 0，此时可以省略输入 z 值，即只输入坐标值（x, y）便可以确定二维空间中的一点。

2. 绝对极坐标

绝对极坐标表示点到原点之间的绝对距离和角度，若按照专业术语描述，就是使用绝对极径和极角来确定点的位置。所述的极径是指当前点到极点（原点）之间的距离，极角是指当前点到极点（原点）的方位角，默认逆时针方向为正方向。

绝对极坐标的输入格式为

$$极径<极角$$

1.7.3 相对坐标的使用

相对坐标表示的是当前点相对于前一点的位置。在实际设计工作中，灵活使用相对坐标来确定点位置很实用，也比较直观。

1. 相对笛卡儿坐标

相对笛卡儿坐标的输入格式为

$$@x, y, z$$

在二维制图中，可以省略 z 值。例如，输入 "@2, 16"，表示要指定的当前点相对于前一点而言，在 X 轴正方向上移动 2 个长度单位，在 Y 轴正方向上移动 16 个长度单位。

2. 相对极坐标

相对极坐标的输入格式为

$$@极径<极角$$

1.8 AutoCAD 中启动命令的几种方式

扫码看视频

AutoCAD 中启动命
令的几种方式

在 AutoCAD 2019 中启动同一个命令通常可以有多种方式（方法），如在命令行输入命令、使用工具按钮、选择菜单命令和使用动态输入模式等。用户可以根据自己的操作习惯，灵活选择合适的命令执行方式。实践证明，多种启动方式的巧妙混合使用，能在一定程度上提高设计效率。

1.8.1 在命令行输入命令

在命令行输入命令（也称在命令窗口输入命令）是 AutoCAD 最为经典的命令启动方式，即在命令窗口的命令行中输入所需工具的命令或命令别名，按 Enter 键或者空格键，然后根据系统提示进一步完成绘图操作。

例如，要绘制一条直线，如图 1-29 所示，在命令行中输入 LINE，按 Enter 键，接着在命令行中输入 "0, 0"，按 Enter 键确认第 1 点，再输入 "108, 100" 并按 Enter 键确认第 2 点，最后在 "指定下一点或[放弃(U)]:" 提示下直接按 Enter 键结束命令，从而完成由指定的两点绘制一条直线段。

```
命令: LINE
指定第一个点: 0,0
指定下一点或 [放弃(U)]: 108,100
✕ ✎  ⟋ ▾ LINE 指定下一点或 [放弃(U)]: |                                    ▲
```

图 1-29　在命令行中输入命令及参数

在命令行中输入命令后，需要了解当前命令行出现的文字提示信息。在文字提示信息中，"[ ]"中的内容为可供选择的选项，如果要选择某个选项时，则可以在当前命令行中输入该选项圆括号中的选项标识（亮显字母），也可以使用鼠标在命令行中单击该提示选项以选择它。在执行某些命令的过程中，若命令提示信息的最后有一个 "< >" 尖括号，该尖括号内的值或选项即为当前系统默认的值或选项，此时若直接按 Enter 键，则表示接受系统默认的该当前值或选项。有时要响应提示,则输入所需的值或单击图形中的某个位置。例如,在命令行输入 ZOOM 或 Z 并按 Enter 键,接着输入 P 以选择"上一个"选项,如图 1-30 所示,最后按 Enter 键,则将视图恢复至上一个视图状态。

```
命令: ZOOM
指定窗口的角点, 输入比例因子 (nX 或 nXP), 或者
× ✦ ± ZOOM [全部(A) 中心(C) 动态(D) 范围(E) 上一个(P) 比例(S) 窗口(W) 对象(O)] <实时>: P
```

图 1-30　执行显示全部的操作

如果要取消在命令行输入的正在进行的命令操作,可以按键盘中的 Esc 键。如果要重复上一个命令,可在"键入命令"的提示下按 Enter 键或空格键,而无须输入命令。

通过这种命令启动方式来进行制图,要求用户熟记各常用工具的完整命令名称及其对应的命令别名。此外,AutoCAD 2019 提供了几种实用功能或方法以帮助用户找到要使用的命令,如"自动完成"功能、"命令行建议列表"功能、"自动更正"功能和"命令循环"功能,它们的功能含义如下。

- ☑ "自动完成"功能:在输入时完成命令或系统变量的名称。
- ☑ "命令行建议列表"功能:显示匹配或包含用户键入的字母的命令或系统变量列表,还可提供拼写错误的条目的建议。
- ☑ "自动更正"功能:自动将拼写错误和更正指定次数的词语添加到指定文本文件中。
- ☑ "命令循环"功能:按箭头键时,将循环浏览用户已在当前任务中使用的命令,命令行左端的箭头按钮也会显示此列表。

1.8.2　使用工具按钮

使用工具栏或功能区面板中的工具按钮进行制图,是较为直观的一种启动命令的执行方式。该执行方式的一般操作步骤是:在工具栏或功能区面板中单击所需要的工具按钮来启动命令,接着结合键盘与鼠标,并可利用命令行辅助执行余下的操作。

例如,在"草图与注释"工作空间的功能区中切换至"默认"选项卡,如图 1-31 所示,从"绘图"面板中单击"正多边形"按钮 ⬠,接着根据命令行提示进行以下操作即可绘制一个正六边形。

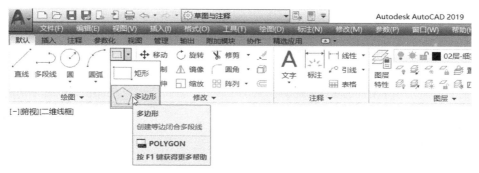

图 1-31　在"绘图"面板中单击工具按钮

```
命令: _polygon 输入侧面数 <4>: 6↙
指定正多边形的中心点或 [边(E)]: 150,150↙
输入选项 [内接于圆(I)/外切于圆(C)] <I>: C↙
指定圆的半径: 99↙
```

1.8.3　执行菜单命令

执行菜单命令是通过菜单栏相关菜单命令或鼠标右键快捷菜单中的相关命令来执行, 其余下操作步骤则可以根据命令行提示来完成。

例如要在图形区域绘制一个圆, 该圆直径为 100, 圆心位置为（0,0）。绘制步骤如下。

1 首先确保显示有菜单栏, 从菜单栏的如图 1-32 所示的"绘图"菜单中选择"圆"|"圆心、直径"命令。

2 根据命令行提示进行如下操作步骤。

```
命令: _circle
指定圆的圆心或 [三点(3P)/两点(2P)/切点、切点、半径(T)]: 0,0↙
指定圆的半径或 [直径(D)]: _d 指定圆的直径: 100↙
```

完成的圆如图 1-33 所示。

图 1-32　选择菜单命令

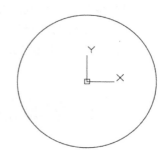

图 1-33　绘制的圆

1.8.4　使用动态输入模式

扫码看视频
动态输入模式下绘制图形的实例

AutoCAD 2019 为用户提供了一种高效的输入方式——动态输入模式, 该输入模式的优点是在光标附近提供了一个命令界面, 可以让用户更专注于绘图区域。启用"动态输入"时，AutoCAD 系统将在位于绘图区域中的光标附近显示信息，该信息会随着光标在绘图区域中的移动而动态更新，而当某条命令为活动时，光标附近出现的命令界面将为用户提供可输入的位置。

在 AutoCAD 2019 的状态栏中单击"动态输入"按钮 ⁺▬，或者按键盘中的 F12 功能键，可以开启或者关闭动态输入模式。

如果要对动态输入模式进行设置，那么可以在状态栏中右击"动态输入"按钮 ⁺▬，接着从弹出的如图 1-34 所示的快捷菜单中选择"动态输入设置"命令，打开"草图设置"对话框的"动态输入"选项卡，从中设置是否启用指针输入和标注输入，并可以设置指针输入、标注输入和动态提示的项目内容，还可以设计工具栏提示外观（选择预览），如图 1-35 所示。

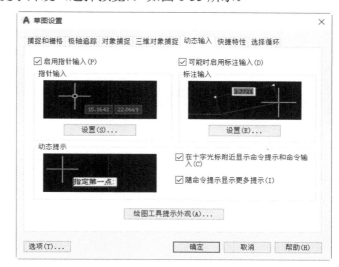

图 1-34　选择设置动态输入模式的命令　　　　图 1-35　"草图设置"对话框的"动态输入"选项卡

下面介绍指针输入、标注输入、动态提示、绘图工具提示外观和在动态输入模式下绘制图形的实例。

1. 指针输入

启用指针输入的主要作用：执行命令时在十字光标附近的工具栏提示（或者称命令界面）中，将显示十字光标所处位置的坐标，如图 1-36 所示。此时，可以在工具栏提示中输入坐标值，而不用在命令行中输入坐标值。

启用指针输入时需要注意，第二个点和后续点将默认以相对极坐标（对于 RECTANG 命令，为相对笛卡儿坐标）显示。在动态输入模式下，对于相对坐标，不需要输入@符号。如果要使用绝对坐标，则使用#符号作为前缀。

在"草图设置"对话框的"动态输入"选项卡的"指针输入"选项组中单击"设置"按钮，将弹出如图 1-37 所示的"指针输入设置"对话框，从中可以修改坐标的默认格式，控制指针输入工具栏提示显示时间。

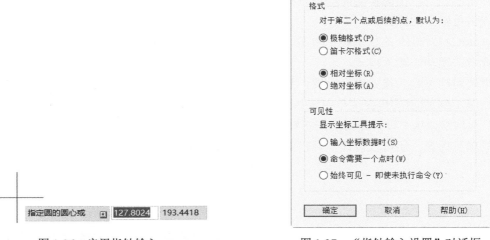

图 1-36　启用指针输入　　　　　　　　图 1-37　"指针输入设置"对话框

2. 标注输入

启用标注输入的结果是：当命令提示用户输入第二点或距离时，在工具栏提示界面中将显示距离值和角度值的工具提示，如图 1-38（a）所示，这些值将随着十字光标的移动而改变。若按 Tab 键则可以切换到要更改的值，如图 1-38（b）所示。

（a）显示距离值和角度值　　　　　　　　（b）切换到要更改的值

图 1-38　标注输入

标注输入可用于 ARC、CIRCLE、ELLIPSE、LINE 和 PLINE 等命令。

打开"草图设置"对话框，选择"动态输入"选项卡的"标注输入"选项组，单击"设置"按钮，弹出如图 1-39 所示的"标注输入的设置"对话框，从中进行标注输入的相关设置。

3. 动态提示

需要时将在光标旁边显示工具提示中的提示，以完成命令。在"动态输入"选项卡的"动态提示"选项组中，选中"在十字光标附近显示命令提示和命令输入"复选框，则启用动态提示以显示"动态输入"工具提示中的提示。另外，可以设置随命令提示显示更多提示。在启用动态提示的情况下，用户可以在工具提示中输入响应，而不必在命令行中输入响应。

在动态提示中，按键盘中的↓下箭头键可以访问（包括查看和选择）其他选项，按↑上箭头键则可以显示最近的输入。

4. 绘图工具提示外观

在"草图设置"对话框的"动态输入"选项卡上单击"绘图工具提示外观"按钮，系统如图 1-40 所示的"工具提示外观"对话框，从中可以定制工具提示外观，包括相关的模型预览和布局预览，而具体的设置内容包括颜色、大小、透明度和应用场合等。

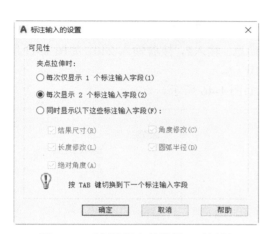

图 1-39 "标注输入的设置"对话框

图 1-40 "工具提示外观"对话框

5. 在动态输入模式下绘制图形的实例

本实例要求使用动态输入模式进行绘图，结果如图 1-41 所示。本实例具体的操作步骤如下。

① 在一个新建的图形文件中，使用"草图与注释"工作空间，并在状态栏中单击"动态输入"按钮 ⊹ 以确保选中它，从而开启动态输入模式。

② 从功能区的"默认"选项卡的"绘图"面板中单击"矩形"按钮 □。

③ 将鼠标光标移至绘图区域，此时，在十字光标附近显示十字光标所处位置的坐标，输入 100，如图 1-42 所示。接着按 Tab 键，输入 100，如图 1-43 所示。按 Enter 键，完成第 1 角点的定义。

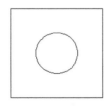

图 1-41 要绘制的简单图形

图 1-42 输入第 1 角点的 X 坐标

④ 向相对于第 1 角点的右上方向移动光标，输入 280，按 Tab 键；再输入 280，按 Enter 键。完成矩形的创建，如图 1-44 所示。

⑤ 在功能区的"默认"选项卡的"绘图"面板中单击"圆心、半径"按钮 ⊙。

图 1-43　输入第 1 角点的 Y 坐标

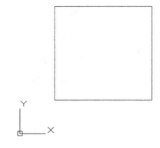

图 1-44　绘制的矩形（方形）

6 将鼠标光标移至矩形内部，注意动态提示信息。输入#，接着输入 240，如图 1-45 所示，然后按 Tab 键，输入 240，按 Enter 键，完成圆心的定位。

7 按键盘↓下箭头键，直到选择直径选项，如图 1-46 所示。

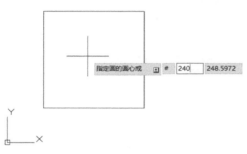

图 1-45　以绝对坐标输入形式定位圆心

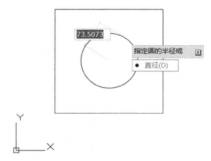

图 1-46　选择"直径"选项

8 按 Enter 键确认选择"直径"选项，输入 128，如图 1-47 所示，按 Enter 键确认。此时，完成本例图形的绘制操作，结果如图 1-48 所示。

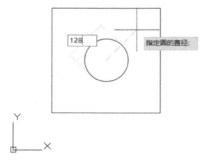

图 1-47　输入直径值

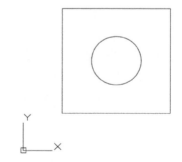

图 1-48　完成的图形

1.9　辅助定位与精确定位

通过在状态栏中单击相应的按钮可以启用相应的模式，如正交模式、对象捕捉模式、对象捕捉追踪模式、极轴追踪模式等，以便在绘制图形时对点等对象进行辅助定位和精确定位。

1.9.1　使用正交模式

正交模式即正交锁定，主要用于将光标限制在水平或垂直方向上移动，以便于精确地创建和修改对象。即当创建或移动对象时，可以使用正交模式将光标限制在相对于用户坐标系（UCS）的水平或垂直方向上。用户在绘制图形或编辑图形的过程中，可以根据实际情况随时打开或关闭正交模式，而输入坐标或指定对象捕捉时将自动忽略"正交"。

注意：正交模式和极轴追踪不能同时打开，打开正交模式将关闭极轴追踪。

打开正交模式后，可以直接输入距离来创建指定长度的水平和垂直直线，或者按指定的距离水平或垂直地移动或复制对象。

在状态栏中单击"正交"按钮，或者按 F8 键可以打开或关闭正交模式。

如果要临时关闭正交模式，可以在操作时按住 Shift 键，注意此操作在进行直接距离输入时无法使用。

1.9.2　使用对象捕捉模式

在 AutoCAD 2019 中，用户可以灵活地使用对象捕捉功能来快速而准确地拾取所需的点位置，提高作图效率。对象捕捉对于在对象上指定精确位置非常重要。

在状态栏中单击"对象捕捉"按钮，使此按钮处于高亮显示状态（即选中此按钮）时，表示启用了对象捕捉功能；反之，则关闭对象捕捉功能。

注意：按 F3 键也可以启用或关闭对象捕捉功能模式。

用户可以根据制图需要设置不同的捕捉方式。典型设置步骤如下。

❶ 在状态栏中右击"对象捕捉"按钮，接着从弹出的快捷菜单中选择"对象捕捉设置"选项，打开如图 1-49 所示的"草图设置"对话框且自动切换至"对象捕捉"选项卡。

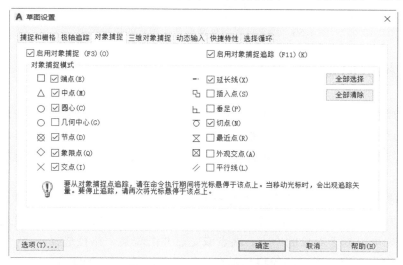

图 1-49　"草图设置"对话框的"对象捕捉"选项卡

2 在"对象捕捉"选项卡中选中"启用对象捕捉"复选框和"启用对象捕捉追踪"复选框。

3 在"对象捕捉模式"选项组中选中所需要的复选框，即表示启用相应的具体对象捕捉模式，例如选中"端点""中点""圆心""节点""象限点""交点"和"切点"复选框等。"全部选择"按钮用于选中全部对象捕捉模式，而"全部清除"按钮则用于取消选中全部对象捕捉模式。

4 单击"确定"按钮。

此外，在制图时，可以临时启用对应的对象捕捉替换模式，其方法是在执行某些绘图命令的过程中，需要指定点时在绘图区域中按住 Shift 键并右击，弹出如图 1-50 所示的快捷菜单，从中选择所需要的命令即可。

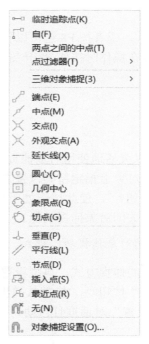

图 1-50　用来选择对象捕捉替换模式的快捷菜单

1.9.3　对象捕捉追踪

可以沿着指定方向（称为对齐路径）按指定角度或与其他对象的指定关系创建对象，这就需要使用自动追踪功能，它包括两种主要类型，即对象捕捉追踪和极轴追踪。本节先介绍对象捕捉追踪。对象捕捉追踪与对象捕捉一起使用，必须设定对象捕捉才能从对象的捕捉点进行追踪。

使用对象捕捉追踪，可以沿着基于对象捕捉点的对齐路径进行追踪，一次最多可以获取 7 个追踪点。在获取点之后，当在绘图路径上移动光标时，将显示相对于获取点的水平、垂直或极轴对齐路径，例如可以基于对象的中点、端点或交点并沿着某个路径选择一点。默认情况下，对象捕捉追踪将设定为正交，对齐路径将显示在始于已获取的对象点的 0°、90°、180° 和 270°

方向上。使用对象捕捉追踪的典型示例如图 1-51 所示，在该示例中启用了相关的对象捕捉，执行直线命令后单击端点 1 作为直线起点，将光标移动到其他对象的端点 2（或交点 2）处获取该点，接着沿水平对齐路径移动光标，并将该水平对齐路径与获取点 1 的垂直对齐路径的交点 3 指定为直线的第 2 点（端点），从而绘制一条直线段 AB。

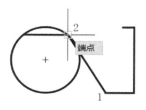
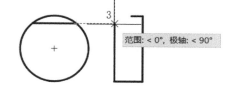

（a）指定直线起点和获取点　　　（b）通过对象捕捉追踪确定直线端点　　　（c）完成绘制直线段 AB

图 1-51　使用对象捕捉追踪的典型示例

在状态栏中单击选中"对象捕捉追踪"按钮 ，或者按 F11 键，可以打开或关闭对象捕捉追踪模式。

1.9.4　极轴追踪

使用极轴追踪，光标将按指定角度进行移动。创建或修改对象时，可以使用极轴追踪来显示由指定的极轴角度所定义的临时对齐路径，所述的极轴角度相对于当前用户坐标系（UCS）的方向和图形中基准角度约定的设置（在"图形单位"对话框中设置）。启用极轴追踪时移动光标，如果接近于指定的极轴角度，将显示对齐路径和工具提示。通常与"交点"或"外观交点"对象捕捉模式一起使用极轴追踪，可以找出极轴对齐路径与其他对象的交点。极轴追踪与正交模式不能同时打开。

在状态栏中单击"极轴追踪"按钮 ，或者按 F10 键，可以打开或关闭极轴追踪。

要设置极轴追踪模式，则在状态栏中右击"极轴追踪"按钮 ，在弹出的快捷菜单中选择"正在追踪设置"命令，打开"草图设置"对话框的"极轴追踪"选项卡，从中控制自动追踪设置，包括极轴角设置、对象捕捉追踪设置和极轴角测量设置，如图 1-52 所示。其中，在"极轴角设置"选项组中设定极轴追踪的对齐角度，如增量角和附加角。在"增量角"下拉列表框中设定用来显示极轴追踪对齐路径的极轴角增量，既可以输入任何角度，也可以从列表中选择 90、45、30、22.5、18、15、10 或 5 这些常用角度。当选中"附加角"复选框时则对极轴追踪使用列表中的附加角度（附加角度是绝对的，而非增量的），单击"新建"按钮可以最多添加 10 个附加极轴追踪对齐角度。

在"对象捕捉追踪设置"选项组中设定对象捕捉追踪选项。当选择"仅正交追踪"单选按钮，并启用"对象捕捉追踪"功能时，仅显示已获得的对象捕捉点的正交（水平/垂直）对象捕捉追踪路径。当选择"用所有极轴角设置追踪"单选按钮时，将极轴追踪设置应用于对象捕捉追踪，此时使用对象捕捉追踪，光标将从获取的对象捕捉点起沿极轴对齐角度进行追踪。

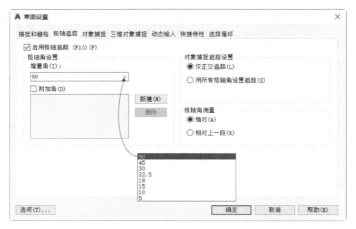

图 1-52　"草图设置"对话框的"极轴追踪"选项卡

1.9.5　三维对象捕捉

在 AutoCAD 2019 状态栏中提供了专门的"三维对象捕捉"开关按钮 🗗，单击此按钮，或按 F4 键可以打开或关闭三维对象捕捉。

在进行三维对象捕捉操作之前，注意设置满足当前设计工作的三维对象捕捉模式，其方法是在状态栏中右击"三维对象捕捉"开关按钮 🗗，并在弹出的快捷菜单中选择"对象捕捉设置"命令，弹出"草图设置"对话框且自动切换至"三维对象捕捉"选项卡，从中控制三维对象的执行对象捕捉设置，如图 1-53 所示。

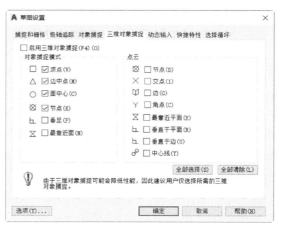

图 1-53　"草图设置"对话框的"三维对象捕捉"选项卡

1.10　查看与修改对象特性

对象特性控制对象的外观和行为，并用于组织图形。每个对象都具有常规特性和对象自身类型所特有的特性（例如圆的特有特性包括半径和区域）。常规特性通常包括图层、颜色、线型、线型比例、线宽、透明度和打印样式。

　　当指定图形中的当前特性时，所有新创建的对象都将自动使用这些设置。例如，如果将当前图层设置为"01-粗实线"层，那么所创建的新对象将在"01-粗实线"图层中。通过图层（ByLayer）或通过明确指定特性（独立于其图层），可以设置对象的某些特性。

　　用户可以通过的"特性"面板来修改指定对象的某些特性，如颜色、线型和线宽等，如图 1-54 所示。"特性"面板可以从"草图与注释"工作空间功能区的"默认"选项卡中找到。

　　用户可以通过"特性"选项板查看和修改选定对象的特性。"特性"选项板显示了当前选择集中对象的所有特性和特性值，当选择多个对象时，"特性"选项板将显示这些对象的共有特性。当选择单个对象时，用户可以查看和修改单个对象的特性；当选择多个对象时，用户可以查看和修改选择集中对象的共有特性。

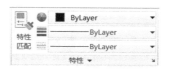

图 1-54　"特性"面板

　　选择图形对象之后，在"快速访问"工具栏中单击"特性"按钮 ，打开如图 1-55 所示的"特性"选项板；也可以先打开"特性"选项卡，再选择所需的图形对象。使用"特性"选项板可以浏览、修改选定对象的特性。例如，要修改选定圆的直径，可以在"特性"选项板"几何图形"选项卡中将"直径"更改为新值，如图 1-56 所示。

图 1-55　"特性"选项板

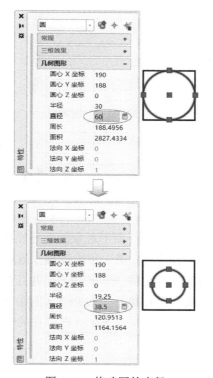

图 1-56　修改圆的直径

说明：按 Ctrl+1 组合键可以快速打开或关闭"特性"选项板。

在状态栏中单击"快捷特性"按钮 ，可以打开或关闭快捷特性模式。打开快捷特性模式后，在图形窗口中单击图形对象时会弹出一个"快捷特性"选项板，如图 1-57 所示，利用快捷特性同样可以编辑图形对象的某些特性。用户可以更改"快捷特性"选项板的内容，包括选择时显示"快捷特性"选项板、选项板显示范围、选项板位置和选项板行为，其操作方法是在状态栏中右击"快捷特性"按钮 ，在弹出的快捷菜单中选择"快捷特性设置"命令，弹出"草图设置"对话框，选择"快捷特性"选项卡，如图 1-58 所示，从中进行相关的更改设置即可。在没有启用快捷特性模式时，用户可以通过双击对象来快速打开"快捷特性"选项板，并修改相应特性。

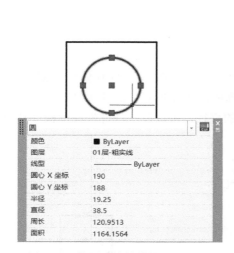

图 1-57 使用"快捷特性"选项板

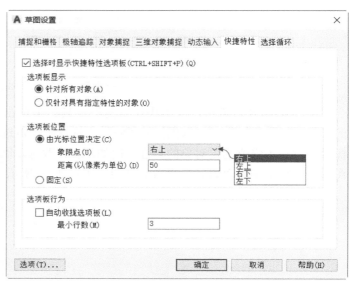

图 1-58 更改"快捷特性"选项板行为

1.11 选择图形对象

制图工作离不开图形对象的选择操作。和其他绘图软件类似，AutoCAD 也具有以下两种典型的选择操作流程。第一种选择操作流程是使用鼠标先选择对象，再执行修改编辑命令。先选择的图形对象以特定颜色形式亮显，并且在对象的特定位置显示"夹点"，如图 1-59 所示。第二种选择操作流程是在执行一些命令（例如修改编辑）后，再根据提示选择所需的对象，此时选择的对象将以特定颜色高亮显示（在以往的一些版本中以虚线显示），但没有显示"夹点"，如图 1-60 所示。

图 1-59　先选择对象

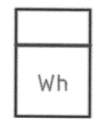

图 1-60　先执行命令后选择对象

在 AutoCAD 中，用户要掌握以下常用的对象选择方式。

（1）通过单击单个对象来选择它，而以连续单击其他对象的方式可以选择更多对象。如果要从选择集中移除某图形对象，则按住 Shift 键的同时单击它即可。

（2）"窗口"选择：从左向右拖动鼠标光标，指定一对对角点以形成一个矩形区域，完全位于矩形区域中的对象均被选择，如图 1-61 所示。

（3）"交叉"选择（也称"窗交"选择）：从右向左拖动光标，指定一对对角点以形成一个以虚线显示的矩形框，矩形框包围的或与矩形框相交的对象都被选择，如图 1-62 所示。

图 1-61　"窗口"选择

图 1-62　"窗交"选择

（4）使用"窗口多边形选择"来选择完全封闭在选择区域中的对象。例如，执行某命令出现"选择对象"的提示时，在命令窗口的命令行输入 WPOLYGON 或 WP 命令，按 Enter 键确认，接着指定若干点创建一个实线的多边形区域，完全被包围在多边形区域里面的图形对象将被选择，如图 1-63 所示（为了区分，这里特意以虚线显示被选中的图形对象）。

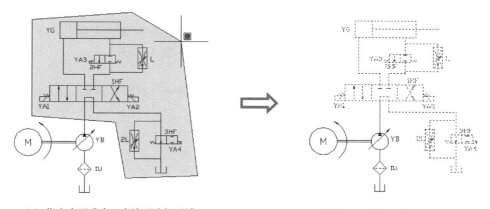

（a）指定点形成窗口多边形选择区域　　　　　（b）完全处于选择区域中的对象被选择

图 1-63　窗口多边形选择示例

（5）使用"交叉多边形选择"选择完全包含于或经过选择区域的对象。例如，执行某命令出现"选择对象"的提示时，在命令窗口的命令行输入 CPOLYGON 或 CP 命令，按 Enter 键，接着指定若干点创建一个以虚线显示的多边形区域，完全被围住的或与它相交的图形对象将被选择，如图 1-64 所示。

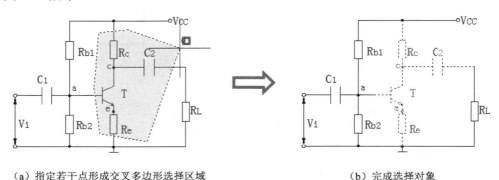

（a）指定若干点形成交叉多边形选择区域　　　　　　（b）完成选择对象

图 1-64　交叉多边形选择

（6）在 AutoCAD 2019 中，可以采用套索选择的方式来选择图形对象。要创建套索选择，则应按住鼠标左键并拖曳，再释放鼠标左键即可，但要注意的是在使用套索选择时，可以按空格键在"窗口""窗交"和"栏选"对象选择模式之间切换。所谓的"栏选"通常是指在"选择对象"提示下输入 F（栏选）并按 Enter 键，接着指定若干点创建经过要选择对象的选择栏，最后按 Enter 键完成选择。

1.12　思考与练习

（1）AutoCAD 2019 提供的预定义工作空间包括哪些？

（2）如何配置绘图环境？以设置 AutoCAD 2019 系统自动保存文件为例，保存间隔的时间为 6 分钟。

（3）如何启用对象捕捉和对象捕捉追踪？如何进行对象捕捉模式的设置？

（4）简述在非动态输入模式下，绝对坐标与相对坐标的输入格式。

（5）简述 AutoCAD 2019 启动命令的几种常见方式。

（6）请找出状态栏上的模式按钮与键盘上的哪些功能键一一对应？例如，按什么键可以开启或关闭正交模式？

（7）如何设置图形单位？

（8）如何编辑对象特性？

（9）常用的对象选择方式包括哪些？

（10）扩展练习：请在命令行中输入 ZOOM 命令，熟悉其中几种调整视图显示的方式。

第2章　绘制二维图形与文本

（本 章 导 读）

  在介绍绘制具体的电气设计实例之前，先介绍绘制二维图形和文字的基础知识。AutoCAD 中的基本二维图形包括直线、射线、构造线、圆、圆弧、矩形、正多边形、椭圆、椭圆弧、多段线、点、多线、样条曲线、圆环、填充图案和面域等。另外，在制图中常需要创建文本注释，而文本注释由文字样式控制。

  认真学习好本章知识，将为后面实例操作打下扎实基础。

2.1　熟悉基本二维图形创建工具与命令

  在 AutoCAD 2019 的"草图与注释"工作空间中，用于创建基本二维图形的工具按钮位于功能区"默认"选项卡的"绘图"面板中，而文字工具则位于"注释"面板中。如果设置显示菜单栏，那么可以在菜单栏的"绘图"菜单中找到用于创建基本二维图形的相关命令。

  表 2-1 给出了用于创建基本二维图形和文本的一些常用命令，以供初学者熟悉。

表 2-1　基本二维图形与文本的创建命令（常用）一览表

序号	按钮	按 钮 名 称	相应的菜单命令	说　　明
1		直线	"绘图"|"直线"	创建直线段，可以创建一系列连续的线段，每条线段都是可以单独进行编辑的直线对象
2		构造线	"绘图"|"构造线"	创建向两个方向无限延伸的线
3		射线	"绘图"|"射线"	创建始于一点并只向一个方向无限延伸的线
4		圆（圆心，半径）	"绘图"|"圆"|"圆心、半径"	用圆心和半径绘制圆
5		圆（圆心，直径）	"绘图"|"圆"|"圆心、直径"	用圆心和直径绘制圆
6		圆（两点）	"绘图"|"圆"|"两点"	用直径的两个端点创建圆
7		圆（三点）	"绘图"|"圆"|"三点"	用圆周上的三个点创建圆

续表

序号	按钮	按钮名称	相应的菜单命令	说　明
8		圆（相切、相切、半径）	"绘图"|"圆"|"相切、相切、半径"	用指定半径创建相切于两个对象的圆
9		圆（相切、相切、相切）	"绘图"|"圆"|"相切、相切、相切"	创建与选定 3 个对象均相切的圆
10		圆弧（三点）	"绘图"|"圆弧"|"三点"	用三点创建圆弧
11		圆弧（起点、圆心、端点）	"绘图"|"圆弧"|"起点、圆心、端点"	用起点、圆心和端点创建圆弧
12		圆弧（起点、圆心、角度）	"绘图"|"圆弧"|"起点、圆心、角度"	用起点、圆心和包含角创建圆弧
13		圆弧（起点、圆心、长度）	"绘图"|"圆弧"|"起点、圆心、长度"	用起点、圆心和弦长创建圆弧
14		圆弧（起点、端点、角度）	"绘图"|"圆弧"|"起点、端点、角度"	用起点、端点和包含角创建圆弧
15		圆弧（起点、端点、方向）	"绘图"|"圆弧"|"起点、端点、方向"	用起点、端点和起点处的切线方向创建圆弧
16		圆弧（起点、端点、半径）	"绘图"|"圆弧"|"起点、端点、半径"	用起点、端点和半径创建圆弧
17		圆弧（圆心、起点、端点）	"绘图"|"圆弧"|"圆心、起点、端点"	用圆心、起点和用于确定端点的第三个点创建圆弧
18		圆弧（圆心、起点、角度）	"绘图"|"圆弧"|"圆心、起点、角度"	用圆心、起点和包含角创建圆弧
19		圆弧（圆心、起点、长度）	"绘图"|"圆弧"|"圆心、起点、长度"	用圆心、起点和弦长创建圆弧
20		圆弧（继续）	"绘图"|"圆弧"|"继续"	创建圆弧使其相切于上一次绘制的直线或圆弧
21		矩形	"绘图"|"矩形"	创建矩形多段线
22		正多边形	"绘图"|"多边形"	创建等边闭合多段线
23		多段线	"绘图"|"多段线"	创建二维多段线（由直线段和圆弧组合）
24		多点	"绘图"|"点"|"多点"	创建多个点对象
25		定数等分	"绘图"|"点"|"定数等分"	沿对象的长度或周长按照设定数目创建等间距排列的点对象或块
26		定距等分	"绘图"|"点"|"定距等分"	沿对象的长度或周长按指定间距创建点对象或块
27		椭圆（轴、端点）	"绘图"|"椭圆"|"轴、端点"	创建椭圆或椭圆弧，椭圆上的前两个点确定第一条轴的长度和位置，第三个点确定椭圆的圆心和第二条轴的端点之间的距离

序号	按钮	按 钮 名 称	相应的菜单命令	说　　明
28		椭圆（圆心）	"绘图" | "椭圆" | "圆心"	使用中心点、第一个轴的端点和第二个轴的长度来创建椭圆
29		椭圆弧	"绘图" | "椭圆" | "圆弧"	创建椭圆弧
30		样条曲线拟合	"绘图" | "样条曲线" | "拟合点"	使用拟合点绘制样条曲线
31		样条曲线控制点	"绘图" | "样条曲线" | "控制点"	使用控制点绘制样条曲线
32		多线	"绘图" | "多线"	创建多条平行线
33		矩形修订云线	"绘图" | "修订云线"	通过指定两个角点创建新的矩形修订云线，也可以将闭合对象转换为修订云线
34		多边形修订云线	"绘图" | "修订云线"	通过绘制多边形多段线创建修订云线
35		徒手画修订云线	"绘图" | "修订云线"	通过绘制自由形状的多段线创建修订云线
36		面域	"绘图" | "面域"	将包含封闭区域的对象转换为面域对象
37		圆环	"绘图" | "圆环"	创建实心圆或较宽的环
38		图案填充	"绘图" | "图案填充"	使用填充图案等对封闭区域或选定对象进行填充
39		渐变色	"绘图" | "渐变色"	使用渐变填充对封闭区域或选定对象进行填充
40		边界	"绘图" | "边界"	用封闭区域创建面域或多段线
41		区域覆盖	"绘图" | "区域覆盖"	创建多边形区域，该区域将用作当前背景色屏蔽其下面的对象
42		螺旋	"绘图" | "螺旋"	创建二维螺旋或三维螺旋
43	A	多行文字	"绘图" | "文字" | "多行文字"	创建多行文字对象
44	A	单行文字	"绘图" | "文字" | "单行文字"	使用单行文字工具创建一行或多行文字，其中每行文字都是独立的对象，可对其进行移动、格式设置或其他修改

2.2　直　　线

　　直线的绘制很简单，可以绘制一条单一的直线段，也可以绘制一系列连续的线段，并可以使一系列线段闭合（将第一条线段和最后一条线段连接起来）。

　　绘制直线的典型步骤如下。

1️⃣ 在功能区的"默认"选项卡的"绘图"面板中单击"直线"按钮 ╱。

2️⃣ 指定直线段的起点。可以使用定点设备（如鼠标光标），也可以在命令提示下输入坐标值。

3️⃣ 指定端点以完成第一条线段。如果要在执行 LINE 命令期间放弃前一条直线段，则输入 U 并按 Enter 键。

4️⃣ 指定其他线段的端点。

5️⃣ 按 Enter 键结束，或者输入 C 使一系列直线段闭合。

如果要以最近绘制的直线末端点为起点绘制新的直线，那么再次启动 LINE 命令时，在出现"指定起点"提示后按 Enter 键。

下面介绍绘制连续线段的一个操作实例。在单击"直线"按钮 ╱ 后，根据命令提示进行以下操作。

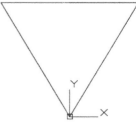

```
命令：_line
指定第一个点：0,0↙
指定下一点或 [放弃(U)]：@10<60↙
指定下一点或 [放弃(U)]：@10<180↙
指定下一点或 [闭合(C)/放弃(U)]：C↙
```

绘制的闭合线段如图 2-1 所示。

图 2-1　绘制的闭合线段

2.3　射线及构造线

射线和构造线通常用来作为创建其他对象的参照。所述的射线是由一点向一个方向无限延伸的直线，而构造线则是向两个方向无限延伸的直线。

2.3.1　射线

射线起始于三维空间中的指定点并且仅在一个方向上延伸。创建射线的典型步骤如下。

1️⃣ 在功能区"默认"选项卡的"绘图"面板中单击"射线"按钮 ╱。

2️⃣ 为射线指定起点。

3️⃣ 指定射线要经过的点。

4️⃣ 根据需要继续指定点创建其他射线，所有后续射线都经过第一个指定点。

5️⃣ 按 Enter 键结束命令。

请看以下一个绘制若干射线的操作实例。

1️⃣ 在"绘图"面板中单击"射线"按钮 ╱。

2️⃣ 根据命令提示进行以下操作。

```
命令：_ray
指定起点：0,0↙
指定通过点：100,50↙
指定通过点：100,0↙
```

```
指定通过点：100,-30↙
指定通过点：100,-50↙
指定通过点：↙
```

绘制始于同一点的 4 条射线如图 2-2 所示。

2.3.2　构造线

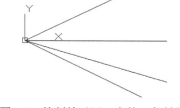

图 2-2　绘制始于同一点的 4 条射线

构造线可以放置在三维空间中的任意位置。需要用户注意的是：有时候创建构造线，可能会造成一定的视觉混乱。

可以采用两点法来创建构造线，即通过指定两点创建构造线，其中，指定的第一个点（根）被认为是构造线概念上的中点。构造线的中点可以通过"中点"对象捕捉来捕捉到。

指定两点创建构造线的步骤如下。

1 单击"构造线"按钮 。

2 指定一个点以定义构造线的根。

3 指定第二个点，即构造线要经过的点。

4 根据需要继续指定其他点来创建构造线。所有后续构造线都经过第一个指定点。

5 按 Enter 键结束命令。

此外，也可以使用其他方法创建构造线，这些方法选项可以从命令提示中选择，如图 2-3 所示，包括"水平""垂直""角度""二等分"和"偏距"。这些方法选项的功能含义如下。

```
✕ ✎   ✓ XLINE 指定点或 [水平(H) 垂直(V) 角度(A) 二等分(B) 偏移(O)]:
```

图 2-3　创建构造线的提示选项

☑ "水平"和"垂直"：创建一条经过指定点并且与当前 UCS 的 X 或 Y 轴平行的构造线。

☑ "角度"：可以选择一条参考线，指定那条直线与构造线的角度，从而创建所需的构造线；也可以通过指定角度和构造线必经的点来创建与水平轴成指定角度的构造线。

☑ "二等分"：创建二等分指定角的构造线，需要指定用于创建角度的顶点和直线。

☑ "偏移"：创建平行于指定基线的构造线，需要指定偏移距离，选择基线，然后指明构造线位于基线的哪一侧。

2.4　圆

绘制圆的方式主要有"圆心、半径""圆心、直径""两点""三点""相切、相切、半径"和"相切、相切、相切"。这些绘制圆的方式工具可以在功能区的"默认"选项卡的"绘图"面板中找到，也可以在菜单栏的"绘图"|"圆"级联菜单中选择。

1．圆心、半径

绘制圆的默认方法是指定圆心和半径。通过指定圆心和半径绘制圆的步骤如下。

1 在功能区"默认"选项卡的"绘图"面板中单击"圆心、半径"按钮 ⊙。

2 指定圆心。

3 指定半径。

下面是采用"圆心、半径"命令绘制一个圆的历史纪录及说明。

```
命令：_circle                          //单击"圆心、半径"按钮 ⊙
指定圆的圆心或 [三点(3P)/两点(2P)/切点、切点、半径(T)]：35,35✓
                                      //输入圆心的坐标（35,35）
指定圆的半径或 [直径(D)]：35✓        //输入圆的半径为 35
```

绘制的圆如图 2-4 所示。

2．圆心、直径

通过指定圆心和直径绘制圆的步骤如下。

1 在功能区"默认"选项卡的"绘图"面板中单击"圆心、直径"
按钮 ⊘。

2 指定圆心。

3 指定直径。

图 2-4　绘制的圆

如图 2-4 所示的圆也可以采用"圆心、直径"命令绘制，其操作历史纪录及说明如下。

```
命令：_circle                                      //单击"圆心、直径"按钮 ⊘
指定圆的圆心或 [三点(3P)/两点(2P)/切点、切点、半径(T)]：35,35✓
                                                  //输入圆心的坐标（35,35）
指定圆的半径或 [直径(D)]：_d 指定圆的直径：70✓    //输入圆的直径为 70
```

3．两点

基于圆直径上的两个端点绘制圆。

采用"两点"方式绘制圆的简单典型实例操作如下。该圆某条直径上的端点坐标分别为
（50,50）、（100,60）。

1 在功能区的"默认"选项卡的"绘图"面板中单击"圆：两点"按钮 ⊙。

2 根据命令提示进行以下操作。

```
命令：_circle
指定圆的圆心或 [三点(3P)/两点(2P)/切点、切点、半径(T)]：_2p 指定圆直径的第一个端点：50,50✓
指定圆直径的第二个端点：100,60✓
```

4．三点

基于圆周上的三点绘制圆。

采用"三点"方式绘制圆的简单典型实例操作如下。

1 在菜单栏中选择"绘图"|"圆"|"三点"命令。

2 指定圆上的第一个点。

③ 指定圆上的第二个点。

④ 指定圆上的第三个点。

5. 相切、相切、半径

基于指定半径和两个相切对象绘制圆，即需要指定对象与圆的第一个切点、对象与圆的第二个切点以及圆的半径。有时候会碰到有多个圆符合指定的条件，在这种情况下，AutoCAD 程序将绘制具有指定半径的圆并且使其切点与选定点的距离最近。

采用"相切、相切、半径"方式绘制圆的典型步骤如下。

① 在功能区"默认"选项卡的"绘图"面板中单击"相切、相切、半径"按钮 ◯。此命令启动"切点"对象捕捉模式。

② 选择与要绘制的圆相切的第一个对象。

③ 选择与要绘制的圆相切的第二个对象。

④ 设置圆的半径。

典型的操作示例如图 2-5 所示，源素材文件为"相切相切半径-圆绘制实例.dwg"，该实例要创建与两个图元均相切且半径为 20mm 的圆。

（a）选择要相切的第一个对象　　　（b）选择要相切的第二个对象　　　（c）设置圆半径后的完成效果

图 2-5　"相切、相切、半径"操作示例

6. 相切、相切、相切

创建与 3 个对象均相切的圆。简单的操作实例如图 2-6 所示。

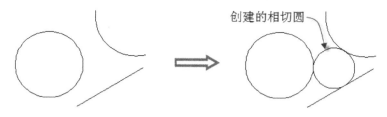

图 2-6　"相切、相切、相切"操作示例

① 打开"3 相切-圆绘制实例.dwg"文件，使用"草图与注释"工作空间，从功能区"默认"选项卡的"绘图"面板中单击"相切、相切、相切"按钮 ◯。

② 根据命令提示进行以下操作。

```
命令: _circle
指定圆的圆心或 [三点(3P)/两点(2P)/切点、切点、半径(T)]: _3p
指定圆上的第一个点: _tan 到              //选择如图 2-7(a)所示的对象
指定圆上的第二个点: _tan 到              //选择如图 2-7(b)所示的对象
指定圆上的第三个点: _tan 到              //选择如图 2-7(c)所示的对象
```

（a）指定对象 1

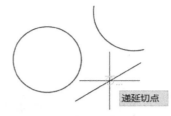

（b）指定对象 2

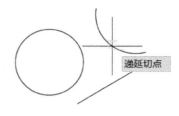

（c）指定对象 3

图 2-7　选择与要绘制的圆相切的对象

2.5　圆　　弧

可以使用"三点"方式绘制圆弧。通过指定三点绘制圆弧的步骤如下。

1 在功能区的"默认"选项卡的"绘图"面板中单击"圆弧：三点"按钮　。

2 指定圆弧的起点。

3 指定一点作为圆弧上的一个中间点（圆弧点）。

4 指定圆弧的端点。

此外还有多种方法可以绘制圆弧，包括"起点、圆心、端点""起点、圆心、角度""起点、圆心、长度""起点、端点、角度""起点、端点、方向""起点、端点、半径""圆心、起点、端点""圆心、起点、角度""圆心、起点、长度"和"继续"。这些绘制圆弧的方法工具可以在功能区的"绘图"面板中选择，也可以在菜单栏的"绘图" | "圆弧"级联菜单中选择。执行工具命令后，根据命令提示进行相关操作来绘制圆弧即可。

下面介绍一个绘制圆弧的操作实例。

1 从功能区"默认"选项卡的"绘图"面板中单击"起点、圆心、角度"按钮　，接着根据命令行的提示信息进行以下操作。

```
命令：_arc
指定圆弧的起点或 [圆心(C)]：90,90✓
指定圆弧的第二个点或 [圆心(C)/端点(E)]：_c
指定圆弧的圆心：50,30✓
指定圆弧的端点(按住 Ctrl 键以切换方向)或 [角度(A)/弦长(L)]：_a
指定夹角(按住 Ctrl 键以切换方向)：60✓
```

绘制的圆弧 1 如图 2-8 所示。

2 从功能区的"默认"选项卡的"绘图"面板中单击"继续"按钮　，接着进行以下操作。

```
命令：_arc
指定圆弧的起点或 [圆心(C)]：          //默认上一圆弧的末端点为新圆弧的起点
指定圆弧的端点(按住 Ctrl 键以切换方向)：@45<150✓
```

绘制的圆弧 2 如图 2-9 所示。单击"继续"按钮　创建连接的圆弧与前一个对象相切。

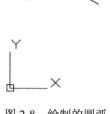

图 2-8 绘制的圆弧 1

图 2-9 绘制圆弧 2

知识点拨： 完成圆弧的绘制后，紧接着启动 LINE 命令创建直线，在"指定第一点"提示下直接按 Enter 键，然后只需指定直线长度即可绘制出一端与该圆弧相切的直线。同样地，完成直线的绘制后，紧接着启动 ARC 命令，在"指定圆弧起点"提示下直接按 Enter 键，然后只需指定圆弧的端点即可绘制在一端与该直线相切的圆弧。

2.6 矩　　形

绘制矩形的典型步骤如下。

1 在功能区的"默认"选项卡的"绘图"面板中单击"矩形"按钮□。

2 指定矩形第一个角点的位置。

3 指定矩形另一角点的位置。

在创建矩形的过程中，可以根据实际情况选择"倒角""标高""圆角""厚度"和"宽度"等选项进行相关设置。在指定第一个角点后，还可以指定矩形参数（长度、宽度、旋转角度）等。

下面介绍一个绘制带圆角的矩形实例，其操作及说明如下。

在功能区的"默认"选项卡的"绘图"面板中单击"矩形"按钮□，然后根据命令提示进行以下操作。

```
命令: _rectang
指定第一个角点或 [倒角(C)/标高(E)/圆角(F)/厚度(T)/宽度(W)]: C↙
指定矩形的第一个倒角距离 <0.0000>: 5↙
指定矩形的第二个倒角距离 <5.0000>:↙
指定第一个角点或 [倒角(C)/标高(E)/圆角(F)/厚度(T)/宽度(W)]: 0,0↙
指定另一个角点或 [面积(A)/尺寸(D)/旋转(R)]: D↙
指定矩形的长度 <10.0000>: 50↙
指定矩形的宽度 <10.0000>: 32↙
指定另一个角点或 [面积(A)/尺寸(D)/旋转(R)]: 50,32↙
```

绘制的矩形如图 2-10 所示，该矩形带有倒角。

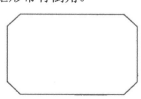

图 2-10 绘制的矩形

2.7 正多边形

在 AutoCAD 2019 中，可以创建具有 3～1024 条等边长的闭合多段线（正多边形）。绘制正多边形的方法主要有 3 种，即绘制外切于圆的正多边形、绘制内接于圆的正多边形和通过指定一条边绘制正多边形。

1．绘制外切于圆的正多边形

使用该方法需要指定从正多边形圆心到各边中点的距离，如图 2-11 所示。使用该方法的绘制步骤如下。

1️⃣ 从功能区的"默认"选项卡的"绘图"面板中单击"正多边形"按钮 ⬠。

2️⃣ 在命令提示下输入边数。

3️⃣ 指定正多边形的中心。

4️⃣ 输入 C 以选择"外切于圆"选项。

5️⃣ 输入半径长度。

下面是一个执行"外切于圆"创建正六边形的操作命令记录。

```
命令: _polygon 输入侧面数 <4>: 6↙
指定正多边形的中心点或 [边(E)]: 0,0↙
输入选项 [内接于圆(I)/外切于圆(C)] <I>: C↙
指定圆的半径: 68↙
```

2．绘制内接于圆的正多边形

使用该方法需要指定外接圆的半径，正多边形的所有顶点都将在此圆周上，如图 2-12 所示。

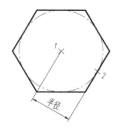

图 2-11　外切于圆的正多边形

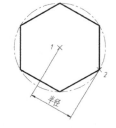

图 2-12　内接于圆的正多边形

绘制内接于圆的正多边形的典型步骤如下。

1️⃣ 从功能区的"默认"选项卡的"绘图"面板中，单击"正多边形"按钮 ⬠。

2️⃣ 在命令提示下指定多边形的边数。

3️⃣ 指定正多边形的中心。

4️⃣ 输入 I 以选择"内接于圆"选项。

5️⃣ 输入圆半径。

下面是一个执行"内接于圆"创建正六边形的操作命令记录。

```
命令：_polygon
输入边的数目 <6>:↙
指定正多边形的中心点或 [边(E)]: 100,100↙
输入选项 [内接于圆(I)/外切于圆(C)] <C>: I↙
指定圆的半径：53↙
```

3．通过指定一条边绘制正多边形

通过指定第一条边的两个端点来定义正多边形，其操作步骤如下。

① 从功能区的"默认"选项卡的"绘图"面板中，单击"正多边形"按钮。

② 在命令提示下输入边数。

③ 在命令窗口的命令行中输入 E 以选择"边（E）"选项，也可以使用鼠标在命令行中直接选择提示选项"边（E）"。

④ 指定一条正多边形线段的第一个端点。

⑤ 指定正多边形的该线段的第二个端点。

2.8　椭圆与椭圆弧

椭圆可以由定义其长度和宽度的两条轴决定，其中较长的轴被称为长轴，较短的轴被称为短轴。在本节中，结合简单实例介绍绘制椭圆和椭圆弧的操作方法、步骤。

2.8.1　绘制椭圆

绘制椭圆的工具有两种，即"椭圆：轴、端点"按钮和"椭圆：圆心"按钮。

在功能区"默认"选项卡的"绘图"面板中单击"椭圆：轴、端点"按钮，接着在命令提示下进行以下操作。

```
命令：_ellipse
指定椭圆的轴端点或 [圆弧(A)/中心点(C)]: 100,20↙
指定轴的另一个端点：@50<30↙
指定另一条半轴长度或 [旋转(R)]: 10↙
```

绘制的椭圆 1 如图 2-13 所示。

再绘制一个椭圆。在功能区"默认"选项卡的"绘图"面板中单击"椭圆：圆心"按钮，接着在命令提示下进行以下操作。

```
命令：_ellipse
指定椭圆的轴端点或 [圆弧(A)/中心点(C)]: _c
指定椭圆的中心点：                        //选择第一个椭圆的圆心作为第二个椭圆的中心点
指定轴的端点：@12<30↙
指定另一条半轴长度或 [旋转(R)]: 8↙
```

完成绘制椭圆 2，图形效果如图 2-14 所示。

图 2-13 绘制的椭圆 1

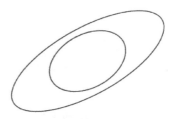

图 2-14 绘制的椭圆 2

2.8.2 绘制椭圆弧

在功能区"默认"选项卡的"绘图"面板中单击"椭圆弧"按钮 ⊙，接着根据命令提示进行以下操作。

```
命令：_ellipse
指定椭圆的轴端点或 [圆弧(A)/中心点(C)]：_a
指定椭圆弧的轴端点或 [中心点(C)]：C✓
指定椭圆弧的中心点：0,0✓
指定轴的端点：116,0✓
指定另一条半轴长度或 [旋转(R)]：80✓
指定起点角度或 [参数(P)]：10✓
指定端点角度或 [参数(P)/夹角(I)]：270✓
```

完成的椭圆弧如图 2-15 所示。

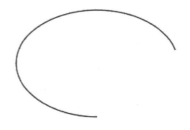

图 2-15 绘制的椭圆弧

2.9 多 段 线

AutoCAD 中的多段线是作为单个对象创建的相互连接的线段序列，它可以是直线段、弧线段或两者的组合线段。多段线适用于这些方面：地形、等压和其他科学应用的轮廓素线；布线图和电路印刷板布局；流程图和布管图；三维实体建模的拉伸轮廓和拉伸路径等。

在功能区"默认"选项卡的"绘图"面板中单击"多段线"按钮 ⌐⎇，系统提示"指定起点"；指定起点后，命令窗口中显示提示信息，如图 2-16 所示。用户可以指定下一个点，或者选择"圆弧""半宽""长度""放弃"和"宽度"选项之一来定义多段线。

```
命令: _pline
指定起点: 30,110
当前线宽为 0.0000
```
```
× × ⚙ ↲- PLINE 指定下一个点或 [圆弧(A) 半宽(H) 长度(L) 放弃(U) 宽度(W)]:        ▲
```

图 2-16　创建多段线的提示信息

可以绘制由直线和圆弧组合的多段线，其操作步骤如下。

1 单击"多段线"按钮 ⟶。

2 指定多段线线段的起点。

3 指定多段线线段的端点。如果在"指定下一个点或 [圆弧(A)/半宽(H)/长度(L)/放弃(U)/宽度(W)]:"命令提示下输入 A 并按 Enter 键，即选择"圆弧(A)"选项，则切换到"圆弧"模式；如果在"[角度(A)/圆心(CE)/闭合(CL)/方向(D)/半宽(H)/直线(L)/半径(R)/第二个点(S)/放弃(U)/宽度(W)]:"命令提示下输入 L 并按 Enter 键，即选择"直线(L)"选项，则返回到"直线"模式。

4 根据需要指定其他多段线线段。

5 按 Enter 键结束，或者输入 C 并按 Enter 键以选择"闭合(C)"选项使多段线闭合。

下面是绘制多段线的一个操作实例。

单击"多段线"按钮 ⟶，根据命令提示执行下列操作。

```
命令: _pline
指定起点: 150,100✓
当前线宽为 0.0000
指定下一个点或 [圆弧(A)/半宽(H)/长度(L)/放弃(U)/宽度(W)]: @100<0✓
指定下一点或 [圆弧(A)/闭合(C)/半宽(H)/长度(L)/放弃(U)/宽度(W)]: A✓
指定圆弧的端点(按住 Ctrl 键以切换方向)或[角度(A)/圆心(CE)/闭合(CL)/方向(D)/半宽(H)/直
线(L)/半径(R)/第二个点(S)/放弃(U)/宽度(W)]: @80<-90✓
指定圆弧的端点(按住 Ctrl 键以切换方向)或[角度(A)/圆心(CE)/闭合(CL)/方向(D)/半宽(H)/直
线(L)/半径(R)/第二个点(S)/放弃(U)/宽度(W)]: L✓
指定下一点或 [圆弧(A)/闭合(C)/半宽(H)/长度(L)/放弃(U)/宽度(W)]: @100<180✓
指定下一点或 [圆弧(A)/闭合(C)/半宽(H)/长度(L)/放弃(U)/宽度(W)]: A✓
指定圆弧的端点(按住 Ctrl 键以切换方向)或[角度(A)/圆心(CE)/闭合(CL)/方向(D)/半宽(H)/直
线(L)/半径(R)/第二个点(S)/放弃(U)/宽度(W)]: CL✓
```

完成绘制的多段线如图 2-17 所示。

图 2-17　绘制的多段线

2.10　点

本节介绍如何绘制点，包括单点、多点、定数等分点和定距等分点。为了能够使点从视觉上易于辨认，通常需要先定制点样式。

2.10.1　定制点样式

在一些应用场合，为了使点对象获得视觉上的特定效果，可以根据需要设置点样式。设置点样式的方法步骤如下。

1 在命令窗口命令行中输入 DDPTYPE 或 PTYPE，按 Enter 键，或者设置显示菜单栏并从菜单栏中选择"格式"|"点样式"命令，打开如图 2-18 所示的"点样式"对话框。

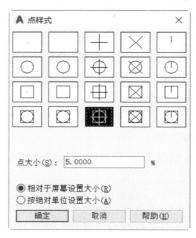

图 2-18　"点样式"对话框

2 在"点样式"对话框的列表中选择其中一种点样式，例如选择点样式按钮⊕。

3 选择"相对于屏幕设置大小"单选按钮，并在"点大小"文本框中设置点大小占屏幕尺寸的百分比。也可以选择"按绝对单位设置大小"单选按钮，并在"点大小"文本框中指定实际单位数值来设置点显示的大小。

4 单击"点样式"对话框的"确定"按钮。

2.10.2　绘制多点和单点

在功能区"默认"选项卡的"绘图"面板中单击"多点"按钮∴，可以在图形窗口中连续绘制多个点对象。如果仅仅是绘制单个点对象，还可以使用菜单栏中的"绘图"|"点"|"单点"命令。

2.10.3　定数等分点

将点对象或块沿对象的长度或周长按照设定数目来等间隔排列。注意直线或非闭合多段线的定数等分从距离选择点最近的端点处开始处理。

例如，在一个直径为 50 的圆周上均布地创建 8 个点对象，其操作步骤如下。

1 在"快速访问"工具栏中单击"新建"按钮□，利用弹出的对话框选择 acadiso.dwt 图形样板来新建一个图形文件，在该图形文件中绘制一个直径为 50mm 的圆。

```
命令：CIRCLE↙
指定圆的圆心或 [三点(3P)/两点(2P)/切点、切点、半径(T)]：      //在绘图区域任意指定一点
指定圆的半径或 [直径(D)]：D↙
指定圆的直径：50↙
```

2 定制当前点样式。在命令窗口命令行中输入 DDPTYPE 并按 Enter 键，弹出"点样式"对话框，选择点样式 ⊗，接着选择"相对于屏幕设置大小"单选按钮，将点大小设置为相对于屏幕的 3%，单击"确定"按钮。

3 确保使用"草图与注释"工作空间，在功能区"默认"选项卡的"绘图"面板中单击"定数等分"按钮 ⚡，接着在命令提示下进行以下操作。

```
命令：_divide
选择要定数等分的对象：         //选择之前绘制好的圆
输入线段数目或 [块(B)]：8↙     //输入点数目为 8
```

在该圆上创建定数等分点的前、后效果如图 2-19 所示。

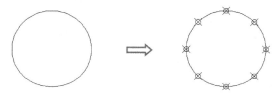

图 2-19　创建定数等分点

2.10.4　定距等分点

沿选定对象按指定间隔放置点对象，从最靠近用于选择对象的点的端点处开始放置。对于闭合多段线，其定距等分将从它们的初始顶点（绘制的第一个点）处开始；对于圆，其定距等分从设置为当前捕捉旋转角的自圆心的角度开始，如果捕捉旋转角为零，则从圆心右侧的圆周点开始定距等分圆。

请看以下一个创建定距等分点的操作实例。

1 打开本书配套资料包中"绘制定距等分点.dwg"文件，接着定制当前点样式，即在命令窗口命令行中输入 PTYPE 并按 Enter 键，弹出"点样式"对话框，选择点样式 ⊗，并选择"相对于屏幕设置大小"单选按钮，将点大小设置为相对于屏幕的 3%，单击"确定"按钮。

2 在功能区的"默认"选项卡的"绘图"面板中单击"定距等分"按钮 ⚡，接着在命令提示下进行操作。

```
命令：_measure
选择要定距等分的对象：          //在如图 2-20 所示的多段线线段大概位置处单击
指定线段长度或 [块(B)]：20↙      //输入线段长度
```

创建的定距等分点如图 2-21 所示。

图 2-20　选择要定距等分的对象

图 2-21　创建的定距等分点

2.11 样 条 曲 线

在 AutoCAD 工程制图应用中，经常使用样条曲线来作为局部剖视图的边界。所述的样条曲线是经过或靠近一组拟合点或由控制框的顶点定义的平滑曲线。样条曲线可以是开放的，也可以是封闭的（即在绘制时可使其起点和端点重合）。

在 AutoCAD 2019 中，创建样条曲线的方式有两种，一种是单击"样条曲线拟合"按钮 ∿ 通过指定拟合点来创建样条曲线；另一种是单击"样条曲线控制点"按钮 ∿ 通过定义控制点来创建样条曲线。二者的创建方法都基本相同。下面以通过拟合点创建样条曲线为例进行步骤介绍。

1 在功能区"默认"选项卡的"绘图"面板中单击"样条曲线拟合"按钮 ∿。

2 在绘图区域依次指定若干点，如图 2-22 所示的点 1、点 2、点 3、点 4 和点 5。

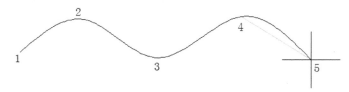

图 2-22　指定若干点绘制样条曲线

3 按 Enter 键结束命令操作。

该样条曲线的创建历史纪录及说明如下。

```
命令：_SPLINE                                      //单击"样条曲线拟合"按钮 ∿
当前设置：方式=拟合　节点=弦
指定第一个点或 [方式(M)/节点(K)/对象(O)]：_M
输入样条曲线创建方式 [拟合(F)/控制点(CV)] <拟合>：_FIT
当前设置：方式=拟合　节点=弦
指定第一个点或 [方式(M)/节点(K)/对象(O)]：              //指定点 1
输入下一个点或 [起点切向(T)/公差(L)]：                  //指定点 2
输入下一个点或 [端点相切(T)/公差(L)/放弃(U)]：           //指定点 3
输入下一个点或 [端点相切(T)/公差(L)/放弃(U)/闭合(C)]：     //指定点 4
输入下一个点或 [端点相切(T)/公差(L)/放弃(U)/闭合(C)]：     //指定点 5
输入下一个点或 [端点相切(T)/公差(L)/放弃(U)/闭合(C)]：↙  //按 Enter 键
```

说明：在创建样条曲线的过程中，可以定义起点切向、端点相切、公差、闭合和方式等参数或选项。其中通过设置"方式"选项可以在"拟合"和"控制点"方式之间切换。

2.12 多　　线

多线又称多行，它由 1~16 条平行线组成。多线的平行线被称为元素。在 AutoCAD 中，可以根据需要创建多线的命名样式，用来控制元素的数量和每个元素的特性。多线的特性包括元素的总数和每个元素的位置、每个元素与多行中间的偏移距离、每个元素的颜色和线型、每个顶点出现的称为 JOINTS 的直线的可见性、使用的端点封口类型、多行的背景填充颜色。多线对象由相应的多线样式控制。

2.12.1　定制多线样式

在绘制多线之前，通常要准备所需的多线命名样式。可以使用包含两个元素的 STANDARD 样式来创建默认样式的多线，也可以使用自定义的多线样式来创建所需的多线。

要新建一个多线样式，则可以按照以下的方法步骤来进行。

1 在命令窗的命令行中输入 MLSTYLE 并按 Enter 键，或者设置显示菜单栏并从"格式"菜单中选择"多线样式"命令，系统弹出如图 2-23 所示的"多线样式"对话框。

2 在"多线样式"对话框中单击"新建"按钮。

3 在弹出的"创建新的多线样式"对话框中，输入多线样式的名称，如图 2-24 所示，必要时可选择基础样式，然后单击"继续"按钮。

图 2-23　"多线样式"对话框　　　　　图 2-24　"创建新的多线样式"对话框

4 系统弹出"新建多线样式：*"对话框（*表示样式名），如图 2-25 所示。在该对话框中设置多线样式的参数，如起点和端点的封口类型、填充颜色、图元偏移参数和颜色等，可以添加平行线。需要时，可以在"说明"文本框中输入说明信息，最多可以包含 255 个字符，包括空格。

5 设置好新多线样式后，单击"新建多线样式：*"对话框中的"确定"按钮。

6 在"多线样式"对话框中单击"保存"按钮将多线样式保存到文件（默认文件为 acad. mln）。可以将多个多线样式保存到同一个文件中。

图 2-25   "新建多线样式：*"对话框（*表示样式名）

7 确认新建多线样式后单击"确定"按钮关闭"多线样式"对话框。

2.12.2 创建多线

准备好多线样式之后，便可以创建所需要的多线了。请看下面创建多线的操作实例。

1 在命令窗口的命令行中输入 MLINE 并按 Enter 键，或者确保显示菜单栏并从"绘图"菜单中选择"多线"命令。

2 根据命令提示进行以下操作。

```
命令：MLINE
当前设置：对正 = 上，比例 = 20.00，样式 = STANDARD
指定起点或 [对正(J)/比例(S)/样式(ST)]：ST✓
输入多线样式名或 [?]：BC-T1✓          //输入第 2.12.1 节创建并保存的新命名多线样式
当前设置：对正 = 上，比例 = 20.00，样式 = BC-T1
指定起点或 [对正(J)/比例(S)/样式(ST)]：S✓
输入多线比例 <20.00>：10✓
当前设置：对正 = 上，比例 = 10.00，样式 = BC-T1
指定起点或 [对正(J)/比例(S)/样式(ST)]：J✓
输入对正类型 [上(T)/无(Z)/下(B)] <上>：Z✓
当前设置：对正 = 无，比例 = 10.00，样式 = BC-T1
指定起点或 [对正(J)/比例(S)/样式(ST)]：0,0✓
指定下一点：50,0✓
指定下一点或 [放弃(U)]：@50<30✓
指定下一点或 [闭合(C)/放弃(U)]：✓
```

绘制的多线（参考）如图 2-26 所示。

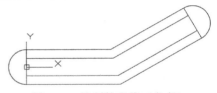

图 2-26   绘制的多线（参考）

2.13 圆 环

在 AutoCAD 中，圆环是填充环或实体填充圆，即带有宽度的闭合多段线。创建圆环，需要指定圆环的内外直径和圆心。在执行圆环创建命令的过程中，可以通过指定不同的圆心来继续创建具有相同直径的多个圆环副本。

如果将内径设置为 0，则创建实体填充圆。

创建圆环的典型步骤如下。

① 在功能区的"默认"选项卡的"绘图"面板中单击"圆环"按钮 ◎。

② 指定圆环的内径。

③ 指定圆环的外径。

④ 指定圆环的中心点位置。

⑤ 可以继续指定另一个圆环的中心点位置。在"指定圆环的中心点或<退出>:"提示下直接按 Enter 键退出命令操作。

下面是创建圆环的一个简单实例。

在功能区的"默认"选项卡的"绘图"面板中单击"圆环"按钮 ◎，接着根据命令提示进行以下操作。

```
命令：_donut
指定圆环的内径 <0.5000>: 8✓
指定圆环的外径 <1.0000>: 12✓
指定圆环的中心点或 <退出>: 0,0✓
指定圆环的中心点或 <退出>: 30,0✓
指定圆环的中心点或 <退出>: 0,30✓
指定圆环的中心点或 <退出>: -30,0✓
指定圆环的中心点或 <退出>: 0,-30✓
指定圆环的中心点或 <退出>: ✓
```

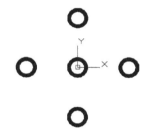

图 2-27 绘制的 5 圆环

绘制的 5 个圆环如图 2-27 所示。

2.14 填 充 图 案

在工程制图中，零件的实体剖面处被绘上代表特定信息的剖面线。例如，金属零件的实体剖面通常被绘制成与水平方向成 45°角的剖面线，剖面线用间距均匀的细实线绘制，可以向左倾斜也可以向右倾斜。如图 2-28 所示的衬套零件视图，便绘制有剖面线。

可以使用预定义填充图案填充区域、使用当前线型定义简单的线图案，也可以创建更复杂的填充图案。下面以实例操作的形式介绍如何在衬套零件视图中绘制剖面线，具体操作步骤如下。

1 在"快速访问"工具栏中单击"打开"按钮 📂，打开本书配套资料包中"衬套视图.dwg"文件，该文件中衬套视图原始图形如图 2-29 所示。

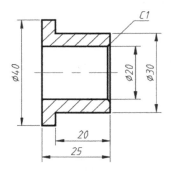

图 2-28 衬套零件的一个全剖视图

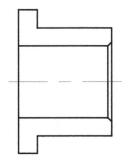

图 2-29 衬套视图原始图形

2 确保使用"草图与注释"工作空间，接受默认的图层为"02 层-细实线"，在功能区的"默认"选项卡的"绘图"面板中单击"图案填充"按钮 📐，打开"图案填充创建"上下文选项卡，如图 2-30 所示。

图 2-30 "图案填充创建"上下文选项卡

3 在"图案填充创建"上下文选项卡的"图案"面板中单击 ANSI31 图标按钮 📐。

4 在"特性"面板中设置角度为 0° 和比例值 📐 为 1，并在"选项"面板中单击选中"关联"按钮 📐 以指定图案填充或填充为关联图案填充。关联的图案填充或填充在用户修改其边界对象时将会更新。

5 在"边界"面板中单击"拾取点"按钮 ➕，接着分别在图形中的两个封闭区域内单击，如图 2-31 所示。

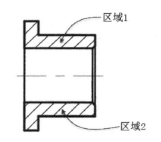

图 2-31 拾取点以定义填充区域

6 在"关闭"面板中单击"关闭图案填充创建"按钮 ✔，完成在指定的区域填充图案，即绘制了剖面线。

值得注意的是，如果没有开启功能区，在当前命令行的"键入命令"提示下输入 HATCH 并按 Enter 键，系统将弹出如图 2-32 所示的"图案填充和渐变色"对话框，并默认打开"图案填充"选项卡；通过该选项卡为图案填充指定类型、图案、角度、比例和边界等，这和使用"图案填充创建"上下文选项卡进行相关操作实际上一样。在"图案填充和渐变色"对话框中单击"预览"按钮可以预览图案填充效果，预览满意后按 Enter 键可返回到"图案填充和渐变色"对话框，最后单击"确定"按钮。

图 2-32　"图案填充和渐变色"对话框

2.15　面　　域

面域是用闭合的形状或环创建的二维区域，它具有物理特性（例如质心）。面域可以用于应用填充和着色、使用 MASSPROP 分析特性（例如面积）、提取设计信息（例如形心）和作为创建三维实体的基础截面等。

用于创建面域的环可以是直线、多段线、圆、圆弧、椭圆、椭圆弧和样条曲线的组合。组成环的对象必须闭合或通过与其他对象共享端点而形成闭合的区域。

注意：不能通过开放对象内部相交构成的闭合区域构造面域，例如不能使用相交圆弧或自相交曲线构造面域。

在 AutoCAD 中定义面域的步骤如下。

❶ 在功能区的"默认"选项卡的"绘图"面板中单击"面域"按钮 ◎。

❷ 选择对象以创建面域。所选择的这些对象集必须要形成相应的闭合区域，例如圆或闭合多段线等。

❸ 按 Enter 键。此时，命令提示下的消息指出检测（提取）到了多少个环以及创建了多少个面域。

请看下面的操作实例。

1 打开本书配套资料包 CH2 文件夹里提供的"面域练习"文件，该文件中存在着如图 2-33 所示的图形。使用这些图形创建若干个面域，然后将生成的若干个面域进行差集处理来生成一个独立的复合面域。

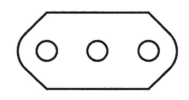

图 2-33 存在的图形

2 创建若干个面域。切换至"草图与注释"工作空间，在功能区"默认"选项卡的"绘图"面板中单击"面域"按钮 ，接着根据命令提示进行以下操作。

```
命令：_region
选择对象：指定对角点：找到 11 个        //以窗口选择的方式选择所有图形对象
选择对象：✓
已提取 4 个环
已创建 4 个面域
```

3 求面域差集。在命令行的"键入命令"提示下输入 SUBTRACT 并按 Enter 键，接着根据命令提示进行以下操作。

```
命令：SUBTRACT✓
选择要从中减去的实体、曲面和面域...
选择对象：找到 1 个              //选择最大的面域（最外侧的面域），如图 2-34 所示
选择对象：✓
选择要减去的实体、曲面和面域...
选择对象：找到 1 个              //选择第 1 个圆面域
选择对象：找到 1 个，总计 2 个     //选择第 2 个圆面域
选择对象：找到 1 个，总计 3 个     //选择第 3 个圆面域
选择对象：✓
```

完成此求差集运算后，如果在图形中单击任意一线条（例如单击如图 2-35 所示的圆）便可以发现选中的是整个图形对象（已经生成一个独立的复合面域对象）。

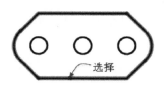

图 2-34 选择要从中减去的面域

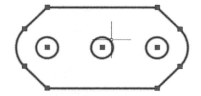

图 2-35 单击选中复合面域对象

2.16 文 本 输 入

在 AutoCAD 中，文本相当于一种特殊的二维图形。在"草图与注释"工作空间功能区的"默认"选项卡的"注释"面板中提供了两个实用的文本工具："多行文字"按钮 **A** 和"单行文字"按钮 **A**。文本的外观效果由文字样式控制，有关文字样式的应用知识将在后面的章节中有所介绍。

2.16.1 单行文字

在功能区“默认”选项卡的“注释”面板中单击“单行文字”按钮 A，可以创建一行或多行文字，其中每行文字都是独立的对象，用户可以对其进行重定位、调整格式或进行其他修改。

单击“单行文字”按钮 A 时，命令行中出现如图 2-36 所示的提示信息。此时，可以指定文字的起点，也可以更改默认的文字样式并重新设置对正方式。“样式”选项设置文字对象的默认特征；“对正”选项决定字符的哪一部分与插入点对齐。

```
× 🔧 A▾ TEXT 指定文字的起点 或 [对正(J) 样式(S)]:
```

图 2-36　命令提示

指定文字起点、高度和旋转角度后，便可以输入一行文字，按 Enter 键结束该行输入，可以继续输入另一行文字，每行文字都是独立的对象，如果在空行直接按 Enter 键则结束单行文字输入操作。

输入单行文字的一个典型操作实例如下。

1 使用“草图与注释”工作空间，在功能区的“默认”选项卡的“注释”面板中单击“单行文字”按钮 A。

2 根据命令提示进行以下操作。

```
命令: _text
当前文字样式: “WZ-X3.5”  文字高度: 3.5000  注释性: 否  对正: 左
指定文字的起点 或 [对正(J)/样式(S)]: 150,50↙
指定文字的旋转角度 <0>:↙
```

3 输入第一单行的文字为“技术要求”，按 Enter 键。

4 输入第二单行的文字为“1.未注倒角为 C2.5。”，按 Enter 键。

5 输入第三单行的文字为“2.表面光滑，可做拉丝处理，且不得有毛刺。”，接着按 Enter 键。

6 在第四单行没有输入文字，直接按 Enter 键结束命令。

完成绘制的单行文字如图 2-37 所示，每一行文字都是单独的对象。

技术要求

1.未注倒角为C2.5。

2.表面光滑，可做拉丝处理，且不得有毛刺。

图 2-37　绘制单行文字

在机械制图中经常会碰到输入直径符号“ ∅ ”、正负符号“ ± ”、角度符号“ ° ”等。这些符号可以采用结合控制码的方式输入，例如，输入“%%C”代表输入直径符号“ ∅ ”，输入“%%D”代表输入角度符号“° ”，输入“%%P”代表输入正负符号“ ± ”。

2.16.2 多行文字

多行文字的输入比单行文字更灵活，在实际应用中，通常使用多行文字来创建较为复杂的文字说明。在多行文字对象中，可以通过将格式（如下划线、粗体和不同的字体）应用到单个字符来替代其当前文字样式；还可以创建堆叠文字（如分数或形位公差）并插入特殊字符，包括用于 TrueType 字体的 Unicode 字符。

创建多行文字的方法及步骤说明如下。

1 以使用"草图与注释"工作空间为例，在功能区的"默认"选项卡的"注释"面板中单击"多行文字"按钮 A。

2 指定边框的两个对角点以定义多行文字对象的宽度。

此时，在功能区中显示"文字编辑器"上下文选项卡，如图 2-38 所示。

图 2-38　功能区的"文字编辑器"上下文选项卡

说明：如果功能区未处于活动状态（即未开启功能区），那么在命令行的"键入命令"提示下输入 MTEXT 命令并按 Enter 键，或者从菜单栏中选择"绘图"|"文字"|"多行文字"命令，并在图形窗口中指定两个对角点来定义输入文本输入边框，则此时 AutoCAD 系统显示在位文字编辑器（含"文字格式"对话框），如图 2-39 所示。使用"文字格式"对话框和使用功能区"文字编辑器"上下文选项卡实际上一样。

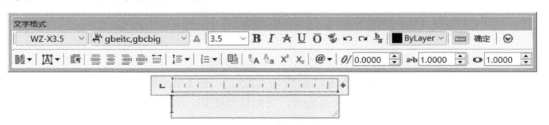

图 2-39　在位文字编辑器

3 在文字输入框中输入所需的多行文字，利用功能区的"文字编辑器"上下文选项卡设置文字样式、格式、段落参数、插入特殊符号等。

4 在功能区"文字编辑器"选项卡的"关闭"面板中单击"关闭文字编辑器"按钮 ✔，完成多行文字的输入。

创建堆叠文字是多行文字应用的重点内容之一。所谓的堆叠是对分数、公差和配合的一种位置控制方式。在工程制图中，经常绘制如图 2-40 所示的文字组合形式（堆叠文字）。

$$\varnothing 50 ^{H7}\!\!/_{p6} \qquad \varnothing 20 ^{+0.057}_{-0.013} \qquad 149 ^{+0.076}_{-0.028} \qquad \frac{A-A}{3:1}$$

图 2-40　工程制图中常见的堆叠文字形式

AutoCAD 中提供如表 2-2 所示的实用的 3 种字符堆叠控制码。

表 2-2　3 种字符堆叠控制码

序　号	控 制 码	说　　明	举　　例
1	/	字符堆叠为分式形式	例如字符 H8/c6，设置其堆叠后显示为 $\frac{H8}{c6}$
2	#	字符堆叠为比值形式	例如字符 H8#c6，设置其堆叠后显示为 $^{H8}/_{c6}$
3	^	字符堆叠为上下排列的形式，和分式类似，却比分式少一条横线	例如字符 H8^c6，设置其堆叠后显示为 $^{H8}_{c6}$

下面以多行文字 $\emptyset 108^{+0.055}_{-0.034}$ 为例，说明如何进行字符堆叠处理。

1 在功能区的"默认"选项卡的"注释"面板中单击"多行文字"按钮 A。

2 在绘图区域指定边框的对角点以定义多行文字对象的宽度。

3 在文字输入窗口中输入"%%C108+0.055^−0.034"。

4 在文字输入窗口中选择"+0.055^−0.034"，接着在功能区"文字编辑器"上下文选项卡的"格式"面板中单击"堆叠"按钮，如图 2-41 所示。

图 2-41　单击"堆叠"按钮

5 在功能区"文字编辑器"选项卡的"关闭"面板中单击"关闭文字编辑器"按钮，完成创建堆叠文字。

如果要修改堆叠字符的特性，例如要修改堆叠上、下文字，修改公差样式，设置堆叠字符的大小等，则可以按照以下的方法进行（以功能区处于活动状态为例）。

1 双击要修改堆叠字符特性的多行文字，则在功能区中打开"文字编辑器"上下文选项卡。

2 在文字输入窗口中选择堆叠字符，接着单击出现的 图标以展开一个下拉菜单，从该下拉菜单中选择"堆叠特性"命令，如图 2-42 所示。也可以右击选定的堆叠字符，接着从弹出的快捷菜单中选择"堆叠特性"命令。

图 2-42　选择"堆叠特性"命令

3 系统弹出如图 2-43 所示的"堆叠特性"对话框。例如，利用该对话框设置上、下文字，定制堆叠外观样式、位置和大小等。如果在"堆叠特性"对话框中单击"自动堆叠"按钮，则打开如图 2-44 所示的"自动堆叠特性"对话框，以设置是否在输入形如"x/y""x#y"和"x^y"

的表达式时自动堆叠等。

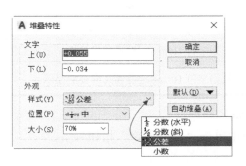

图 2-43 "堆叠特性"对话框

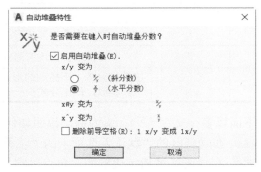

图 2-44 "自动堆叠特性"对话框

设置修改好堆叠特性后，单击"堆叠特性"对话框中的"确定"按钮。

在功能区的"文字编辑器"选项卡的"关闭"面板中单击"关闭文字编辑器"按钮 ✔。

2.17 思考与练习

（1）请总结直线、射线和构造线各自的特点。

（2）绘制圆的方法主要有哪几种？可以举例说明。

（3）绘制圆弧的方法主要有哪几种？可以举例说明。

（4）要绘制一个长 200mm、宽 120mm、带有半径 R16mm 的圆角的矩形（长方形），应该如何操作？

（5）如何绘制一个内接于圆的正五边形，具体尺寸自行设置。

（6）什么是二维多段线？可以举例说明。

（7）分别绘制一条直线和一个椭圆，接着在该直线上创建等数等分点，以及在该椭圆上创建定距等分点，在创建相关点对象之前请定制所需的点样式。

（8）如何创建圆环？可以举例说明。

（9）上机操作：绘制如图 2-45 所示的剖面图。

（10）上机操作：绘制如图 2-46 所示的与非功能模拟单元符号，尺寸自定。

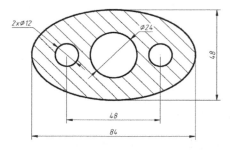

图 2-45 绘制剖面图

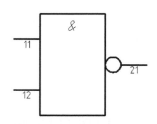

图 2-46 与非功能模拟单元符号

第3章 图形修改

本章导读

　　在绘制图形的过程中，经常需要对图形对象进行删除、复制、移动、镜像、偏移、阵列、旋转、缩放、拉伸和修剪等修改编辑操作，以获得满意的图形效果。

　　本章结合典型实例介绍图形修改的实用知识。

3.1　熟悉二维图形修改工具与命令

　　在 AutoCAD 2019 的"草图与注释"工作空间中，用于修改编辑二维图形的工具按钮集中位于功能区的"默认"选项卡的"修改"面板中。如果设置显示菜单栏，那么可以从菜单栏的"修改"菜单中找到修改二维图形的主要命令。

　　表 3-1 列出了用于修改二维图形的主要工具命令，以供初学者熟悉。如果没有特别说明，为了描述的简洁性，本书通常只提到从功能区面板中启动修改工具。

表 3-1　修改二维图形的主要工具命令

序号	按钮	名　　称	菜 单 命 令	命 令 拼 写	功 能 含 义
1		删除	"修改"|"删除"	ERASE	从图形中删除选定对象
2		复制	"修改"|"复制"	COPY	将对象复制到指定方向上的指定距离处
3		镜像	"修改"|"镜像"	MIRROR	创建指定对象的镜像副本
4		偏移	"修改"|"偏移"	OFFSET	创建同心圆、平行线和等距曲线
5		矩形阵列	"修改"|"阵列"|"矩形阵列"	ARRAYRECT	按任意行、列和层组合分布对象副本，可用于三维空间阵列对象
6		环形阵列	"修改"|"阵列"|"环形阵列"	ARRAYPOLAR	通过围绕指定的中心点或旋转轴复制选定对象来创建阵列
7		路径阵列	"修改"|"阵列"|"路径阵列"	ARRAYPATH	沿整个路径或部分路径平均分布对象副本
8		移动	"修改"|"移动"	MOVE	将对象在指定方向上移动指定距离
9		旋转	"修改"|"旋转"	ROTATE	绕基点旋转对象

续表

序号	按钮	名　称	菜单命令	命令拼写	功能含义
10		缩放	"修改"|"缩放"	SCALE	放大或缩小选定对象，缩放后保持对象的比例不变
11		拉伸	"修改"|"拉伸"	STRETCH	通过窗选或多边形框选的方式拉伸对象
12		修剪	"修改"|"修剪"	TRIM	修剪对象以适合其他对象的边
13		延伸	"修改"|"延伸"	EXTEND	延伸对象以适合其他对象的边
14		打断于点	——	BREAK	在一点打断选定的对象
15		打断	"修改"|"打断"	BREAK	在两点之间打断选定的对象
16		合并	"修改"|"合并"	JOIN	合并相似对象以形成一个完整对象
17		倒角	"修改"|"倒角"	CHAMFER	给对象添加倒角
18		圆角	"修改"|"圆角"	FILLET	给对象添加圆角
19		光顺曲线	"修改"|"光顺曲线"	BLEND	在两条开放曲线的端点之间创建相切或平滑的样条曲线
20		分解	"修改"|"分解"	EXPLODE	将复合对象分解为其部件对象
21		拉长	"修改"|"拉长"	LENGTHEN	修改对象的长度和圆弧的包含角

3.2　删　　除

　　删除选定图形对象的方法很简单，即在功能区"默认"选项卡的"修改"面板中单击"删除"按钮 （其命令拼写为 ERASE），接着在图形窗口中选择要删除的图形对象，按 Enter 键即可。也可以先选择要删除的图形对象，接着单击"删除"按钮 ，或者按键盘中的 Delete 键。

　　如果不小心删除了图形对象，可以通过在命令行中输入 OOPS 命令来恢复最近一次由 ERASE 命令删除的对象。如果要一次恢复先前连续多次删除的对象，可以在命令行中使用 UNDO 命令来执行，当然也可以巧用"快速访问"工具栏中的"放弃"按钮 （用于撤销上一个动作）来进行操作。

3.3　复　　制

　　可以在指定方向上按指定距离复制对象，并可以多次复制对象。在功能区"默认"选项卡的"修改"面板中单击"复制"按钮 ，以及选择要复制的对象并按 Enter 键后，命令窗口中出现"指定基点或[位移(D)/模式(O)/多个(M)] <位移>:"的提示信息。该提示信息中的各操作指令功能用途说明如下。

　　☑ "指定基点"：使用由基点及后跟的第二点指定的距离和方向复制对象。指定的两点定义一个矢量，指示复制的对象移动的距离和方向。

☑ "位移"：使用坐标指定相对距离和方向。

☑ "模式"：控制是否自动重复此"复制"命令。选择该提示选项后，出现"输入复制模式选项 [单个(S)/多个(M)] <多个>:"的提示信息，从中选择"单个"选项或"多个"选项。

☑ "多个"：用于替代"单个"模式设置。如果当前复制模式默认为"多个"，那么将不显示该提示选项。

下面介绍一个应用复制工具的操作实例，通过复制操作进行并联电路绘制。

1 打开本书配套资料包中"复制练习.dwg"文件，该文件的原始图形如图 3-1 所示。

2 在功能区的"默认"选项卡的"修改"面板中单击"复制"按钮 ⬚，接着根据命令行提示进行以下操作。

```
命令：_copy
选择对象：指定对角点：找到 3 个              //选择如图 3-2 所示的 3 个图形对象
选择对象：↙
当前设置：复制模式 = 单个
指定基点或 [位移(D)/模式(O)/多个(M)] <位移>：      //选择如图 3-3 所示的端点作为复制基点
指定第二个点或 [阵列(A)] <使用第一个点作为位移>：  <正交 关>
                                              //关闭正交模式并指定第二个点，如图 3-4 所示
```

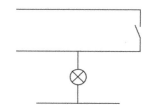

图 3-1　原始图形

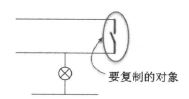

图 3-2　选择要复制的图形对象

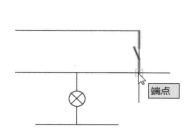

图 3-3　指定基点

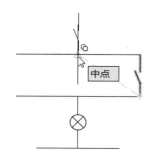

图 3-4　指定第二个点以放置复制副本

3 再次单击"复制"按钮 ⬚，接着根据命令行提示进行以下操作。

```
命令：_copy
选择对象：指定对角点：找到 3 个              //以窗口方式选择要复制的 3 个对象，如图 3-5 所示
选择对象：↙
当前设置：复制模式 = 单个
指定基点或 [位移(D)/模式(O)/多个(M)] <位移>：O      //选择"模式"选项
输入复制模式选项 [单个(S)/多个(M)] <单个>：M         //选择"多个"选项
指定基点或 [位移(D)/模式(O)] <位移>：               //选择如图 3-6 所示的端点作为基点
```

```
指定第二个点或 [阵列(A)] <使用第一个点作为位移>: @15<180↙
指定第二个点或 [阵列(A)/退出(E)/放弃(U)] <退出>: @30<180↙
指定第二个点或 [阵列(A)/退出(E)/放弃(U)] <退出>: @45<180↙
指定第二个点或 [阵列(A)/退出(E)/放弃(U)] <退出>:↙
```

复制结果如图 3-7 所示。

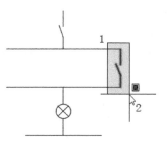
图 3-5 选择要复制的对象

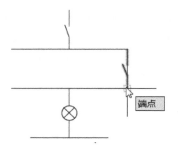
图 3-6 指定基点

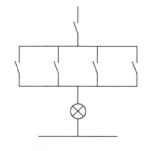
图 3-7 复制结果

说明：步骤 ③ 也可以按照以下的步骤进行，即在操作过程中选择"阵列"提示选项，并指定在线性阵列中排列的副本数量和第二点，该第二点确定阵列相对于基点的距离和方向。

```
命令: _copy
选择对象: 指定对角点: 找到 3 个            //以窗口方式选择要复制的 3 个对象, 如图 3-5 所示
选择对象: ↙
当前设置:  复制模式 = 单个
指定基点或 [位移(D)/模式(O)/多个(M)] <位移>:            //选择如图 3-6 所示的端点作为基点
指定第二个点或 [阵列(A)] <使用第一个点作为位移>: A
输入要进行阵列的项目数: 4↙
指定第二个点或 [布满(F)]: @15<180↙
指定第二个点或 [阵列(A)/退出(E)/放弃(U)] <退出>:↙
```

3.4 移 动

使用系统提供的"移动"功能，可以在指定方向上按指定距离移动对象。

单击"移动"按钮 ✛，并选择要复制的对象后，命令窗口将出现"指定基点或 [位移(D)] <位移>:"的提示信息。在这里简单地介绍该提示信息中的操作指令。

☑ "指定基点"：使用由基点及后跟的第二点指定的距离和方向移动对象。指定的两个点定义了一个矢量，用于指示选定对象要移动的距离和方向。如果在"指定第二个点"提示下直接按 Enter 键，第一点将被解析为相对 X、Y、Z 的位移。例如，如果指定基点为（3，5）并在下一个提示下直接按 Enter 键，那么该对象从它当前的位置开始在 X 方向上移动 3 个单位，在 Y 方向上移动 5 个单位。

☑ "位移"：输入的坐标值将指定相对距离和方向。

下面结合操作实例介绍使用两点移动对象的典型步骤。

① 打开本书配套资料包中"移动图形.dwg"文件，该文件中存在一个安全标志符号图形，如图 3-8 所示。

② 在功能区的"默认"选项卡的"修改"面板中单击"移动"按钮 ✛，接着根据命令行提示进行以下操作。

```
命令：_move
选择对象：指定对角点：找到 4 个            //选择安全标志符号的全部图形
选择对象：✓                              //按 Enter 键
指定基点或 [位移(D)] <位移>：              //选择如图 3-9 所示的圆心作为基点
指定第二个点或 <使用第一个点作为位移>：@20,20✓  //以相对坐标的形式指定第 2 点
```

移动图形的结果如图 3-10 所示。

图 3-8　原始图形　　　　　图 3-9　指定基点　　　　　图 3-10　移动图形的结果

3.5　旋　　转

可以绕指定基点旋转图形中的对象。旋转对象的方式包括按指定角度旋转对象、通过拖动旋转对象、旋转对象到绝对角度等。

旋转对象的典型操作如下。

① 在功能区的"默认"选项卡的"修改"面板中单击"旋转"按钮 ↻。

② 选择要旋转的对象，按 Enter 键完成对象选择。

③ 指定旋转基点。

④ 此时，命令行出现"指定旋转角度，或 [复制(C)/参照(R)] <0>:"的操作提示。执行以下操作之一。

　　☑　输入旋转角度。

　　☑　绕基点拖动对象并指定旋转对象的终止位置点。

　　☑　输入 C 并按 Enter 键，创建选定对象的副本。

　　☑　输入 R 并按 Enter 键，将选定对象从指定参照角度旋转到绝对角度。

旋转操作练习实例如下。

① 打开本书配套资料包中"旋转练习.dwg"文件，该文件中存在如图 3-11 所示的原始图形。

② 旋转操作。在功能区的"默认"选项卡的"修改"面板中单击"旋转"按钮 ↻，根据

命令行提示进行以下操作。

```
命令：_rotate
UCS 当前的正角方向： ANGDIR=逆时针  ANGBASE=0
选择对象：找到 1 个                      //选择如图 3-12 所示的直线段 1
选择对象：找到 1 个，总计 2 个            //选择如图 3-12 所示的直线段 2
选择对象：✓                             //按 Enter 键
指定基点：                               //选择两直线段的交点（即圆的圆心点）
指定旋转角度，或 [复制(C)/参照(R)] <0>：45✓
```

旋转结果如图 3-13 所示。

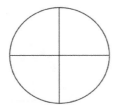 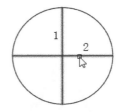 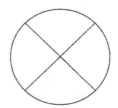

图 3-11　原始图形　　　　　图 3-12　选择要旋转的对象　　　　　图 3-13　旋转结果

3.6　偏　　移

　　偏移对象是一种高效的绘图技巧，偏移后再对图形进行修剪或延伸等操作。可以使用偏移的方式创建同心圆、平行线和平行曲线。可以偏移的对象包括直线、圆弧、圆、椭圆和椭圆弧（形成椭圆形样条曲线）、二维多段线、样条曲线、构造线（参照线）和射线。

　　在偏移多段线和样条曲线时，需要注意以下两种情况（摘自 AutoCAD 帮助文件）。

　　（1）二维多段线和样条曲线在偏移距离大于可调整的距离时将自动进行修剪。

　　（2）偏移用于创建更长多段线的闭合二维多段线会导致线段间存在潜在间隔。OFFSETGAPTYPE 系统变量用于控制这些潜在间隔的闭合方式。

　　通常以指定的距离偏移对象，其典型步骤如下。

　　1 在功能区的"默认"选项卡的"修改"面板中单击"偏移"按钮 ⊆。

　　2 指定偏移距离。可以输入值或使用定点设备（如鼠标）。

　　3 选择要偏移的对象。

　　4 在要放置新对象的一侧指定一点以定义在该侧偏移。

　　5 选择另一个要偏移的对象继续偏移操作，或按 Enter 键结束命令。

　　下面介绍一个涉及偏移操作的简单实例。

　　1 打开文件。打开本书配套资料包中"偏移图形练习.dwg"文件，该图形文件中存在着如图 3-14 所示的原始图形。

　　2 偏移操作。在功能区的"默认"选项卡的"修改"面板中单击"偏移"按钮 ⊆，接着根据命令行提示进行以下操作。

```
命令：_offset
当前设置：删除源=否　图层=源　OFFSETGAPTYPE=0
指定偏移距离或 [通过(T)/删除(E)/图层(L)] <通过>：3✓
选择要偏移的对象，或 [退出(E)/放弃(U)] <退出>：              //选择竖直的直线段
指定要偏移的那一侧上的点，或 [退出(E)/多个(M)/放弃(U)] <退出>：//在线段右侧区域任一点单击
选择要偏移的对象，或 [退出(E)/放弃(U)] <退出>：              //再次选择原竖直的直线段
指定要偏移的那一侧上的点，或 [退出(E)/多个(M)/放弃(U)] <退出>：//在线段左侧区域任一点单击
选择要偏移的对象，或 [退出(E)/放弃(U)] <退出>：✓
```

偏移操作结果如图 3-15 所示。

③ 延伸操作。在功能区"默认"选项卡的"修改"面板中单击"延伸"按钮 ，将刚偏移得到的两条直线段延伸到圆周处，结果如图 3-16 所示，从而完成三相笼式感应电动机图形符号。有关延伸图形的操作将在 3.9.2 节详细介绍。

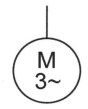

图 3-14　原始图形

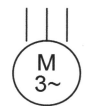

图 3-15　偏移操作结果

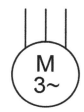

图 3-16　延伸图形的结果

3.7　镜　　像

镜像操作是指绕指定轴翻转对象创建对称的镜像图像。在设计中巧用镜像非常有用，比如在某些场合可以快速地绘制半个对象，然后将其镜像，而不必开始便绘制整个对象。

在镜像图形的过程中，需要指定镜像线（通过指定镜像线的第 1 点和第 2 点来定义镜像线），并可以选择是删除原对象还是保留原对象。

以如图 3-17 所示的典型实例介绍镜像操作的常用方法及其步骤，该示例完成的电气图形符号是电动阀符号。

图 3-17　镜像示例（电动阀）

① 打开本书配套资料包中"镜像练习.dwg"文件，接着从功能区的"默认"选项卡的"修改"面板中单击"镜像"按钮 。

② 选择要镜像的对象（源对象），如图 3-18 所示（该实例选择三角形多段线），按 Enter 键结束对象选择。

③ 指定镜像线的第 1 点和第 2 点，如图 3-19 所示。

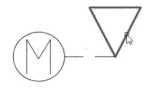
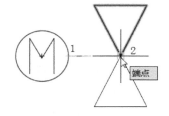

图 3-18　选择要镜像的对象　　　　　　图 3-19　指定镜像线的第 1 点和第 2 点

④ 在命令行中出现"要删除源对象吗？[是(Y)/否(N)] <否>:"的提示信息，直接按 Enter 键，以接受默认不删除源对象，即保留源对象。

　　知识扩展：默认情况下，镜像文字、属性和属性定义时，它们在镜像图像中不会反转或倒置。文字的对齐和对正方式在镜像对象前后相同。如果确实要反转文字，请将 MIRRTEXT 系统变量设置为 1。

3.8　阵　　列

　　阵列包括矩形阵列、环形阵列和路径阵列三种。在二维制图中使用矩形阵列，可以控制行和列的数目以及它们之间的距离；使用环形阵列，可以围绕中心点在环形阵列中均匀分布对象副本；使用路径阵列，可以沿路径或部分路径均匀分布对象副本。注意在创建阵列的过程中可以设置阵列的关联性。
　　下面通过实例的方式分别介绍矩形阵列、环形阵列和路径阵列的具体操作方法。

3.8.1　矩形阵列

　　在矩形阵列中，项目分布到指定行、列和层（级别）的组合。通过拖动阵列夹点，可以增加或减小阵列中行和列的数量和间距。阵列可以是关联阵列，以后可以通过编辑阵列特性、应用项目替代、替换选定的项目或编辑源对象来修改关联阵列。而对于非关联的阵列，阵列中的项目将创建为独立的对象，更改其中一个项目不会影响其他项目。
　　应用矩形阵列的典型实例如下。
　　① 打开本书配套资料包中"矩形阵列.dwg"文件，该文件中存在着尚未完成的单相变压器组成的三相变压器（星形-三角形连接）强电图形符号，如图 3-20 所示。
　　② 使用"草图与注释"工作空间，从功能区的"默认"选项卡的"修改"面板中单击"矩形阵列"按钮 ⊞。
　　③ 使用鼠标光标在图形窗口中从左到右指定角点 1 和角点 2 以定义一个矩形选择框窗口，如图 3-21 所示，完全位于该选择框窗口内的图形被选择，按 Enter 键。

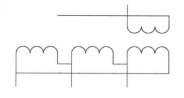

图 3-20　原始图形

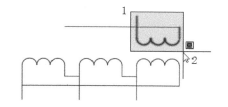

图 3-21　窗口选择图形

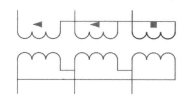　功能区出现"阵列创建"上下文选项卡，从中设置列数为 3，在"介于"框中输入–20，行数和级别均为 1，并在"特性"面板中单击"关联"按钮以选中它，如图 3-22 所示。此时，在图形窗口中可以预览按照设定参数而将要生成的矩形阵列效果，如图 3-23 所示。

默认	插入	注释	参数化	视图	管理	输出	附加模块	协作	精选应用	阵列创建		
		列数:	3		行数:	1		级别:	1			
	矩形	介于:	–20		介于:	15.75		介于:	1	关联	基点	关闭阵列
		总计:	–40		总计:	15.75		总计:	1			
类型		列			行			层级		特性		关闭

图 3-22　在"阵列创建"上下文选项卡中设置相关参数和选项

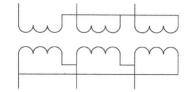　在"阵列创建"上下文选项卡中单击"关闭阵列"按钮 ✔，完成的该强电图形符号如图 3-24 所示。

图 3-23　矩形阵列的动态预览效果　　　　　　图 3-24　完成图形符号

3.8.2　环形阵列

环形阵列是指围绕中心点或旋转轴在环形阵列中均匀分布对象副本。使用中心点创建环形阵列时，旋转轴为当前 UCS 的 Z 轴。在三维空间中，可以通过指定两个点定义旋转轴。

环形阵列的典型实例如下。

❶　打开本书配套资料包中"环形阵列.dwg"文件，该文件中存在着如图 3-25 所示的图形（电阻）。

❷　在功能区的"默认"选项卡的"修改"面板中单击"环形阵列"按钮 ，以窗口选择方式选择整个图形，按 Enter 键。

❸　命令行出现"指定阵列的中心点或 [基点(B)/旋转轴(A)]:"的提示信息，借助对象捕捉和对象捕捉追踪功能追踪到两个端点在正交追踪线上的交点，单击该交点将其指定为阵列的中心点，如图 3-26 所示。

图 3-25　原始图形

指定阵列中心点

端点: < 0°, 端点: < 270°

图 3-26　指定阵列中心点

4 在功能区出现的"阵列创建"上下文选项卡中设置项目数为 4，默认总填充角度为 360°，行数和级别（层数）均为 1，在"特性"面板中确保选中"关联"按钮、"旋转项目"按钮和"方向"按钮，如图 3-27 所示。

图 3-27　设置环形阵列的相关特性及其他参数

5 此时，环形阵列动态预览如图 3-28 所示，其中显示有方形基准夹点和三角形夹点。如果拖动三角形夹点，可以更改填充角度。本例不对夹点进行相关操作。在"阵列创建"上下文选项卡中单击"关闭阵列"按钮，得到的环形阵列最终结果如图 3-29 所示。

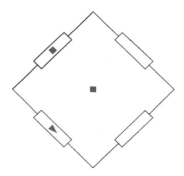

图 3-28　环形阵列动态预览

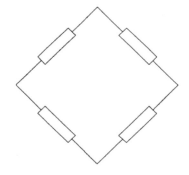

图 3-29　得到的环形阵列

3.8.3　路径阵列

在路径阵列中，项目将均匀地沿路径或部分路径分布，路径可以是直线、多段线、三维多段线、样条曲线、螺旋、圆弧、圆或椭圆。创建路径阵列的图形实例如下。

1 打开本书配套资料包中"路径阵列.dwg"文件，该文件中存在的图形如图 3-30 所示。

2 从功能区的"默认"选项卡的"修改"面板中单击"路径阵列"按钮。

3 选择如图 3-31 所示的图形对象作为要阵列的图形对象，按 Enter 键。

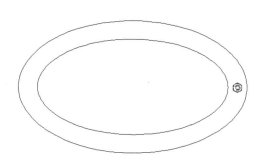

图 3-30 原始图形

图 3-31 选择要阵列的图形对象

④ 选择最里面的椭圆作为路径曲线。

⑤ 设置路径阵列特性及其他参数。在功能区出现的"阵列创建"上下文选项卡中,从"特性"面板中确保选中"关联"按钮、"对齐项目"按钮和"Z 方向"按钮,并从一个下拉列表框中选择"定数等分"图标选项,接着在"项目"面板中设置项目数为 16,而行数和级别均为 1,如图 2-32 所示。

图 3-32 设置路径阵列相关选项及参数

⑥ 在"阵列创建"上下文选项卡中单击"关闭阵列"按钮,完成创建该路径阵列得到的图形效果如图 3-33 所示。

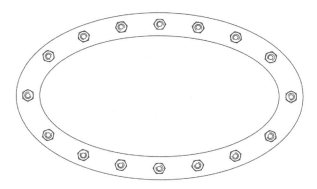

图 3-33 创建路径阵列的图形结果

3.9 修剪与延伸

图形的修剪操作与延伸操作比较类似。本节介绍图形修剪与延伸的实用知识。

3.9.1 修剪

　　绘制好大概的图形后，通常要将一些不需要的线段修剪掉，使图线精确地终止于由指定对象定义的边界。在修剪若干个对象时，如果巧妙地使用不同的选择方法将有助于选择当前的剪切边和修剪对象，这些需要用户在实际操作中多注意和积累经验。

　　下面通过实例来介绍修剪对象的典型方法及其步骤。

　　注意：在第一次修剪操作中没有设置修剪边，而在第二次修剪操作中设置有相应的修剪边，请分析修剪边的用途。

　　❶ 打开本书配套资料包中"修剪练习.dwg"文件，该文件中存在着的原始图形如图 3-34 所示。

图 3-34　原始图形

　　❷ 在功能区的"默认"选项卡的"修改"面板中单击"修剪"按钮 ，根据命令行提示进行以下操作。

```
命令：_trim
当前设置：投影=UCS，边=延伸
选择剪切边...
选择对象或 <全部选择>：✓
选择要修剪的对象，或按住 Shift 键选择要延伸的对象，或 [栏选(F)/窗交(C)/投影(P)/边(E)/删除(R)/放弃(U)]：　　　//单击如图 3-35 所示的圆弧段 1
选择要修剪的对象，或按住 Shift 键选择要延伸的对象，或 [栏选(F)/窗交(C)/投影(P)/边(E)/删除(R)/放弃(U)]：　　　//单击如图 3-35 所示的直线段 2
选择要修剪的对象，或按住 Shift 键选择要延伸的对象，或 [栏选(F)/窗交(C)/投影(P)/边(E)/删除(R)/放弃(U)]：✓
```

从而完成电抗器符号图形的修剪操作。

　　❸ 单击"修剪"按钮 ，接着分别选择如图 3-36 所示的两条直线段作为修剪边，按 Enter 键，然后选择要修剪的对象，即在如图 3-37 所示的圆弧段 1、圆弧段 2 和圆弧段 3 上分别单击，最后按 Enter 键，修剪结果如图 3-38 所示，从而完成一个软连接的强电图形符号。

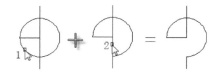

图 3-35　修剪图形的结果 1

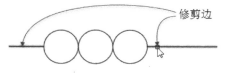

图 3-36　指定修剪边

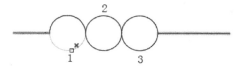

图 3-37　单击要修剪的对象段 1、2 和 3

图 3-38　修剪结果（软连接强电图形符号）

知识扩展：选择的剪切边或边界边无须与修剪对象相交。可以将对象修剪或延伸至投影边或延长线交点（即对象延长后相交的位置），如图3-39所示，这需要在进行修剪操作的过程中，选择"边（E）"提示选项并将隐含边延伸模式设置为"延伸（E）"选项。

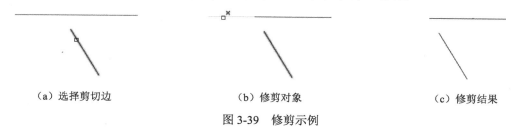

（a）选择剪切边　　　　　（b）修剪对象　　　　　（c）修剪结果

图3-39　修剪示例

3.9.2　延伸

延伸与修剪的操作方法基本相同。单击"延伸"工具 ⟶|，可以延伸对象，使它们精确地延伸至由其他对象定义的边界边。延伸图形的方法操作步骤和修剪图形的方法步骤类似，操作实例如下。

1 打开本书配套资料包中"延伸练习.dwg"图形文件，该文件中存在着的原始图形如图3-40所示。

2 在功能区的"默认"选项卡的"修改"面板中单击"延伸"按钮 ⟶|。

3 选择圆作为边界的边，按 Enter 键。

4 在靠近圆的一端单击最左侧的竖直线段，再在靠近圆的一端单击最右侧的竖直线段，然后按 Enter 键。延伸操作后的图形效果如图3-41所示。

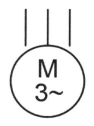

图3-40　原始图形

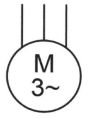

图3-41　延伸操作后的图形效果

延伸实例的命令操作历史记录如下。

```
命令：_extend
当前设置：投影=UCS，边=延伸
选择边界的边...
选择对象或 <全部选择>：找到 1 个
选择对象：
选择要延伸的对象，或按住 Shift 键选择要修剪的对象，或 [栏选(F)/窗交(C)/投影(P)/边(E)/放弃(U)]：
选择要延伸的对象，或按住 Shift 键选择要修剪的对象，或 [栏选(F)/窗交(C)/投影(P)/边(E)/放弃(U)]：
选择要延伸的对象，或按住 Shift 键选择要修剪的对象，或 [栏选(F)/窗交(C)/投影(P)/边(E)/放弃(U)]：
```

3.10　倒角与圆角

本节介绍在二维图形中创建倒角和圆角的应用知识。

3.10.1　倒角

在工程制图中，倒角是较为常见的一种结构表现形式。可以倒角的图形包括直线、多段线、射线、构造线和三维实体。

在功能区的"默认"选项卡的"修改"面板中单击"倒角"按钮 ，命令窗口出现的命令提示信息如图 3-42 所示。倒角命令提示中各选项的含义如下。

> ✗ 🔧 ◦ CHAMFER 选择第一条直线或 [放弃(U) 多段线(P) 距离(D) 角度(A) 修剪(T) 方式(E) 多个(M)]: ▲

图 3-42　倒角命令提示

☑ "第一条直线"：指定定义二维倒角所需的两条边中的第一条边或要倒角的三维实体的边。
☑ "放弃"：恢复在命令中执行的上一个操作。
☑ "多段线"：对整个二维多段线倒角。选择该选项，需要选择二维多段线，则相交多段线线段在每个多段线顶点被倒角，倒角成为多段线的新线段。如果多段线包含的线段过短以至于无法容纳倒角距离，则不对这些线段倒角。
☑ "距离"：设置倒角至选定边端点的距离。如果将两个距离均设置为零，CHAMFER 命令将延伸或修剪两条直线，以使它们终止于同一点。
☑ "角度"：用第一条线的倒角距离和第二条线的角度设置倒角距离。
☑ "修剪"：控制是否将选定的边修剪到倒角直线的端点。
☑ "方式"：控制使用两个距离还是一个距离和一个角度来创建倒角。
☑ "多个"：为多组对象的边倒角。系统将重复显示主提示和"选择第二个对象"的提示，直到用户按 Enter 键结束命令。

下面介绍一个创建倒角的实例，以让读者通过实例深刻学习创建倒角的一般方法步骤。

1 打开本书配套资料包中"倒角练习.dwg"文件，该文件中存在的原始图形如图 3-43 所示。

2 单击"倒角"命令 ，接着根据命令提示进行以下操作。

```
命令: _chamfer
("修剪"模式) 当前倒角距离 1 = 0.0000, 距离 2 = 0.0000
选择第一条直线或 [放弃(U)/多段线(P)/距离(D)/角度(A)/修剪(T)/方式(E)/多个(M)]: D↙
指定 第一个 倒角距离 <0.0000>: 3.5↙
指定 第二个 倒角距离 <3.5000>:↙
选择第一条直线或 [放弃(U)/多段线(P)/距离(D)/角度(A)/修剪(T)/方式(E)/多个(M)]: T↙
输入修剪模式选项 [修剪(T)/不修剪(N)] <修剪>: N↙
选择第一条直线或 [放弃(U)/多段线(P)/距离(D)/角度(A)/修剪(T)/方式(E)/多个(M)]:
                              //选择要倒角的第一条直线, 如图 3-44 所示
选择第二条直线, 或按住 Shift 键选择直线以应用角点或 [距离(D)/角度(A)/方法(M)]:
                              //选择要倒角的另一条直线
```

倒角结果如图 3-45 所示，该倒角设置不进行修剪。

单击"修剪"按钮，将不需要的一段线段修剪掉，结果如图 3-46 所示。完成的图形便是强电图样中的"定向连接"图形符号。

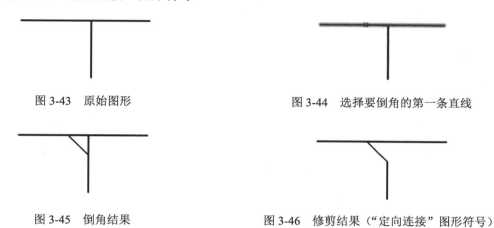

图 3-43　原始图形　　　　图 3-44　选择要倒角的第一条直线

图 3-45　倒角结果　　　　图 3-46　修剪结果（"定向连接"图形符号）

3.10.2　圆角

圆角使用与对象相切并且具有指定半径的圆弧连接两个对象。同样可以为多段线的所有角点添加圆角。在创建圆角时，需要注意圆角半径的设置，所谓的圆角半径是连接被圆角对象的圆弧半径。修改圆角半径将影响后续的圆角操作。如果将圆角半径设置为 0，那么被圆角的对象将被修剪或延伸直到它们相交，但并不创建圆弧。设置圆角半径的对比效果如图 3-47 所示。

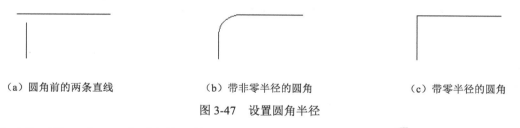

（a）圆角前的两条直线　　　（b）带非零半径的圆角　　　（c）带零半径的圆角

图 3-47　设置圆角半径

在功能区的"默认"选项卡的"修改"面板中单击"圆角"按钮，命令窗口出现的提示信息如图 3-48 所示。圆角命令各提示选项的功能含义如下。

图 3-48　圆角命令提示

☑ "第一个对象"：选择定义二维圆角所需的两个对象中的第一个对象，或选择三维实体的边以便给其加圆角。

☑ "放弃"：恢复在命令中执行的上一个操作。

☑ "多段线"：在二维多段线中两条线段相交的每个顶点处插入圆角弧。如果一条弧线段将会聚于该弧线段的两条直线段分开，则执行 FILLET 将删除该弧线段并以圆角弧代替。

☑ "半径"：定义圆角弧的半径。

☑ "修剪"：控制是否将选定的边修剪到圆角弧的端点。

☑ "多个"：给多个对象集添加圆角。

下面介绍一个圆角操作的实例。

① 打开本书配套资料包中"圆角练习.dwg"文件，该文件中存在的原始图形如图3-49所示。

② 单击"圆角"按钮 ，根据命令提示进行以下操作。

```
命令: _fillet
当前设置: 模式 = 不修剪, 半径 = 0.0000
选择第一个对象或 [放弃(U)/多段线(P)/半径(R)/修剪(T)/多个(M)]: T↙ //以选择"修剪"选项
输入修剪模式选项 [修剪(T)/不修剪(N)] <不修剪>: T↙        //设置修剪模式选项为"修剪"
选择第一个对象或 [放弃(U)/多段线(P)/半径(R)/修剪(T)/多个(M)]: R↙ //选择"半径"选项
指定圆角半径 <0.0000>: 16↙                              //设置圆角半径为16
选择第一个对象或 [放弃(U)/多段线(P)/半径(R)/修剪(T)/多个(M)]: //选择如图3-50所示的边1
选择第二个对象, 或按住 Shift 键选择对象以应用角点或 [半径(R)]: //选择如图3-50所示的边2
```

完成本操作得到的圆角效果如图3-51所示。

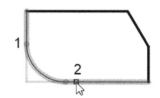

图3-49 原始图形　　　图3-50 选择要圆角的对象　　　图3-51 圆角效果

3.11 缩 放

使用系统提供的"缩放（SCALE）"功能，可以将选定图形放大或者缩小。缩放图形对象的方法主要有以下两种。

1. 使用比例因子缩放对象

要将对象按统一比例放大或缩小，则需要指定基点和比例因子。若比例因子大于1时，则放大对象；若比例因子介于0～1时，则将缩小对象。

使用比例因子缩放对象的典型步骤如下。

① 在功能区"默认"选项卡的"修改"面板中单击"缩放"按钮 。

② 选择要缩放的对象，按 Enter 键结束选择。

③ 指定基点。

④ 此时，命令行中出现"指定比例因子或 [复制(C)/参照(R)]:"的提示信息。输入比例因子，或拖动并单击以指定新比例。

2. 使用参照距离缩放对象

使用参照进行缩放将现有距离作为新尺寸的基础。要使用参照进行缩放，需要指定当前距离和新的所需尺寸。使用参照距离缩放对象的典型步骤如下。

1️⃣ 在功能区"默认"选项卡的"修改"面板中单击"缩放"按钮🔲。

2️⃣ 选择要缩放的对象，按 Enter 键结束选择。

3️⃣ 指定基点。

4️⃣ 在"指定比例因子或 [复制(C)/参照(R)]:"提示下使用鼠标选择"参照"提示选项。接着根据命令提示输入参照长度和新的长度，或指定第一个和第二个参照点。

3.12　拉伸与拉长

二维图形修改命令"拉伸"与"拉长"非常不同，本节介绍它们的应用知识。

3.12.1　拉伸

单击"拉伸"按钮🔲，可以重定位穿过或在交叉选择窗口内的对象的端点。该操作将拉伸交叉窗口部分包围的对象，而完全包含在交叉窗口中的对象或单独选定的对象不会被拉伸，而是被移动。典型示例如图 3-52 所示，具体操作步骤如下。

图 3-52　拉伸图形对象的典型示例

1️⃣ 打开"拉伸练习"文件，从功能区"默认"选项卡的"修改"面板中单击"拉伸"按钮🔲。

2️⃣ 根据命令提示进行以下操作。

```
命令: _stretch
以交叉窗口或交叉多边形选择要拉伸的对象...
选择对象: 指定对角点: 找到 3 个        //使用鼠标从如图 3-53 所示的点 1 拖移到点 2 以选择对象
选择对象: ↙
指定基点或 [位移(D)] <位移>:          //选择如图 3-54 所示的中点作为基点
指定第二个点或 <使用第一个点作为位移>: @40<0↙
```

修改结果如何 3-55 所示（即二管荧光灯图形符号）

图 3-53　以交叉窗口选择对象

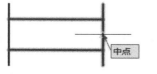

图 3-54　指定基点

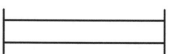

图 3-55　二管荧光灯图形符号

3.12.2　拉长

拉长操作是指更改对象的长度和圆弧的包含角。更改的数据可以为百分比、增量或最终长度或角度。拉长直线的典型示例如图3-56所示，其操作步骤如下。

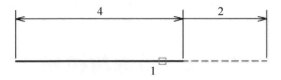

图 3-56　拉长操作示例

在功能区的"默认"选项卡的"修改"面板中单击"拉长"按钮 ⁄ ，接着在"选择要测量的对象或 [增量(DE)/百分比(P)/总计(T)/动态(DY)]:"提示下选择"增量"选项，输入长度增量为2，然后选择要修改的对象即可。命令历史记录及说明如下。

```
命令：_lengthen
选择要测量的对象或 [增量(DE)/百分比(P)/总计(T)/动态(DY)] <总计(T)>: DE
输入长度增量或 [角度(A)] <0.0000>: 2✓
选择要修改的对象或 [放弃(U)]:              //在靠近要拉长的一端单击对象
选择要修改的对象或 [放弃(U)]: ✓
```

3.13　打断与合并

本节介绍打断与合并操作的实用知识。

3.13.1　打断

在 AutoCAD 中，将一个对象打断为两个对象，对象之间可以具有间隙，也可以没有间隙。可以在大多数几何对象上创建打断，但不包括块、标注、多线（多行）和面域这些对象。

1．在一点打断选定对象

要在一点打断选定对象，则在"修改"面板中单击"打断于点"按钮 ⌐⌐，接着选择要打断的对象，然后指定打断点即可。注意不能在一点打断闭合对象（例如圆）。

2．在两点之间打断选定的对象

要在两点之间打断选定的对象，那么可以按照以下的方法步骤进行。

1 在"修改"面板中单击"打断"按钮 ⌐⌐。

2 选择要打断的对象。此时，命令提示为"指定第二个打断点或[第一点(F)]:"。AutoCAD程序将对象的选择点默认视为第一个打断点。用户也可以选择"第一点"提示选项并指定新点替换原来的第一个打断点。

　　③ 指定第二个打断点，两个指定点之间的对象部分将被删除。如果第二个点不在对象上，则选择对象上与该点最接近的点作为第二个打断点。如果要打断对象而不创建间隙，可以输入"@0, 0"作为第二个打断点。

　　在两点之间打断选定对象的操作示例如图 3-57 所示。

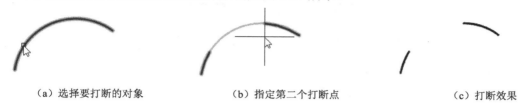

　　　　（a）选择要打断的对象　　　　　　（b）指定第二个打断点　　　　　　（c）打断效果

图 3-57　在两点之间打断选定的对象

3.13.2　合并

　　单击"修改"面板中的"合并"按钮 ，可以将相似的对象合并以形成一个完整的对象。例如，可以将直线、圆弧、椭圆弧、多段线、三维多段线、样条曲线和螺旋通过其端点合并为单个对象。合并操作的结果会因选定对象的不同而相异。通常连接端对端接触但不在同一平面的对象会产生三维多段线和样条曲线。合并对象的方法步骤很简单，即在功能区的"默认"选项卡的"修改"面板中单击"合并"按钮 ，接着选择原对象或选择多个对象以合并在一起，有效对象包括直线、圆弧、椭圆弧、多段线、三维多段线和样条曲线。

　　例如，在图 3-58 中，将两段同心的圆弧合并成一段圆弧（成为一个对象），其操作说明如下。

图 3-58　将两段直线合并成一根直线段

```
命令：_join                              //单击"合并"按钮
选择源对象或要一次合并的多个对象：找到 1 个      //选择上方的圆弧
选择要合并的对象：找到 1 个，总计 2 个          //选择另一条圆弧
选择要合并的对象：✓
2 条圆弧已合并为 1 条圆弧
```

3.14　分　　解

　　在 AutoCAD 中，可以将复合对象分解为其组件对象，即可以将复合对象转换为组成该对象的各单个元素。可以分解的对象包括块、多段线和面域等。分解对象后，图形对象的颜色、线型和线宽可能会改变，其他结果将根据分解的复合对象类型的不同而有所不同。

分解图形对象的方法很简单，即在功能区的"默认"选项卡的"修改"面板中单击"分解"按钮⬚，接着选择要分解的对象，可以选择多个有效对象，然后按 Enter 键结束命令操作，完成分解。对于大多数对象，分解的效果并不是看得见的。

3.15 思考与练习

（1）如果要删除一个选定图形，可以有哪几种方法？

（2）如何在复制图形的过程中创建阵列副本？

（3）请简述移动图形的一般方法步骤。

（4）请简述旋转图形的一般方法步骤。

（5）如何偏移图形对象？

（6）在 AutoCAD 中，图形阵列的方式主要有哪几种？

（7）如何在二维图形中进行倒角和圆角操作？可以举例说明。

（8）如何打断选定的图形对象？什么是合并图形对象（可以举例说明）？

（9）如何缩放选定的图形对象？

（10）上机操作：请创建如图 3-59 所示的二维图形。

（11）上机操作：请创建如图 3-60 所示的二维图形。

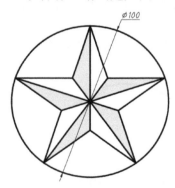

图 3-59 绘制二维图形

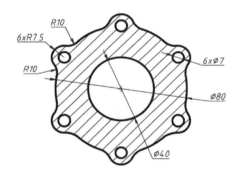

图 3-60 绘制二维图形

扫码看视频

绘制二维图形
练习（10）

扫码看视频

绘制二维图形
练习（11）

第4章 电气设计基础

本 章 导 读

电气设计在现代科技领域具有举足轻重的作用。为了便于技术交流和指导生产,需要严格按照相关标准和规范进行电气工程制图。

本章首先介绍电气工程制图概述,包括初识电气工程与电气图、电气图分类和电气图的特点,接着介绍电气图符号的一些入门知识,以及介绍电气工程制图的相关规范。认真了解本章的知识,将有助于后面章节的系统化学习。

4.1 电气工程制图概述

绘制工程图样的过程称为工程制图,电气工程制图是工程制图的一个重要方面。本节首先介绍初识电气工程,接着介绍电气图分类和电气图特点等。

4.1.1 初识电气工程与电气图概述

电气工程是现代科技领域中的一个核心学科,也是当今高新技术领域中不可或缺的关键学科。正是电子技术的快速发展才推动了信息时代的到来,并改变人类的生活工作模式等。信息技术对电气工程的发展具有特别大的支配性影响,信息技术持续快速增长在很大程度上取决于电气工程中众多学科领域的持续技术创新。而信息技术的进步又反过来为电气工程领域的技术创新提供更新更先进的工具基础。电气工程与物理学科相互交叉并扩展。

传统的电气工程定义为用于创造产生电气与电子系统的有关学科的总和。然而随着科学技术的高速发展,新的电气工程概念将远远超出上述定义的传统范畴,例如新电气工程还涵盖了几乎所有与电子、光子等相关的工程行为。

在电气工程中,将数据媒体上的电气技术文件信息称为电气技术文件。电气技术文件描述的主要对象包括电气工业系统、分系统、装置、成套设备、设备、产品、部件、组件、元器件、导线、电缆、端子、单元、功能组等。按文件表示的信息内容和表达方式不同,文件划分为许多类型,如图、简图、表图、表格和文字说明等,其中最基本的类型是简图形式的电气图。

知识点拨: 图是用图示法表示的各种形式的统称，主要通过按比例表示项目及它们之间的相互位置或相互关系的图示形式来表达信息，如布置图、机械工程图；简图主要通过图形符号表示项目及它们之间关系的图示来表达信息，是图的一种特殊形式；表图主要是表达两个或多个变量、操作或状态之间联系的图示形式，如曲线图、功能表图、顺序表图和时序表图等；表格以行和列的形式表达信息；与图有关的文字说明主要包括设计说明书、使用说明书和设备材料明细表等。

在进行一项电气产品的设计之前，必须要了解和掌握这项产品的功能、技术参数和性能指标、工作条件等信息，以及实现这些功能的软、硬件结构信息，然后才能在这些技术信息的基础上编制功能性文件、位置安装文件、接线文件、操作使用维修文件，如果是软件产品，则需要编制程序文件和其他相关数据文件等。

一个比较复杂的电气系统和装置可以归类于结构集、功能集和软件集这 3 种不同的信息集合。结构集包括结构零件、结构关系、电气连接、电气传动等；功能集包括功能单元、功能结构关系、接线、工作状态等；软件集包括软件单元、结构关系、数据交换等。对应于不同的信息集合，会产生不同类型、不同层次和级别的电气图。所述电气图是一类比较特殊的图，它通常是指用图形符号、带注释的围框或简化外形表示各组成部分之间相互关系及其连接关系的一种简图。需要用户注意的是，电气图的编制通常是从概略级开始，接着是从一般到特殊的更详细级电气图。例如，编制描述功能的电气图应先于描述实现功能的电气图。

电气技术文件及其电气图，在电工、电子技术工程领域得到广泛的应用，而且涉及众多行业，如机械、建筑、水利、钢铁、纺织、冶金、轻工、航空航天、军工、医疗器械、化工和汽车等行业。

电气图新标准系列主要由文件编制标准、标识代号标准、符号标准（简图用图形符号、设备用图形符号、数据库等）、文件集和规则标准、数据结构和电气元器件建库标准等部分构成，部分列举如表 4-1 所示。

表 4-1　电气图新标准系列（列举）

标 准 类 别	标 准 名 称
文件编制标准	《电气技术用文件的编制第 1 部分：规则》GB/T 6988.1-2008
	《顺序功能表图用 GRAFCET 规范语言》GB/T 21654-2008
	《明细表的编制》GB/T 19045-2003
	《说明书的编制构成、内容和表达方法》GB/T 19678-2005
	《电气工程 CAD 制图规则》GB/T 18135-2008
标识代号标准	《工业系统、装置与设备以及工业产品结构原则与参照代号》GB/T 5094
	《技术产品及技术产品文件结构原则字母代号按项目用途和任务划分的主类和子类》GB/T 20939-2007
	《工业系统、装置与设备以及工业产品信号代号》GB/T 16679-2009
	《工业系统、装置与设备以及工业产品系统内端子的标识》GB/T 18656-2002
	《成套设备、系统和设备文件的分类和代号》GB/T 26853.1-2011
符号标准	《电气简图用图形符号》GB/T 4728 系列
	《简图用图形符号》GB/T 20063
	《电气设备用图形符号》GB/T 5465

标 准 类 别	标 准 名 称
文件集和规则标准	《技术信息与文件的构成》GB/T 19529-2004
数据结构和电气元器件建库标准	《电气元器件的标准数据元素类型和相关分类模式》GB/T 17564

在电气制图与用图中，用户需要严格地执行电气图各项标准，同时也要兼顾其他有关的国家标准，例如，图样的幅面、标题栏、字体、比例等要遵循《机械制图》的规定，而建筑电气安装平面的建筑部分需要遵循《建筑制图》的规定，同时建筑电气制图需要满足《建筑电气制图标准》（GB/T 50786—2012）的要求。

这些标准日后如被修订，则按被修订后的新版本标准执行。

4.1.2 电气图分类

绝大部分的电气图都属于简图，所谓的简图主要通过图形符号表示项目及它们之间关系的图示形式来表达信息，参照《电气技术用文件的编制第1部分：规则》（GB/T 6988.1—2008），按功能可以将电气图种类主要划分为如图4-1所示的几大类。需要用户注意的是，虽然电气图的基本分类包括概略图、功能图、电路图、接线图、布置图和接线表，但并不是每一种电气装置、电气设备或电气工程都必须具备这些图，而是要根据实际应用情况和场合，针对不同的表达对象或不同的目的和用途，确定不同的电气图种类和数量。电气图只是作为一种工程图样语言，它总的使用原则是在表达清楚的前提下，越简练越好，并且可以连通其他辅助图样一起使用。

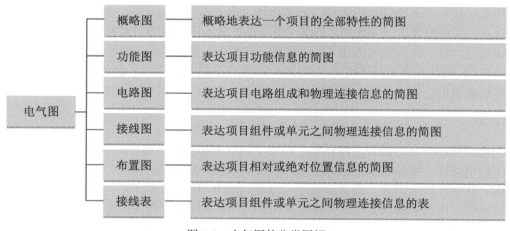

图4-1 电气图的分类图解

1. 概略图

概略图通过展示项目的主要成分和它们之间的关系来提供项目的总体印象，如发电厂或控制程序。有关项目的详细信息应该在其他文件类型中表示。概略图既可以包括电气组成部分，也可以包括非电气的组成部分，概略图中的多回路电路应用单线表示。

概略图通常应强调所描述项目的一个方面，如功能方面、连接性方面或地形学方面等。而忽略结构所在位置的任何项目均可表示在同一个概略图中。

某处理厂概略图如图 4-2 所示，在该概略图中采用了框形符号。

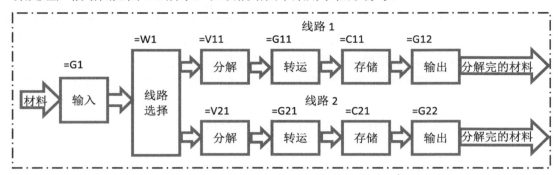

图 4-2　某处理厂概略图

某发电、供电和用电概略图如图 4-3 所示，在该概略图中，分别用图形符号表示发电机、变压器、线路，并标注相应的代号，其中 G 为发电机、T1、T2 和 T3 分别为变压器，W1 和 W2 为线路，P 为负载。

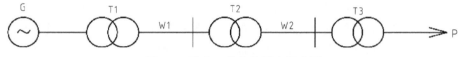

图 4-3　发电、供电和用电概略图

概略图是一种基本的电气技术文件，它从总体上描述系统、分系统、成套电气装置、设备、软件等概况，并表示出各主要功能件之间和（或）各主要部件之间的主要关系。概略图是设计人员进一步编制更为详细的其他电气图（如电路图、接线图、布置图等）的基础，是编制其他详细技术文件的依据，同时概略图可供操作和维修时参考，亦可供有关部门了解设计对象的整体方案、工作原理和组成概况。

2. 功能图

功能图表示项目成分间的功能的联系，描述了项目的功能面（忽略其使用），即功能图用理论的或理想的电路而不涉及实现方法，用以详细表示系统、分系统、装置、部件、设备、软件等功能的简图。从这一概念出发，很多电气图可以被归纳为功能图。

在功能图中，用功能框或其他图形符号（GB/T 4728 中规定了相关图形符号）表示项目，用连接线反映各部分之间的功能关系，并包括其他一些描述信息（但一般不包括实体信息（如位置、实体项目和端子代号）和组装信息）。

功能图的主要信号流应从左至右和从顶至底，如图 4-4 所示。

功能图的基本类型主要有等效电路图、逻辑功能图、功能表图、端子功能图、顺序表图（表）、时序图和程序图（表或清单）等。

（1）等效功能图：是指用于分析和计算电路特性或状态的表示等效电路的功能图。等效电路图应符合 IEC 60375：2003 中电路和磁路的规定。

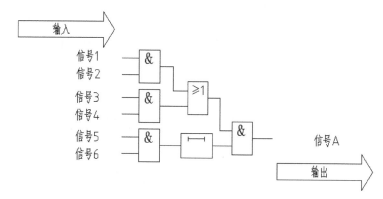

图 4-4　功能图中的信号流

（2）逻辑功能图：是指主要使用二进制逻辑元件符号的功能图。其中只表示功能而不涉及实现方法的逻辑图被称为纯逻辑图。一般的数字电路图便属于此种图。

（3）功能表图：是指用步和转换描述控制系统的功能和状态的表图。功能表图也称电气控制功能图。此类图通常采用图形符号和文字表述相结合的表示方法，用以全面描述控制系统的控制过程、功能和特性，但不考虑执行过程。

（4）端子功能图：是指表示功能单元的各端子接口连接和内部功能的一种简图。端子功能图主要用于电路图中。当电路比较复杂时，其中的功能单元可以用端子功能图（也可以用框形符号）来代替，并在其内加注标记或说明，以便查找该功能单元所在的电路图。

（5）顺序表图（表）：是指表示系统各个单元工作次序或状态的图（表）。在顺序表图（表）中，各单元的工作或状态按一个方向排列，并在图表上清晰地描述了过程步骤或时间信息。

（6）时序图：是指按比例绘制出时间轴的顺序表图。

（7）程序图（表或清单）：是指详细表示程序单元、模块及其互连关系的简图。

3. 电路图

电路图是指表达项目电路组成和物理连接信息的简图。电路图至少应表示项目的实现细节，即构成元器件及其相互连接，而不考虑元器件的实际物理尺寸和形状，它应便于理解项目的功能。电路图中应包括这些内容：图形符号、连接线、参照代号、端子代号、用于逻辑信号的电平约定、电路寻迹必需的信息（信号代号、位置检索）、了解项目功能必需的补充信息。

4. 接线图与接线表

接线图表达单元或组件的元器件之间的物理连接（内部）、组件不同单元之间的物理连接（外部）以及到一个单元的物理连接（外部）。可以按文件预定用途的要求包括其他信息，如导线或电缆的类型信息（例如，型号、项目或零件号、材料、结构、尺寸、绝缘颜色、额定电压、导线数量、其他技术数据）；导线、电缆数目或参照代号；布局、行程、终止、附件、扭曲、屏蔽等的说明或方法；导体或电缆的长度。

即表达项目组件或单元之间物理连接信息的简图便是接线图。此外，也可以采用表格的形式表达上述连接信息，那么这样的表格便是接线表。

不同的连接线传达的信息不同，其表达形式也不相同，从这个方面上来看，可以将相应的接线图分为以下几类。

（1）单元接线图：单元或组件的元器件之间的物理连接（内部）接线图。

（2）互连接线图：不同单元或组件之间的物理连接（外部）连接图。

（3）端子接线图：到一个单元的物理连接（外部）接线图。

（4）电缆接线图：专门表示电缆及其组成线芯接线的简图。

而对于接线表，示出的接线点应用其识别（如参照代号和端子代号）标识。连接的电缆和项目应清楚标识，如用其参照代号等。电缆线芯应用电缆制造者提供的线芯标识符标识，例如芯数或颜色代码。接线表应用以下方法之一编制。

☑ 对于端子，表示的接线顺序应按端子标识分类。

☑ 对于接线，表示的接线顺序应按导线标识（例如，电缆和线芯标识符的参照代号分类）。

5．布置图

图主要表述基于 2D 和/或 3D 模型的项目的拓扑或几何位置，并遵照相关标准的规则。GB/T 6988.1—2008 规定电工技术用布置图的规则，常常用基本文件制定，基本文件的内容是布置图的完整部分，而基本图应示出编制定位电气设备布置图的全部必要信息。

布置图的基本要求包括以下几点。

（1）布置图应示出项目的相对或绝对位置和/或尺寸，而项目可以用形状或简化外形表示，也可以用主要尺寸或符合 GB/T 4728 的符号表示。

（2）精确距离和/或尺寸表格中可有必要的详细信息。

（3）信息应与项目所（将）处环境的必要信息一起表示。

（4）应包括项目和代号的标识信息。

（5）若有必要，可以在紧邻表示项目的符号或轮廓线旁示出项目的技术数据。

（6）安装方法和/或方向应在文件中表明。如果文件中某些项目要求不同的安装方法或方向，则可以用符合 GB/T 4728 的限定符号或邻近项目表示处的字母代码特别标明，采用的字母代码应该在文件或支持文件集中说明。

（7）布置图可包括连接的表示方法。连接线应能清楚地与基本文件的线区别开，并遵照规则可另外使用曲线。

（8）连接线应示出连接到每条电路的元件及其顺序。如果是表面安装或采用了输送管和管道时，应示出连接的实际路径。

（9）可以用单线表示方法表示多相电路。

（10）可以用简化表示法表示多条平行连接线。

4.1.3 电气图的特点

电气图与机械工程图、建筑图和其他专业技术图相比，具有一些明显的特点，主要体现在以下几点。

1．电气图主要表达形式为简图

电气图以简图为主要表达形式，各种电气设备和导线用图形符号表示而不用具体的外形结构表示，可在各设备符号旁标注代表该种设备的文字符号，按功能和电流流向表示各电气设备的连接关系和相互位置，不同标注尺寸。大部分电气图都是简图，包括概略图、电路图、功能图、逻辑图、程序图、安装接线图等。

2. 电气图的主要表达内容为元件和连接线

各种元件按照一定的次序用连接线连接起来便构成一个电路，这就确定了元件和连接线是电气图所描述的主要对象。在电路图中，元件通常用一般符号表示，而在系统图、框图和接线图中通常用简化外形符号（如圆、正方形、长方形等）表示。

一般而言，元件用在电路图中时，可以使用集中表示法、分开表示法和半集中表示法；而元件用于布局图中时则可以使用位置布局法和功能布局法。当将连接线用于电路图中时，可以使用单线表示法和多线表示法；而当将连接线用于接线图及其他图中时，可以使用连续线表示法和中断线表示法。

3. 电气图的两种基本布局方法是功能布局法和位置布局法

电气图的两种基本布局方法说明如下。

（1）功能布局法：是指电气图中元件符号的布置只考虑便于看出它们所表示的元件之间功能关系而不考虑实际位置的一种布局方法。通常电气图中的系统图、电路图采用这种布局方法。

（2）位置布局法：是指电气图中元件符号的布置对应于该元件实际位置的布局方法。电气图中的接线图、位置图、平面布置图通常采用位置布局法。

4. 图形符号、文字符号和参照代号是构成电气图的基本要素

电气系统、设备或装置由若干部件、组件、功能单元等项目组成，在电气图中使用图形符号来显示相关项目，并可辅以文字符号和参照代号加以说明。

4.2　电气图形符号入门知识

在电气技术领域中，经常使用的图形符号有电气简图用图形符号和电气设备用图形符号两大类。

4.2.1　电气简图用图形符号

本节介绍电气简图用图形符号的相关知识。

1. 电气简图用图形符号的组成及其分类

电气简图用图形符号是电气图的基本单元，是电气技术文件中的"象形文字"，也是构成电气"工程语言"的"词汇"。电气简图用图形符号由符号要素和其他基本图形组成。所谓的符号要素是具有特定意义的、不可拆分的简单图形。符号要素必须同其他图形组合在一起才能构成一个设备或概念的完整符号，符号要素的功能有些类似于汉字中的偏旁。

电气简图用图形符号可分为一般符号与限定符号。其中一般符号是表示一类产品或此类产品特征的简单图形符号，例如电容器三极管、二极管符号便是电气一般符号。限定符号是附加在基本符号之上，用以提供附加信息的一种符号，限定符号一般不单独使用，但是一般符号有时也可以用作限定符号。例如，电容器的一般符号加到扬声器符号上便构成电容式扬声器的图形符号。

注意： 限定符号可以是图形符号、文字符号或图形与文字的组合。

根据表达意义，限定符号可以分为以下几类。

（1）电流和电压的种类。如交流电、直流电，交流电中频率的范围，直流电正、负极，中性线，中间线等。

（2）可变性。可变性分为内在的和非内在的。内在的可变性是指可变量取决于元器件自身的性质，如压敏电阻的阻值随电压而变化。非内在的可变性是指可变量是由外部器件控制的，如滑线变阻器的阻值是借外部手段来调节。

（3）力和运动的方向。用实心箭头符号表示力和运动的方向。

（4）流动方向。用开口箭头符号表示能量、信号和流动方向。

（5）特性量的动作相关性。特性量的动作相关性是指设备、元件与整定值或正常值等相比较的动作特性，通常的限定符号为"＞""＜""＝"等。

（6）材料的类型。材料的类型可用化学元素符号或图形作为限定符号。

（7）效应或相关性。效应或相关性是指热效应、电磁效应、磁致伸缩效应、磁场效应、延时和延迟性等。分别采用不同的附加符号加在元器件一般符号上，表示被加符号的功能和特性。

（8）其他还有辐射、信号波形、传真等限定符号。

正是限定符号的应用，使图形符号更具有多样性。例如，在电阻器一般符号的基础上，分别加上不同的限定符号，则可以得到可变变阻器、滑线电阻器、压敏电阻器和热敏电阻器等，如图 4-5 所示。

一般符号　　可变电阻器　　滑线电阻器　　压敏电阻器　　热敏电阻器

图 4-5　电阻器上的限定符号应用示例

电气简图用图形符号种类繁多，用户可以参看《电气简图用图形符号》GB/T 4728 相关部分。电气简图用图形符号主要分为这几类：导体和连接件；基本无源元件；半导体管和电子管；电能的发生与转换；开关、控制和保护器件；测量仪表、灯和信号器件；电信交换和外围设备；电信传输；建筑安装平面布置图；二进制逻辑件和模拟元件等。

2. 电气简图用图形符号的用法规则

电气简图用图形符号在使用中需要遵照以下的一些规则。

（1）符号表示工作状态假定。在电路简图中，所有图形符号的画法均按无电压、无外力作用的状态示出。例如，各类电磁开关的线圈未通电、手动开关未合闸、按钮未按下、行程开关未到位等。

（2）符号选择的一般原则。国家标准约定的某些符号有几种图形形式，如"优选形""其他形""形式 1""形式 2"等。在选用相关图形符号时可遵循以下原则。

☑ 对于图形符号中的不同形式，可以按照需要选择使用，在同一套图中表示相同对象的应采用同一种形式。

☑ 尽可能采用优选形，即如果图形符号中注明"优选形"时，应予优选选用。当同种含义的符号有几种形式时，在满足表达需要的前提下，应该尽量采用最简单的形式。

☑ 电路图中必须使用完整形式的图形符号。

（3）符号大小的确定。符号的含义是由其形状和内容所确定的，符号大小和图线宽度一般不影响含义。在某些情况下，例如为了增加输入或输出的数量，为了便于补充信息，为了强调某些方面，为了把符号作为限定符号来使用等，允许采用大小不同的符号。尽管符号的大小可以根据需要自行决定，但符号中各部分的绘制比例还是需要国家标准中的规定绘制。

（4）符号取向。图面中要避免导线交叉或呈不该有的弯折，在不致引起误解的情况下，即在不改变图形符号含义的前提下，可以根据图面布置的需要将图形符号旋转或镜像放置，但文字和指示方向不得倒置。但是需要注意极少的图形符号对方位有特殊规定。

（5）符号引线。元件图形符号一般都画有引线，在大多数情况下引线位置仅仅用作示例。在不改变符号含义的前提下，引线可以取不同的方向，如图4-6所示。但当改变引线的位置会影响符号本身含义时，则引线位置不能随意改变，否则会引起歧义。如图4-7所示，对于电阻器，不能随意改变其引线位置。

图4-6 变压器的两种引线位置示例　　　　图4-7 电阻器引线位置图解

（6）信号流向。信号流向一般遵循从左到右或从上到下原则。如果不符合这一规定，则应标出信号流向符号。信号的流向使用开口箭头表示。

（7）在国家标准《电气简图用图形符号》GB/T 4728中较为完整地列出了一般符号和限定符号，然而图形符号毕竟有限，如果某些特定装置或概念的图形符号在标准中未列出，那么允许用户通过已规定的一般符号、限定符号和符号要素适当组合以派生出新的符号，但一定要该派生出的符号加以说明注解。

4.2.2 电气设备用图形符号

电气设备用图形符号主要适用于各种类型的电气设备或电气设备部件上，使相关工作人员（如操作人员）了解其用途和操作方法。电气设备用图形符号也可以在安装或移动电气设备的场合应用，以指出诸如禁止、警告、规定或限制等应注意的事项。标注在设备上的图形符号，通常告知设备使用者这些信息：识别电气设备或其组成部分（如控制器或显示器）、指示功能状态（如通、断警告）、标志连接（如端子、接头）、提供包装信息（如内容识别、装卸说明）、提供电气设备操作说明（如警告、使用限制等）。

概括地说，电气设备用图形符号的主要用途是识别（例如设备或抽象概念）、限定（例如变量或附属功能）、说明（例如装卸说明或使用方法）、命令（例如应该做和不应该做的事情）、警告（例如危险警告）或指示（例如数量、方向、流向等）。

大部分电气设备用图形符号与电气简图用图形符号的形式不同，但是也有一小部分相似或相同但含义却大不相同。

《电气设备用图形符号》GB/T 5465 系列标准将设备用图形符号分为这几个部分：通用符号；广播、电视及音响设备符号；通信、测量、定位符号；医用设备符号；电化教育符号；家用电器及其他符号。

4.3 电气工程 CAD 制图规则

电气工程制图需要遵守相关的制图规范，尤其是电气工程 CAD 制图。国家标准《电气工程 CAD 规则》（GB/T 18135—2008）规定了电气工程 CAD 制图的一般规则，该标准适用于采用 CAD 技术编制电气简图（包括概略图、功能图、电路图、接线图）、图（例如布置图）、表图、表格等电气技术文件。

4.3.1 对 CAD 制图软件的要求

电气工程 CAD 制图软件很多，本书以 AutoCAD 制图软件为例。电气工程 CAD 制图文件应符合电气技术用文件的编制规则，同时应遵守《电气工程 CAD 规则》（GB/T 18135—2008）标准的规定。电气工程 CAD 制图软件应确保制图简便、高效、技术先进，同时应具有较强的兼容性、扩展性和通用性，以及便于升级和维护。在采用 CAD 技术编制电气技术文件时，应确保其表达准确、完整、清晰、读图方便。

为保持在所有文件之间，及整套装置或设备与其文件之间的一致性，应建立与电气工程 CAD 制图软件配套的设计数据（包括电气简图用图形符号）和文件的数据库，所述数据库应便于扩展、修改、调用和管理。电气简图用图形符号库，应符号 GB/T 4728 的规定，符号的组合、派生和设计应符号该标准和相关标准的要求。

当需要在计算机之间传递图样和设计数据时，CAD 初始输入系统应采用公认的标准数据格式和符号集，简化设计数据的交换过程。

在选择和应用设计输入终端时，应遵循以下 4 点。

（1）选用的设计输入终端，应在符号、字符和所需格式方面支持适用的工业标准。

（2）在数据库和相关图标方面，设计输入系统应支持标准化格式，以便设计数据能在不同系统间传递，或传递到其他系统作进一步处理。

（3）初始设计输入应按所需文件编制方法进行。

（4）数据的编排应允许补充和修改，而且不涉及大范围的改动。

4.3.2 制图一般规则

《电气工程 CAD 规则》（GB/T 18135—2008）对制图一般规则作了以下规定。

（1）文件一致性准则：CAD 文件产生、存储、转换、阅读应遵循一致性准则，这些准则与相关标准一致。

（2）图纸的尺寸：图纸尺寸应符合 ISO 5457 中的相关规定，这与机械制图的图纸要求相一致。图纸幅面尺寸通常分 5 类，即 A0（841mm×1189mm）、A1（594mm×841mm）、A2（420mm×594mm）、A3（297mm×420mm）和 A4（210mm×297mm），A0～A2 号图纸一般不得加长。当主要采用示意图或简图的表达形式时推荐采用 A3 幅面。每类图纸可允许留装订边，也可以不留装订边。

（3）图纸的复制：对于纸质或类似介质的文件和图纸，为了复制或拍成微缩胶片，应在图纸中做出中心标记。

（4）页面标识：一个文件可以包含一页或多页，为了区分每页（如参考的目的），需要在文件标识符的基础上增加页面标识符，一个单独的文件页应由文件标识符和页面标识符共同标记。如果文件的一页与多个文件标识符相关时，那么此页应根据不同的文件标识符给出不同的页面标识符。

（5）页面布局：页面可划分成一个或多个标识区和一个内容区，一个文件的每页应至少有一个与内容区明确分开的标识区，如图 4-8 所示。标识区的主要方面是标题栏，所述标题栏是用以确定图样名称、图号等信息的栏目。标题栏举例如图 4-9 所示。内容区则应示出所关注的项目的信息，如模数、制图网格、参考网格等信息，在内容区中可绘制各种电气图、符号以及文字技术说明等。

图 4-8　标识区和内容区示例

图 4-9　标题栏举例

（6）前后参照：前后参照可指一份文件、文件的一页或页的一个区域。如果不同的文件标识符表示在文件的页上，而且有可能导致混淆，则应在文件或其支持文件集中明确声明哪个文件标识符是用于前后参照。

（7）超链接：超链接可用于改善不同组信息之间的导引，如文件的不同页、文件之间或外部的数据来源间的导引。导引不应仅依赖于超链接的功能。

（8）文字方向：文字应是水平或垂直方向。水平方向文字从左向右，垂直方向文字从下向上。

（9）颜色、阴影、图案：颜色仅用于补充信息，不同色彩不能作为理解表达的唯一方式，而所用颜色的含义应该在文件或其支持文件集内说明。阴影和图案可用于区分不同的区域或表面。对于纸质或类似媒体的文件，颜色、阴影和（或）图案的使用应可用于黑白印刷。

（10）线宽：线宽通常采用两种即可，即粗线和细线，其宽度之比可定为 2:1。纸或类似媒体上可能的线宽是 0.18mm（0.2mm）、0.25mm、0.35mm、0.5mm、0.7mm 和 1.0mm。通常细线的宽度不少于 0.18mm，即粗线的宽度不少于 0.35mm，优先将粗线的宽度设置为 0.35mm、0.5mm或 0.7mm。

（11）字体：电气技术文件中的字体应符合 GB/T 14691—1993 和 GB/T 18594—2001 的规定。表示图形时，宜使用 GB/T 18594—2001 中 CB 字型、直体（V），符合 GB/T 18594—2001 的扁平和比例字体都可使用。即所用汉字优先采用 B 型长仿宋字。

（12）量、单位、值、颜色代码：量、单位和值的文字符号，应该根据 IEC 60027 或其他相关标准规定表示，如 GB 3101、GB 3102 的规定。而颜色代码的规定应符合 GB/T 13534—1992 的规定。

（13）元素范围和序列的表示：元素上下限之间的范围应使用"水平省略符"…（三个点）表示。其他元素的表示方法详见 GB/T 6988.1—2008 的 5.16。

（14）尺寸线：包括终结端和起点指示尺寸线将应符合 ISO 129 的规定，终端的示例如图 4-10 所示。

（a）实心闭合　　　　（b）空心闭合　　　　（c）30 度角　　　　（d）直角　　　　（e）倾斜

图 4-10　尺寸线的终端

（15）指引线和基准线：指引线和基准线应符合 GB/T 4457.2—2003 的规定，示例如图 4-11 所示。终点位于连接线上的指引线应在连接线处划斜线，如图 4-12 所示。

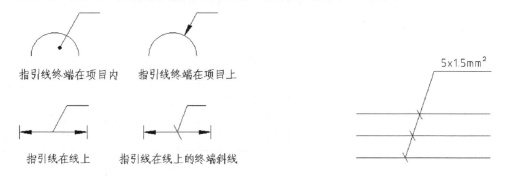

图 4-11　指引线示例　　　　　　　图 4-12　指引线到连接线的使用示例

（16）符号：符号应符合有关标准，例如 GB/T 4738（用于电气项目的简图和安装图）、GB/T 20063（用于非电气项目的简图）、GB/T 1526—1989（用于基本流程图）等。当符号由其他形式时，应选择适合于所要表达要求的形式。当没有适当的符号可用时，可使用 GB/T 4728 一般符号 S00059、S00060 或 S00061（如图 4-13 所示），或使用按 GB/T 4728 和 GB/T 16901.1—2008 的规定创建的符号。新符号可由 GB/T 4728 中的一般符号 S00059、S00060 或 S00061 之一组合这些符号构成：一般符号中可作为限定符号的符号、一般符号中描述性的文字。

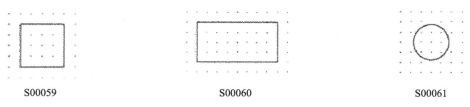

S00059　　　　　　　　　　　S00060　　　　　　　　　　　S00061

图 4-13　GB/T 4728 中的一般符号

符号的含义由其形状和内容确定，符号的尺寸和线宽不影响其含义。符号可放大、缩小或用限定符号代替 GB/T 4728 中的个别一般符号。当放大或缩小时，符号的大体形状应保持不变。

符号应与简图中所选择的主要流程方向一致。当简图中的符号方向不同于符号标准中符号的方向时，如果符号含义不会改变，来源于符号标准的符号可以旋转或进行镜像。在某些情形下有必要根据 GB/T 16901.1—2008 的规定重新设计符号。文字、图形或符号的输入/输出标志应水平或垂直，并从页的下部或右边读起。

（17）比例：图面上图形尺寸与实物尺寸的比值称为比例。为表示相关信息可用比例尺，并将其显示于内容区中。大部分电气图（如电路图等）都不按比例绘制，但位置图等一般按比例绘制。缩小比例系列多为 1∶10、1∶20、1∶50、1∶10、1∶100、1∶200、1∶500、1∶1000。

（18）围框和机壳：简图中，在功能或结构上属于同一单元的项目，可以使用 GB/T 4728 的边界线符号（S00064，如图 4-14 所示）有规则地封闭围成围框，即当需要在图上显示图的某一部分，如功能单元、结构单元、项目组（如继电器装置）时可用点画线围框表示。为了图面的清晰，围框的形状可以是不规则的。如果端子板或连接器（一部分或全部）是功能或结构单元的一部分，则应将其符号围在围框内。

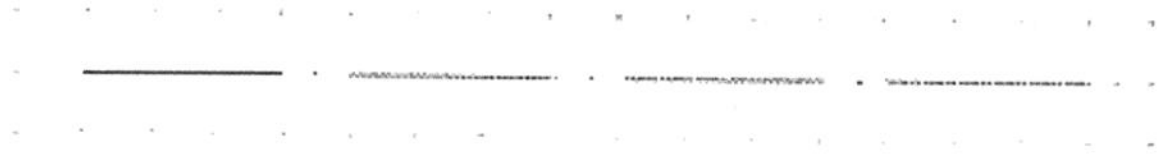

图 4-14　GB/T 4728 的边界线符号 S00064

简图中应清楚地表示出与导电的机框、机壳、底板、屏蔽的连接。

（19）简化方法：简图中采用简化画法可以增加信息量，清晰图面。几个简化方法如下。

☑　端子：一个元件上的多个端子可采用一个端子表示，并应在该端子线上标记端子数目符号。端子代号可按原次序顺序标记，中间用逗号隔开；连续编号的代号可仅标出第一个和最后一个端子代号，中间用省略符号隔开。两个或多个元件的多端子互连时，所有元件的端子代号均应按从左到右的顺序对应排序。

☑　相同符号构成的符号组：数个相同符号构成的符号组可用一个符号表示，但该符号上要加上一条短斜线并标记所代表的符号数目。对长方形的符号，可在方框内标记该符号代表的符号数目和乘号，并加方括号，如[6×]。

☑　重复表示法：器件中连接线未示出部分可在简图中省略，这时的符号不代表完整的器件。在符号中可补充功能标记。

☑　围框内的连接器或端子板：在围框内作为一个单元的组成部分的连接器或端子板符号可省略。

☑　一个单元内用围框表示的电路：如果一个单元内用围框表示的电路有更详细的说明，则围框内的电路可以简化。

☑　示意图的表达：二维示意图中信息的表示应根据 ISO 128—30:2001 的规定，符合 GB/T 14692—2008 的正投影法。二维示意图中的建筑物的信息，应按 ISO 2594:1972 中的规定执行。

☑　说明性注释和标记：说明性信息可采用注释，所述注释应放在要说明的对象附近，或放置于内容区其他地方的说明应该给出参照。若信息表示在多页上，具有共性的说明应置于第一页。如果设备面板上有人-机控制功能的信息标识，则该信息标识也应标注在简图中相应的图形符号附近。当一个支路中电流的参考方向、磁通量方向的指示、电压的参考极性和耦合电路的电压极性之间的响应需表示时，应按 IEC 60375:2003 规定的原则执行。

4.3.3　简图一般规则

在《电气工程 CAD 规则》（GB/T 18135—2008）中提出了简图一般规则，涉及以下内容。

1. 总则

总则条款包括电路布局、位置表示法、连接线、项目图形符号、电源电路的表示法、电与非电组合电路的表示法、二进制逻辑电路的表示法、电流方向、磁通方向、电压极性、常用基础电路的模式、简化方法和补充信息。

（1）电路布局：强调主电路过程和（或）信号流向，图形符号和电路应从左至右，或从上至下布局，强调功能关系，功能相关项目的图形符号应彼此靠近，集中布置。这与机械图不同，机械图必须严格按机件的位置进行布局，而电气简图的布局则可根据具体情况灵活进行。电气简图要做到合理布局、排列均匀、图面清晰和便于看图，要考虑以下要求。

- ☑ 为强调信号流向，连接线应尽可能保持为直线。
- ☑ 常用基础电路应采用标准模式。
- ☑ 同等重要的或功能上相关的并联电路支路应对称布置。
- ☑ 垂直（水平）分支电路中的平行相似项目应水平（垂直）对正布置。
- ☑ 在强调信号流向和强调功能关系有矛盾时，处理情形有：对于在一个功能组内，以及规模较小或不太复杂的设备中，应优先考虑信号流向；对于一个系统和复杂设备应强调总的功能结构，优先考虑功能分组。

（2）位置表示法：位置表示法主要包括图幅分区法、电路编号法（电路的各支路用数字标识）和表格法（在简图外围列表，在表中重复标出项目代号，并与相应图形符号对正）。

（3）连接线：对于电气或功能互连，连接线应符合 GB/T 4728 中的符号 S0001，当两条线在特定的点连接时，交点应符号 GB/T 4728 的符号 S00019、S00020、S01414 或 S01415，交叉连接线互连的表示应使用 S00022，如图 4-15 所示。对于光纤互连，应按照 GB/T 4728 的符号 S01318 表示；对于机械连接，则应按 GB/T 4728 的符号 S00144 或 S00147 表示。

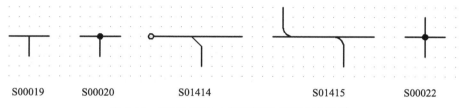

| S00019 | S00020 | S01414 | S01415 | S00022 |

图 4-15　GB/T 4728 中的连接及交叉连接符号

连接线应水平或垂直取向，除使用斜线改善易读性的情况外，而连接线不应影响其他符号。

与连接线关联的技术数据应与连接线的关系清楚，不与连接线接触或交叉，并应置于毗邻连接线处，在水平线上方和垂直线左侧。如果标示技术数据时无法毗邻连接线，则应将技术数据置于内容区的其他位置并有一条指引线或一条基准线到那条连接线。技术数据应与和连接线有关的任何参照代号或型号代号清楚地区分。

多条平行的连接线可以用一条线（即线束）以下述方法表示。

☑ 中断平行连接线，留一定间隔，其间隔之间画一根横线表示线束，横线两段各画一短垂线。

☑ 用线束表示的平行线的数目应通过加画与连接数目一样多的斜线，或加画一条斜线后跟连接数目来表示。

（4）项目的图形符号：图形符号可以用来表示一个具体的项目，例如一个具体元件，也可以用来表示功能。对于项目的图形符号，需要了解以下内容。

☑ 元件表示法：当电路较简单时，可以采用集中表示法和组合表示法；当电路比较复杂时，可以采用半集中表示法、分开表示法、重复表示法、分立表示法，或几种表示法结合使用。半集中表示法是指元件中功能上有联系的各部分的符号在简图中展开布置，采用虚线表示的连接符号将功能上有联系的各部分的符号连接起来，以清晰地表示电路布局，这种表示法通常用于表示具有机械功能联系的元件。分开表示法是指元件中功能上有联系的各部分的符号分散于图上的表示法，各部分采用元件的同一项目代号表示同一个元件，必要时可示出从激励部分（驱动部分）到其他部分的位置参照，参照的信息可制成插图或插表，置于激励部分（驱动部分）附近，或单独置于其他处，并标明去向。重复表示法是指元件中每个具有独立功能的组成部分在几处用集中法示出，而每一处只有部分连接。图中多次出现的同一端子都应标注端子代号，但连接只需在一处标出，重复的端子代号可加括号，或使用特殊的标识符。分立表示法是指元件中具有独立功能的各组成部分之间，如不存在功能性连接或联系，则这些组成部分的符号可以分开示于图上，表示元件组成部分的每个符号上，应标注表示是同一元件的项目代号。

☑ 组成部分可动的元件表示法：对于单一稳定状态的手动或机电元件，应绘制出非激励或断电状态，例如接触器、继电器、制动器、离合器等；断路器和隔离开关绘制在断开（OFF）位置，对于具有两个或多个稳定状态的其他开关电路，可绘制在任何位置；标有断开（OFF）位置的多个稳定位置的手动控制开关绘制在断开（OFF）位置。对于功能复杂的手动控制开关，采用表图、符号、表格、代号、注释等说明其动作功能。

☑ 用触点符号表示半导体开关的方法：用触点符号表示无触点的半导体开关，其触点位置按辅助电源接通时刻（即初始状态）绘制。

☑ 触点符号的取向：当元件受激时，水平连接线的触点动作向上，垂直连接线的触点动作向右，以与设定的动作方向一致。

☑ 借助软件实现的功能：如果需要表明功能是借助软件实现，那么要使用约定的六角形符号作限定符号。

（5）电源电路的表示法：简图中元件的供电连接可采用电源连接线、表格和注释等表示。电源线可集中在简图的一侧、两侧、上、下部，电源线也可以中断、方框符号上的电源线通常与信号流成直角绘制。

（6）电与非电组合电路的表示法：简图中应表示电与非电组合电路的功能关系。

（7）二进制逻辑电路的表示法：当用二进制逻辑元件符号表示硬件时，需要确定采用逻辑非符号或逻辑极性符号来表示逻辑状态和表示状态的物理量值（逻辑电平）之间的关系。其中，采用逻辑非符号的方法要求对图的全部或一部分采用单一逻辑约定，即正逻辑约定或负逻辑约定。

（8）电流方向、磁通方向、电压极性：支路中的电流基准方向、磁通方向、电压基准极性的标记以及耦合电路的电压极性之间的对应关系需要符合相应标准。

（9）常用基础电路的模式：常用基础电路应采用标准的固定的模式，包括：无源二端、四端网络；共基极、共发射极、共集电极 RC 耦合放大器；基本双稳态电路；基本桥式路。

（10）简化方法：简化方法包括相同支路的简化（电路中的两个或多个同样的支路，可以用一个支路和 GB/T 4728 中的支路符号 S00023 加以简化）、功能元件/功能组/结构单元的简化（功能元件、功能组或结构单元可以采用端子功能区或方框符号表示，这时应在端子功能区或方框符号内绘出详细信息的检索标记）、重复电路的简化（重复布置的电路可以只详细绘制一次，其他电路采用适当的简化表示方法，此时应详细表示被简化电路中元件与详细电路中元件的对应关系）3 种。

（11）补充信息：为了有助于对电路的理解和运用，可以在图中增加如外部电路和文字说明等补充信息。

2. 概略图

概略图应表示出系统、分系统、成套装置、设备、软件等的概况，并表示出各主要功能件之间和（或）各主要部件之间的主要关系。概略图通过展示项目的主要称为和它们之间的关系来提供项目的总体印象，如收音机、发电厂或控制程序，关于项目的详细信息应在其他文件类型中表示。概略图的主要特点包括描述产品的主要组成而不是全部组成，描述产品的主要特征而不是全部特征，描述产品的某一方面（如从功能方面描述产品，从产品组成方面描述产品），描述产品的概略内容。

概略图应按功能布局法来进行绘制，可在图中补充位置信息。当位置信息对理解功能很重要时，可以采用位置布局法。概略图可以在功能或结果的不同层次上绘制，较高的层次描述总系统，较低的层次描述系统中的分系统。某一层次的概略图应包含检索描述较低层次文件的标记。

概略图应做到使信息、控制、能源和材料的流程清晰，易于辨认，必要时可对每个图形符号标注参照代号。

忽略结构所在位置的任何项目均可表示在同一个概略图中。再次提示：概略图中，多回路电路应用单线表示。

可以绘制非电过程控制系统的概略图，此类概略图应以其过程的流程图为依据绘制。

3. 功能图

功能图表示项目成分间的功能的联系，描述项目的功能面（忽略其使用）。功能图的主要信号流应从左至右和从上向下。注意标准对功能图中的等效电路和逻辑功能图的绘制约定。

4. 电路图

《电气工程 CAD 制图规则》（GB/T 18135—2008）对电路图的一般规定是：电路图表示项目的实现细节（构成元器件及其相互连接），而不考虑元器件的实际物理尺寸和形状。电路图应该便于理解项目的功能。此外，该标准还对电路图的布局、元件表示方法、可动元器件表示方法、电源电路的表示方法、二进制逻辑元件的表示方法、引出端数量很多的图形符号和线功能作了一定的规定。

（1）电路图的布局：电路图的布局应突出过程或信号流向，通过将符号排列整齐并使电路连线直通，并要突出功能关系（可以功能相关元件放到一起进行符号分组）。

（2）元件表示方法：元件可以用单个符号或几个符号的组合表示。单个符号可用一处，或用于不同的位置（重复表示法），而表示符号的组合可彼此相邻（集中表示法）或彼此分开（分开表示法）。

☑　符号的集中表示法：表示元器件符号的集中表示法，仅用于表示简单的非大型电路。

☑　符号的分开表示法：应用表示元器件符号的分开表示法便于寻找电路路径，并实现布局清晰、无交叉电路。应在每个符号旁示出元器件的参照代号，以指明符号之间的联系。为了便于理解和指引元器件在简图中的位置，还应至少在文件的某个位置用所有符号集中表示法表示，还可用位于激励符号下面或右边的插图或表表示。集中表示法、插图或表与分开表示的符号之间应做出交叉标记。

☑　符号的重复表示法：可用表示元器件符号的重复表示来实现布局清晰、无交叉电路。该表示法应只在简图内符号的某一位置连接符号的连接节点，符号每次出现应提供元器件的参照代号，应提供所有连接节点或端子线的端子代号。可以用只表示完整符号的部分、并指明几部分符号示出，来简化重复表示的符号。

（3）可动元器件表示方法：可动的元器件组成部分（如触点）符号按照工作状态规定的位置或状态绘制，同时还要考虑应急操作、待机、告警、测试等控制开关应表示在设备正常工作时所处的位置，或其他规定的位置，此外，还要考虑由凸轮、变量（如位置、高度、速度、压力、温度等）控制的引导开关在简图中规定的位置。对于功能复杂的手动控制开关，如需要理解功能，应在简图中增加表图；对于监控开关，图中应在邻近符号处右操作说明，该说明可包括表图和注释；半导体开关应按其初始状态即辅助电源已合的时刻绘制。

（4）电源电路的表示方法：表示电源连接线应按以下顺序自上而下或自左至右示出。连接线应彼此相邻示出，或置于电路分支另一侧。

☑　对于交流电路：L1、L2、L3、N、PE。

☑　对于直流电路：L+、M、L，即正到负值。

（5）二进制逻辑元件的表示方法：应选择二进制逻辑符号使输入处的逻辑极性或逻辑非指示与反馈该输入的信号源处相同。如果信号源端与目的地端的逻辑极性或逻辑非指示失配，应跨过连接线示出短垂直线。与连接相关的信号名应与连接线的有关部分相关，即与极性指示一致。

（6）引出端数量很多的图形符号：如果表示器件的符号有大量的端子，不能用一页图示出符号，且如果不能用器件的其他方法表示时，应在适当的位置，按分开表示法的规则，在不同的页面示出符号的不同部分的分解符号。

（7）线功能（线"与"、线"或"）：线"与"功能用靠近点的"与"功能（&）限定符号示出，或者用"与"功能符号（GB/T 4728 中的符号 S01567）与 GB/T 19679—2005 的字符"开路输出符"（◇）一起作为指明线功能限定符号代替接点；线"或"功能用靠近点的"或"（≥）功能限定符号，或者用"或"功能符号（GB/T 4728 中的符号 S01566）与 GB/T 19679—2005 的字符"开路输出符"（◇）一起作为指明线功能限定符号代替接点，必要时线功能中二进制逻辑元件的所有端子对或非逻辑极性必须用相同的限定符号。

5. 接线图

接线图提供的信息包括单元或组件的元器件之间的物理连接（内部）、不同单元或组件之间的物理连接（外部）、到一个单元的物理连接（外部）和其他信息。

在接线图中，器件、单元或组件的连接，应用正方形、矩形或圆形等简单的外形或简化图形法表示，也可以采用 GB/T 4728 的图形符号。表达器件、元件或组件的布置，应方便简图按预定目的使用。

在接线图中，应该示出每个端子的标识，端子表示的顺序应便于表示简图的预定用途。

如果用单线表示多芯电缆，而且要示出其组成线芯连接到物理端子，表示电缆的连接线应在交叉线处终止，并且表示线芯的连接线应从该交叉线直至物理端子。电缆及其线芯应清楚地标识（例如，用其参照代号）。

在接线图中，可以使用以下简化表示方法。

- ☑ 垂直（水平）排列每个单元、器件或组件的端子。
- ☑ 垂直（水平）排列不同器件、单元或组件互相连接的端子。
- ☑ 省略其外形的表示。

另外，要注意导体的表示方法。

4.4 思考与练习

（1）如何理解电气工程学科？

（2）电气图如何分类以及有哪些特点？

（3）如何理解电气简图用图形符号和电气设备用图形符号的区别？

（4）请了解与电气工程制图相关的国家标准，可列举出与电气工程制图相关的若干国家标准。

（5）什么是概略图、电路图、接线图？

（6）在什么情况下需要使用围框？

（7）电气简图的布局原则有哪些？

（8）电子工程 CAD 制图标准对指引线和基准线做出了哪些规定？请结合列举的例子进行说明。

（9）电气简图中的符号应符合哪些关键标准？

（10）课外要求：请查阅相关资料了解和熟悉 GB/T 4728 系列标准对各电气简图用图形符号的规定。

第5章 制图准备及样式设置

本章导读

　　电气制图是一项规范性强的严谨而细致的设计工作，其所完成的图样需要遵循相应的电气制图标准。对于电气设计工程师而言，应该要熟悉相应的电子制图标准，以使绘制的电气工程图规范、信息完整。

　　在使用 AutoCAD 2019 进行电气制图之前，有必要根据标准或实际情况进行一些准备工作及样式设置。这便是本章所要介绍的主要内容。本章以建立一个某企业内的电气制图图形模板文件为例，说明如何设置图层、文字样式、尺寸标准样式，以及如何绘制满足国家标准的图框和标题栏等。

5.1 图形模板说明与知识要点

　　电气设计图具有一定的格式规范，在使用 AutoCAD 2019 绘制电气设计图形之前应该进行一些准备工作和设置，如建立满足设计要求的图层、文字样式、尺寸标注样式、选择图框及标题栏等。本章介绍的这些内容应该要熟练掌握。

　　用户可以根据团队设计环境和自己的操作习惯，建立一些常用的适用于电气设计的图形样板文件，以便在以后的电气设计工作中可以直接调用，而不必每次都重新设置。

1. 图层与图线

　　创建或检查绘图图层是使用 AutoCAD 2019 进行电气制图前最重要的准备工作之一。利用图层可以有效地管理和控制复杂的电气图形，包括与电气设计有关的其他工程图，图层的应用使在 AutoCAD 设计中实现了分层操作，用户可以根据图形的不同特性而选择不同的图层来进行绘制，这样便于管理和修改图形，并在一定程度上提高图形设计效率。在这里，需要了解一下图层特性的概念：图层特性包括图层的名称、线型、颜色、开关状态、冻结状态、线宽、锁定状态和打印样式等。

　　图线是工程图样中最基本的构成元素，在电气图中，图线用来构成各种电气符号，也可用来表示导线或连接关系；而在机械图和建筑图中，图线主要用来表示物体的轮廓及其他相关信息。在建立图层的时候，一定要考虑国家标准（GB）对技术制图所用图线的名称、形式、结构、标记及画法规则等的规定要求，并需要结合实际情况，如企业要求、个人习惯等。纸或类似媒体上可能的线宽为 0.18mm（0.2mm）、0.25mm、0.35mm、0.5mm、0.7mm 和 1.0mm。常用线型有粗实线、细实线、虚线、点画线和双点画线等。常用图线如表 5-1 所示。

表 5-1　常用图线介绍表

图 线 名 称	图 线 宽 度	图 线 形 式	图 线 应 用 介 绍
粗实线	b		可见轮廓线、可见过渡线、视图上的铸造分型线、电气图中重要导线、主干线
细实线	约 b/2		尺寸线、尺寸界线、剖面线、重合断面的轮廓线及指引线、电气图中的连接线
细虚线	约 b/2		不可见轮廓线、不可见过渡线、电路图中的机械连接线、屏蔽线、不可见导线、计划扩建内容用线等
细点画线	约 b/2		轴线、对称中心线、轨迹线、电气图中的围框线
粗点画线	b		有特殊要求的线或表面的表示线
细双点画线	约 b/2		极限位置的轮廓线、相邻辅助零件的轮廓线及电气图中的预留设备围框等
波浪线	约 b/2		断裂处的边界线、视图与剖视图的分解线

在电气图中，一般只使用粗实线、细实线、虚线、点画线和双点画线这几种。在这里，实例模板中粗实线的线宽 b 采用 b=0.35mm（在某些大型的设计项目情形下，粗实线线宽也可优先选用 0.5mm、0.7mm 和 1.0mm）。设置的图层特性如表 5-2 所示。

表 5-2　设置图层的属性（仅供参考）

图层的名称	线型名称（仅供参考）	线宽 b	参 考 颜 色
粗实线	Continuous	0.35mm	黑色/白色
细实线	Continuous	0.18mm	黑色/白色
波浪线	Continuous	0.18mm	绿色
细点画线	CENTER2	0.18mm	红色
细虚线	ACAD_ISO02W100	0.18mm	黄色
注释	Continuous	0.18mm	红色/洋红色
细双点画线	ACAD_ISO12W100	0.18mm	R180，G110，B140

2. 文字样式

在电气制图中，常需要使用文字作为图形符号或设计方案的注释和说明。表示图形时应使用 GB/T 18594—2001 中的 CB 字型、直体（V），当然也可使用符合要求的扁平和比例字体等。而 GB/T 18594—2001 的 CB（S）类型的斜体字可作为量的文字符号。

本实例模板中使用符合国家制图标准的中文字体 gbcbig.shx 和西文字体 gbenor.shx（直体），汉字标注字高设置为 3.5mm。

3. 标注样式

建立符合国家制图标准或企业标准的标注样式。由于在电气图中很少需要标注尺寸，有关标注与标注样式的知识只简单介绍。

4. 图框（图幅）

绘制具有标准幅面格式的图框（图幅）。在本实例中，绘制 A3 横向的图框（图幅），其外框（图幅）尺寸大小为 297×420，不留装订边。

对于纸质及类似介质的文件和图纸，为了复制或拍成微缩胶片，应在图纸上绘制出中心标记。

5. 标题栏

绘制如图 5-1 所示的标题栏（仅供标题栏格式举例参考），可以将标题栏包括属性定义一起创建为块，以便以后需要时调用，并便于填写标题栏相关单元格内的属性值。所谓的块在本质上是一种块定义，它包括块名、块几何图形、用于插入块时对齐块的基点位置和所有关联的属性数据。而所谓的属性是将数据附着到块上的标签或标记，属性中可能包含的数据包括零件编号、价格、注释和物主的名称等。在定义属性时，可以指定标识属性的标记，也可以指定在插入块时显示的提示。

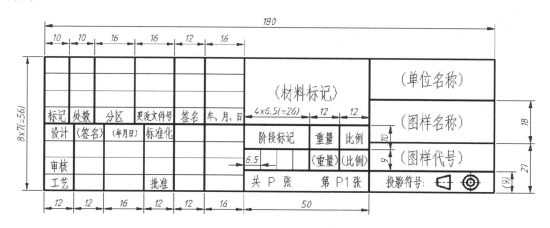

图 5-1　标题栏的格式举例

5.2　建　立　图　层

建立图层的操作步骤如下。

① 在 AutoCAD 2019 软件界面的"快速访问"工具栏中单击"新建"按钮 ⬜，弹出"选择样板"对话框（默认以系统变量 STARTUP 初始值为 0、FILEDIA 初始值为 1 为例），选择 acadiso.dwt 图形样板，如图 5-2 所示，单击"打开"按钮。

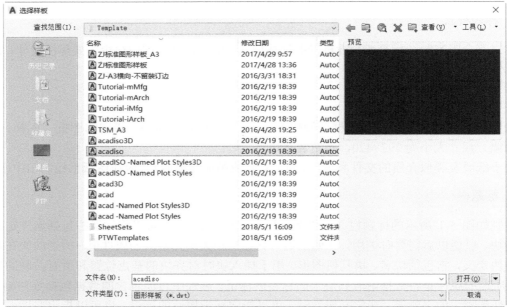

图 5-2　"选择样板"对话框

② 从"快速访问"工具栏的"工作空间"下拉列表框中选择"草图与注释"工作空间选项，接着在功能区的"默认"选项卡的"图层"面板中单击"图层特性"按钮 🖳，打开如图 5-3 所示的"图层特性管理器"选项板，从中可以看出该新文件默认只提供一个名称为 0 的图层。

图 5-3　"图层特性管理器"选项板

③ 在"图层特性管理器"选项板中单击"新建图层"按钮 🥋 以新建一个默认名为"图层 1"的图层，接着将该图层的名称改为"粗实线"。

④ 在该层的"线宽"特性单元格中单击，如图 5-4 所示，弹出"线宽"对话框，选择线宽为 0.35mm，然后单击"线宽"对话框中的"确定"按钮。

⑤ 在"图层特性管理器"选项板中单击"新建图层"按钮 🥋，接着将新建的该层重新命名为"细实线"。

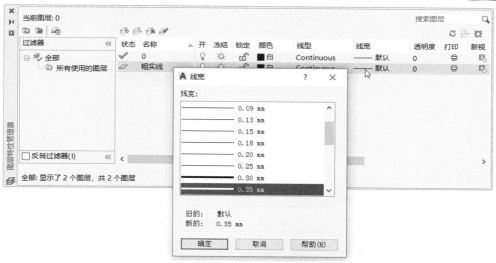

图 5-4　设置"粗实线"层的线宽

6 单击"细实线"层的线宽单元格，弹出"线宽"对话框，从中选择 0.18mm，单击"确定"按钮。

7 在"图层特性管理器"选项板中单击"新建图层"按钮 ，并将新建的该层重新命名为"细点画线"。"细点画线"层的线宽默认为 0.18mm。

8 单击"细点画线"层的线型单元格，弹出"选择线型"对话框，如图 5-5 所示。

9 在"选择线型"对话框中单击"加载"按钮，打开如图 5-6 所示的"加载或重载线型"对话框。在"可用线型"列表框中，选择 ACAD_ISO02W100（虚线）线型，接着按住 Ctrl 键增加选择 ACAD_ISO12W100（双点画线）和 CENTER2（中心线）线型，单击"确定"按钮。

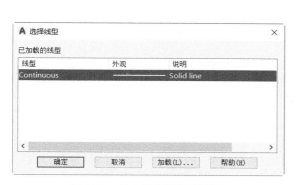

图 5-5　"选择线型"对话框

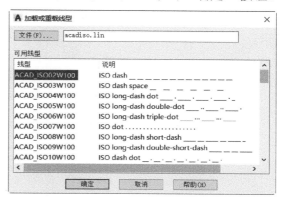

图 5-6　"加载或重载线型"对话框

10 已加载的线型出现在"选择线型"对话框中，从中选择 CENTER2 线型，如图 5-7 所示，单击"确定"按钮。

11 在"图层特性管理器"选项板中，单击"细点画线"层的颜色单元格，系统弹出如图 5-8 所示的"选择颜色"对话框，从中选择红色，单击"确定"按钮。

图 5-7　选择线型

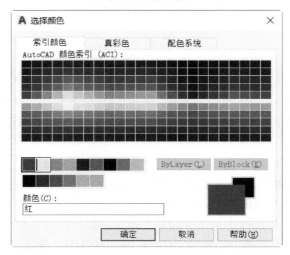

图 5-8　选择颜色

12 与上述方法类似，继续创建其余图层，完成设置的"图层特性管理器"选项板如图 5-9 所示。

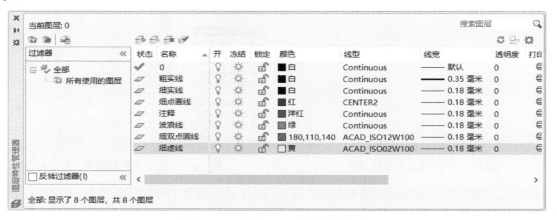

图 5-9　"图层特性管理器"选项板

13 可以在"图层特性管理器"选项板中设置当前图层。例如，在"图层特性管理器"选项板中选择"粗实线"层，然后单击"置为当前"按钮 ，从而将"粗实线"层设置为当前工作图层。

在"图层特性管理器"选项板的标题栏中单击"关闭"按钮 ✕，完成相关图层的设置。

知识点拨：默认 0 图层不能被删除，该图层的线宽为默认值。要修改线宽默认值，则可以在功能区"默认"选项卡的"特性"面板中打开"线宽"下拉列表框，如图 5-10 所示，接着选择"线宽设置"命令，弹出"线宽设置"对话框，从"默认"下拉列表框中选择所需的一个线宽值，如图 5-11 所示，然后单击"确定"按钮即可。

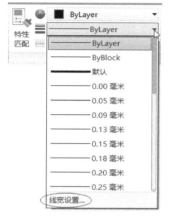

图 5-10 打开"线宽"下拉列表框

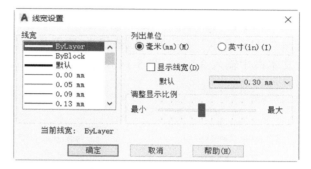

图 5-11 更改线宽默认设置

5.3 建立文字样式

建立文字样式的操作步骤如下。

在命令行的"键入命令"提示下输入 STYLE 并按 Enter 键，或者在功能区"默认"选项卡中打开"注释"溢出面板并单击"文字样式"按钮 ⚓，系统弹出如图 5-12 所示的"文字样式"对话框。

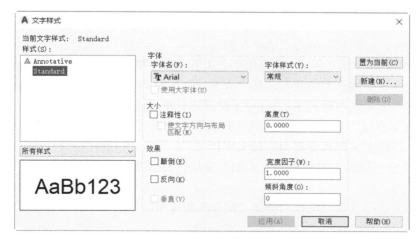

图 5-12 "文字样式"对话框

2️⃣ 在"文字样式"对话框中单击"新建"按钮，打开"新建文字样式"对话框，输入样式名为"电气文字 3.5"，如图 5-13 所示，单击"确定"按钮。

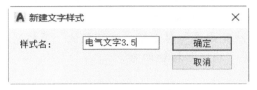

图 5-13 "新建文字样式"对话框

3️⃣ 在"文字样式"的"字体"选项组中，从"字体名"下拉列表框中选择 gbenor.shx，选中"使用大字体"复选框（选择 gbenor.shx 并选中"使用大字体"复选框后，"字体名"下拉列表框由"SHX 字体"下拉列表框替代），接着从"大字体"下拉列表框中选择 gbcbig.shx，在"高度"文本框中输入 3.5，如图 5-14 所示。

图 5-14 设置文字样式

4️⃣ 在"文字样式"对话框中单击"应用"按钮。

5️⃣ 单击"新建"按钮，弹出"新建文字样式"对话框，在"样式名"文本框中输入"电气文字 5"或"电子文字 5"，单击"确定"按钮。

6️⃣ 在"文字样式"的"字体"选项组中，从第一个下拉列表框中选择 gbenor.shx，确保"使用大字体"复选框处于被选中的状态，从"大字体"下拉列表框中选择 gbcbig.shx；在"大小"选项组的"高度"文本框中输入 5，按 Enter 键或者单击"应用"按钮。

7️⃣ 在"文字样式"对话框的"样式"列表框中选择"电气文字 3.5"文字样式，单击"置为当前"按钮，将该文字样式设置为当前文字样式。

8️⃣ 单击"文字样式"对话框的"关闭"按钮，完成文字样式设置和关闭"文字样式"对话框。

设置的两种文字样式将出现在功能区"默认"选项卡的"注释"面板的"文字样式"下拉列表框中。

5.4　尺寸标注样式及标注基础

本节介绍在样例实例中建立标注样式，以及介绍尺寸标注基础。

5.4.1　建立尺寸标注样式

建立尺寸标注样式的操作步骤如下。

1 在命令行的"键入命令"提示下输入 DIMSTYLE 并按 Enter 键，或者在功能区"默认"选项卡中打开"注释"溢出面板并单击"标注样式"按钮，打开如图 5-15 所示的"标注样式管理器"对话框。

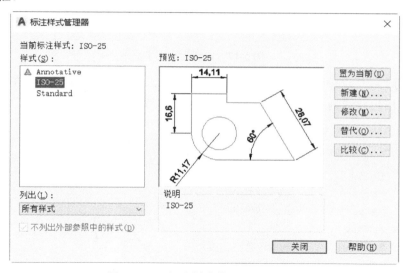

图 5-15　"标注样式管理器"对话框

2 在"标注样式管理器"对话框中单击"新建"按钮，打开"创建新标注样式"对话框。

3 在"创建新标注样式"对话框中输入新样式名为"电气标注-3.5"，并可指定基础样式，如图 5-16 所示，单击"继续"按钮。

4 系统弹出"新建标注样式：电气标注-3.5"对话框。进入"文字"选项卡，在"文字外观"选项组的"文字样式"下拉列表框中选择"电气文字 3.5"文字样式选项，文字高度默认为 3.5，该选项卡的其余设置如图 5-17 所示。

图 5-16　输入新样式名

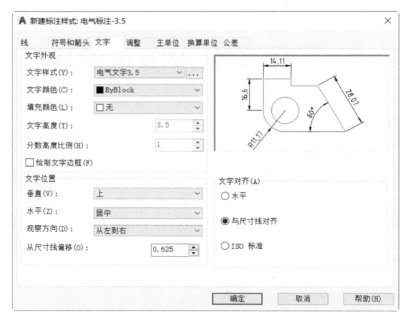

图 5-17 定制标注文字

 切换到"线"选项卡，在"尺寸线"选项组中，设置基线间距为 5；在"尺寸界线"选项组中，设置超出尺寸线为 1.25，起点偏移量为 0.875，如图 5-18 所示。

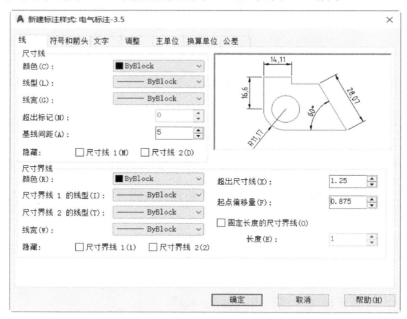

图 5-18 设置"线"选项卡中的选项及参数

 切换到"符号和箭头"选项卡，将箭头的第一个和第二个样式均设置为"倾斜"，设置箭头大小为 3，圆心标记大小为 3，如图 5-19 所示。

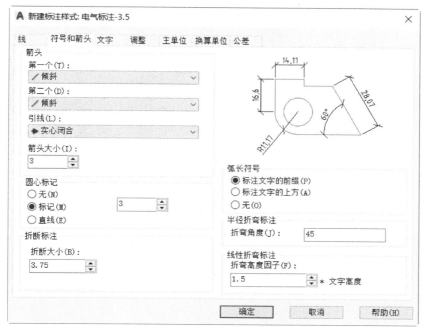

图 5-19　设置标注符号和箭头

说明：尺寸线的终端可以为箭头、斜线。线性尺寸线的终端允许采用斜线，当采用斜线时，尺寸线与尺寸界线必须垂直。本例中，线性尺寸线的终端统一采用斜线，而角度、半径和直径的尺寸线的终端采用箭头形式。

切换到"主单位"选项卡，设置如图 5-20 所示，注意小数分隔符为"."（句点）。

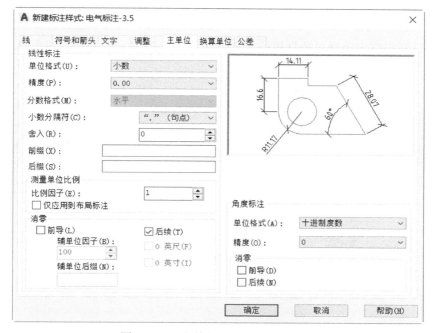

图 5-20　"主单位"选项卡上的设置

⑧ 切换到"调整"选项卡，设置如图 5-21 所示的内容。

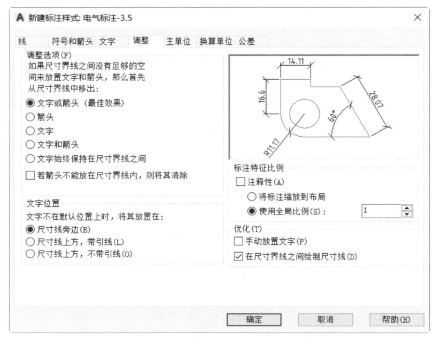

图 5-21　"调整"选项卡上的设置

⑨ 其余选项卡的设置采用默认值，单击"确定"按钮，完成"电气标注–3.5"新标注样式的设置，并返回"标注样式管理器"对话框。

⑩ 在"样式"列表中选择"电气标注–3.5"，单击"置为当前"按钮。

⑪ 在"标注样式管理器"对话框中单击"新建"按钮，打开"创建新标注样式"对话框。从"用于"下拉列表框中选择"角度标注"选项，如图 5-22 所示，单击"继续"按钮。

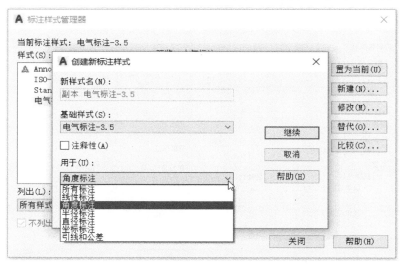

图 5-22　指定用于"角度标注"

⑫ 弹出"新建标注样式：电气标注-3.5：角度"对话框。首先打开"符号和箭头"选项卡，从"箭头"选项组的"第一个"下拉列表框中选择"实心闭合"，而"第二个"下拉列表框则默认为"实心闭合"；切换至"文字"选项卡，在"文字对齐"选项组中选择"水平"单选按钮，如图 5-23 所示，然后单击"确定"按钮。

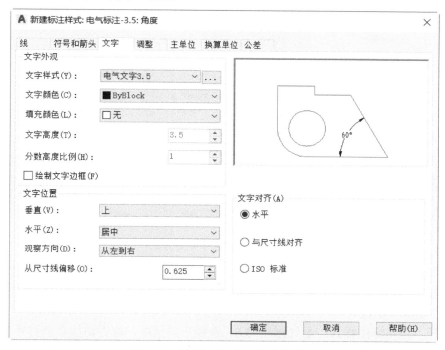

图 5-23 设置文字对齐为"水平"

⑬ 在"标注样式管理器"对话框中单击"新建"按钮，弹出"创建新标注样式"对话框。从"基础样式"下拉列表框中选择"电气标注-3.5"，从"用于"下拉列表框中选择"半径标注"选项，如图 5-24 所示，单击"继续"按钮。

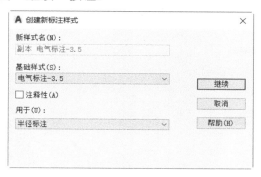

图 5-24 设置基础样式及用于半径标注

⑭ 系统弹出"新建标注样式：电气标注-3.5：半径"对话框。首先切换至"符号和箭头"选项卡，从"箭头"选项组的"第二个"下拉列表框中选择"实心闭合"选项。切换至"文字"选项卡，在"文字对齐"选项组中选择"ISO 标准"单选按钮，如图 5-25 所示，单击"确定"按钮。

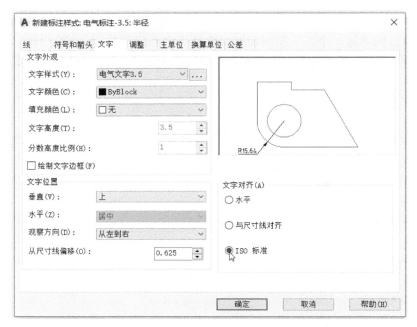

图 5-25　设置文字对齐方式

　　 在"标注样式管理器"对话框中单击"新建"按钮，打开"创建新标注样式"对话框。从"基础样式"下拉列表框中选择"电气标注-3.5"，从"用于"下拉列表框中选择"直径标注"选项，单击"继续"按钮。

　　 打开"新建标注样式：电气标注-3.5：直径"对话框，首先切换至"符号和箭头"选项卡，从"箭头"选项组的"第一个"下拉列表框中选择"实心闭合"选项，而"第二个"下拉列表框中的选项也随之变为"实心闭合"。再切换至"文字"选项卡，在"文字对齐"选项组中选择"ISO标准"单选按钮，然后单击"确定"按钮。

　　 此时，在"标注样式管理器"对话框的"样式"列表框中选择"电气标注-3.5"时可以预览该标注样式，如图 5-26 所示。单击"关闭"按钮，完成"电气标注-3.5"标注样式的设置并关闭"标注样式管理器"对话框。

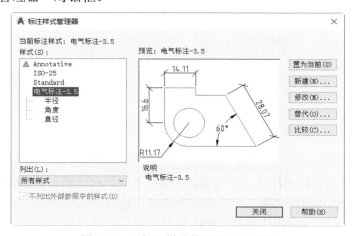

图 5-26　"标注样式管理器"对话框

创建的标注样式"电气标注-3.5"出现在"注释"面板的"标注样式"下拉列表框中。

5.4.2 标注基础

尺寸线和尺寸界线均以细实线绘制，尺寸界线一般应与尺寸线垂直。

使用 AutoCAD 2019 的"草图与注释"工作空间时，在功能区"默认"选项卡的"注释"面板中提供了与标注注释相关的工具，而在功能区"注释"选项卡的"标注"面板中则集中提供了标注工具和选项。下面以表格的形式介绍功能区"注释"选项卡的"标注"面板中的主要标注工具，如表 5-3 所示。这些标注工具的使用方法都比较简单，可根据命令提示进行相关的操作即可，在此不作详细介绍。另外，在功能区"注释"选项卡的"中心线"面板中，"圆心标记"按钮⊕用于在选定圆、圆弧或多边形圆弧的中心处创建关联的十字形标记；"中心线"按钮 ──── 则用于创建与选定直线和多段线关联的指定线型的中心线几何图形。

表 5-3 功能区"注释"选项卡的"标注"面板中的主要标注工具

序 号	按 钮	名 称	功 能 用 途
1		标注	在同一个命令任务中创建多种类型的标注
2		线性	使用水平、竖直或旋转的尺寸线创建线性标注
3		对齐	创建与尺寸界线原点对齐的线性标注
4		角度	创建角度标注，即测量选定对象或 3 个点之间的角度，可以选择的对象包括圆弧、圆和直线等
5		弧长	创建弧长标注，可由标注样式定制标注文字的前面显示圆弧符号
6		半径	创建圆或圆弧的半径标注，测量值前面带有半径符号
7		直径	创建圆或圆弧的直径标注，测量值前面带有直径符号
8		折弯	当圆弧或圆的中心位于布局之外并且无法在其实际位置显示时，将创建折弯半径标注，可以在更方便的位置指定标注的原点（这称为中心位置替代）
9		坐标	创建坐标标注，所述坐标标注用于测量从原点（称为基准）到要素（例如部件上的一个孔）的水平或垂直距离，这些标注通过保持特征与基准点之间的精确偏移量来避免误差增大
10		打断	在标注或延伸线与其他对象交叉处断开或恢复标注和延伸线，可以将折断标注添加到线性标注、角度标注和坐标标注
11		调整间距	调整线性标注或角度标注之间的间距，如平行尺寸线之间的间距将设为相等，也可以通过使用间距 0 使一系列线性标注或角度标注的尺寸线齐平
12		快速标注	从选定对象中快速创建一组标注。创建系列基线或连续标注，或者为一系列圆或圆弧创建标注时，此工具命令特别有用
13		连续	连续标注时首尾相连的多个标注，将自动从创建的上一个线性约束、角度约束或坐标标注继续创建其他标注，或者从选定的尺寸界线继续创建其他标注，系统将自动排序尺寸线
14		基线	生成从相同位置测量的多个标注
15		检验	添加或删除与选定标注关联的检验信息。检验标注用于指定应检查制造的部件的频率，以确保标注值和部件公差处于指定范围内
16		更新	用当前标注样式更新标注对象

续表

序 号	按 钮	名 称	功 能 用 途
17		折弯标注	在线性或对齐标注上添加或删除折弯线。标注中的折弯线表示所标注的对象中的折断，标注值表示实际距离而不是图形中测量的距离
18		重新关联	将选定的标注关联或重新关联到对象或对象上的点
19		公差	创建包含在特征控制框中的形位公差，形位公差表示形状、轮廓、方向、位置和跳动的允许偏差
20		倾斜	使线性标注的延伸线倾斜
21		文字角度	将标注文字旋转一定角度
22		左对正	左对齐标注文字，此选项只适用于线性、半径和直径标注
23		居中对正	使标注文字置中，此选项只适用于线性、半径和直径标注
24		右对正	右对齐标注文字，此选项只适用于线性、半径和直径标注
25		替代	控制对选定标注中所使用的系统变量的替代

5.5 绘 制 图 框

A3 图框的外框尺寸为 279×420（宽×长），内图框线应该采用粗实线绘制，外框的图边采用细实线绘制。图幅中还具有对中符号和方向符号。图框具体的绘制步骤如下。

1 在状态栏中单击"正交模式"按钮 以启用正交模式。也可以直接按 F8 键快速启用正交模式，注意在这里不启用动态输入模式。

2 切换到"草图与注释"工作空间，在功能区的"默认"选项卡的"图层"面板中，从"图层控制"下拉列表框中选择"细实线"层，如图 5-27 所示。

图 5-27 指定当前图层

3 在功能区的"默认"选项卡的"绘图"面板中单击"直线"按钮 。

4 根据命令行的提示执行以下操作。

```
命令: _line
指定第一个点: 0,0,0↙
指定下一点或 [放弃(U)]: @420<0↙
指定下一点或 [放弃(U)]: @297<90↙
```

```
指定下一点或 [闭合(C)/放弃(U)]: @420<180↙
指定下一点或 [闭合(C)/放弃(U)]: C↙
```

完成的图框外框如图 5-28 所示。

在功能区的"默认"选项卡的"修改"面板中单击"偏移"按钮 ⊂。

根据命令行的提示，执行以下操作。

```
命令: _offset
当前设置: 删除源=否   图层=源   OFFSETGAPTYPE=0
指定偏移距离或 [通过(T)/删除(E)/图层(L)] <通过>: 10↙            //指定要偏移的距离为10
选择要偏移的对象, 或 [退出(E)/放弃(U)] <退出>:              //使用鼠标单击外框右边线
指定要偏移的那一侧上的点, 或 [退出(E)/多个(M)/放弃(U)] <退出>://在框内单击
选择要偏移的对象, 或 [退出(E)/放弃(U)] <退出>:              //使用鼠标单击外框上边线
指定要偏移的那一侧上的点, 或 [退出(E)/多个(M)/放弃(U)] <退出>://在框内单击
选择要偏移的对象, 或 [退出(E)/放弃(U)] <退出>:              //使用鼠标单击外框下边线
指定要偏移的那一侧上的点, 或 [退出(E)/多个(M)/放弃(U)] <退出>://在框内单击
选择要偏移的对象, 或 [退出(E)/放弃(U)] <退出>:              //使用鼠标单击外框左边线
指定要偏移的那一侧上的点, 或 [退出(E)/多个(M)/放弃(U)] <退出>://在框内单击
选择要偏移的对象, 或 [退出(E)/放弃(U)] <退出>:↙
```

此时，偏移结果如图 5-29 所示。

图 5-28   完成图框的外框

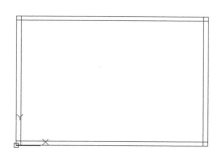

图 5-29   偏移结果

在功能区的"默认"选项卡的"修改"面板中单击"修剪"按钮 ✂，按 Enter 键或者在绘图区域的空白区域处右击，然后在图形中分别单击不需要的直线段，得到的修剪结果如图 5-30 所示。

选择里面的 4 条图框线，接着在功能区"默认"选项卡的"图层"面板的"图层控制"下拉列表框中选择"粗实线"层，此时如图 5-31 所示。可以在状态栏中选中"线宽"按钮 ☰ 以打开线宽模式，这样可以在图形窗口中观察各图线的线宽显示效果。

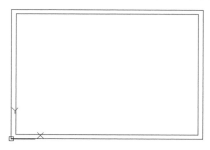

图 5-30   修剪结果

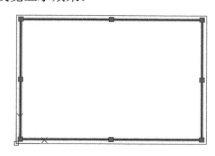

图 5-31   选择图框线将其层改为"粗实线"层时

9 为复制或微缩摄影时便于定位，可在各边长的中点处用特定粗实线（线宽不小于 0.5mm）分别画出对中符号，其长度是从纸边开始直至伸入图框内约 5mm。绘制方法是单击"直线"按钮，在相应中点处开始绘制对中符号线，然后将其线宽更改为 0.5mm 或更大，在本例中，将对中符号线的线宽更改为 0.5mm，绘制结果如图 5-32 所示。

10 为明确看图方向，可以在所需的对中符号处绘制方向符号，方向符号是用细实线绘制的等边三角形，如图 5-33 所示。在绘制方向符号的过程中，可以灵活使用"偏移""直线"和"修剪"等功能。

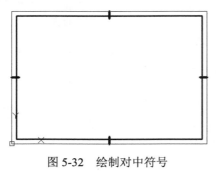

图 5-32 绘制对中符号

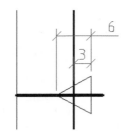

图 5-33 绘制方向符号

5.6 绘制标题栏及生成图块

绘制标题栏及生成图块的操作步骤如下。

1 设置当前活动层为"粗实线"层。

2 在功能区"默认"选项卡的"绘图"面板中单击"直线"按钮。

3 根据命令行的提示执行以下操作。

```
命令: _line
指定第一个点:                              //在绘图区域的空白处单击一点
指定下一点或 [放弃(U)]: @180<0↙
指定下一点或 [放弃(U)]: @56<90↙
指定下一点或 [闭合(C)/放弃(U)]: @180<180↙
指定下一点或 [闭合(C)/放弃(U)]: C↙
```

完成绘制如图 5-34 所示的图形。

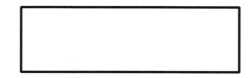

图 5-34 绘制标题栏的边框

4 在功能区的"默认"选项卡的"修改"面板中单击"偏移"按钮。

5 根据命令行的提示执行以下操作。

```
命令: _offset
当前设置: 删除源=否   图层=源   OFFSETGAPTYPE=0
指定偏移距离或 [通过(T)/删除(E)/图层(L)] <通过>: 50↙
选择要偏移的对象, 或 [退出(E)/放弃(U)] <退出>:                     //单击标题栏边框的右边线
指定要偏移的那一侧上的点, 或 [退出(E)/多个(M)/放弃(U)] <退出>://在标题栏边框内单击
选择要偏移的对象, 或 [退出(E)/放弃(U)] <退出>:                     //单击刚创建的偏移线
指定要偏移的那一侧上的点, 或 [退出(E)/多个(M)/放弃(U)] <退出>://在所选择的偏移线的左侧单击
选择要偏移的对象, 或 [退出(E)/放弃(U)] <退出>:↙                    //退出偏移操作
```

此时, 绘制图形如图 5-35 所示。

6 在绘图区域中慢速右击（这与设置鼠标右键动作有关）以弹出如图 5-36 所示的快捷菜单, 选择 "重复 OFFSET（R）" 命令, 进行相应的偏移操作来创建如图 5-37 所示的两条偏移线。

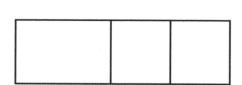

图 5-35 绘制两条偏移线

图 5-36 右键快捷菜单

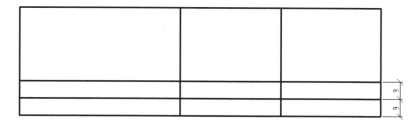

图 5-37 创建两条偏移线

7 多次执行 "重复偏移" 操作, 绘制如图 5-38 所示的偏移线。

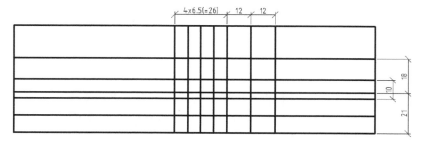

图 5-38 建立偏移线

8 单击"修剪"按钮 ⁙，右击，然后在图形中分别单击不需要的直线段以将其修剪掉，修剪结果如图 5-39 所示。

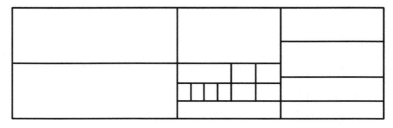

图 5-39　修剪结果

9 类似地，多次执行"偏移"按钮 ⊑ 和"修剪"按钮 ⁙ 来进行操作，并将部分线条的线型设置为细实线，最后完成的标题栏表格如图 5-40 所示。本例中标题栏的外框线用粗实线绘制，而内框线基本用细实线绘制。

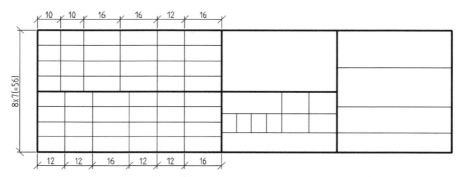

图 5-40　完成标题栏表格

10 在功能区"默认"选项卡的"注释"面板中，从"文字样式"下拉列表框中选择"电气文字 3.5"，如图 5-41 所示；并且从"图层"面板中指定当前活动图层为"注释"层。

图 5-41　选择文字样式

11 在功能区的"默认"选项卡的"注释"面板中单击"多行文字"按钮 A，在标题栏中依次选择左下角一个框格（单元格）的一对对角点，此时功能区出现"文字编辑器"上下文选项卡，在输入框中输入文字为"工艺"，如图 5-42 所示。

图 5-42 出现"文字编辑器"上下文选项及输入文字

12 在"文字编辑器"上下文选项卡的"段落"面板中单击"居中"按钮，接着单击"对正"按钮，出现如图 5-43 所示的下拉菜单（下拉列表），从中选择"正中 MC"选项。

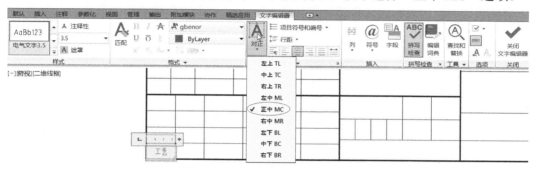

图 5-43 选择文本对正选项

13 在"文字编辑器"上下文选项卡中单击"关闭文字编辑器"按钮，填写的该栏目文字如图 5-44 所示。

图 5-44 填写一处文字

14 按照步骤 **11**～步骤 **13** 所介绍的方法填写其他小栏目，填写结果如图 5-45 所示。

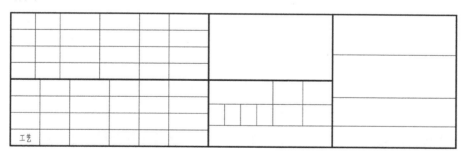

图 5-45 添加文字的标题栏

16 在功能区切换至"插入"选项卡，如图 5-46 所示，从"块定义"面板中单击"定义属性"按钮 📎，系统弹出"属性定义"对话框。

图 5-46　功能区"插入"选项卡

16 在"属性"选项组的"标记"文本框中，输入"（图样代号）"，在"提示"文本框中输入"请输入图样代号"；在"文字设置"选项组中，从"对正"下拉列表框中选择"正中"选项，从"文字样式"下拉列表框中选择"电气文字5"；在"插入点"选项组中选中"在屏幕上指定"复选框，如图 5-47 所示。

图 5-47　"属性定义"对话框

17 在"属性定义"对话框上单击"确定"按钮，接着在标题栏中选择放置（插入）点，如图 5-48 所示。如果对放置的位置不满意，可以执行移动命令来进行微调。

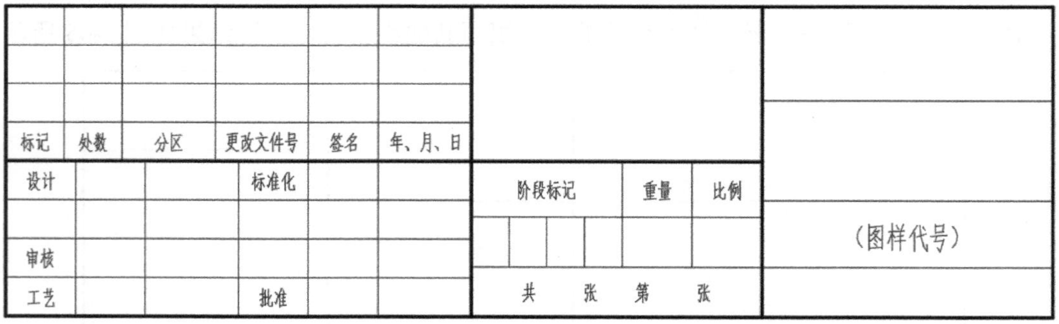

标记	处数	分区	更改文件号	签名	年、月、日				
设计			标准化						
						阶段标记	重量	比例	
审核									（图样代号）
工艺			批准			共　张　第　张			

图 5-48　选择放置点

18 使用同样的方法，分别单击"定义属性"按钮来定义如表 5-4 所示的除图样代号之外的其他属性。

表 5-4　标题栏框格属性

属 性 标 记	属 性 提 示	对 正 选 项	文 字 样 式
（图样代号）	请输入图样代号	正中	电气文字 5
（图样名称）	请输入图样名称	正中	电气文字 5
（单位名称）	请输入公司/单位的名称	正中	电气文字 5
（材料标记）	请输入材料标记	正中	电气文字 5
（比例）	请输入图样比例	正中	电气文字 3.5
（P）	请输入图纸总张数	正中	电气文字 3.5
（P1）	请输入图纸为第几张	正中	电气文字 3.5
（签名 A）	输入设计者 A 的名字	正中	电气文字 3.5
（年月日）	请输入设计者 A 的签名日期	正中	电气文字 3.5

定义好上述属性的标题栏，如图 5-49 所示。

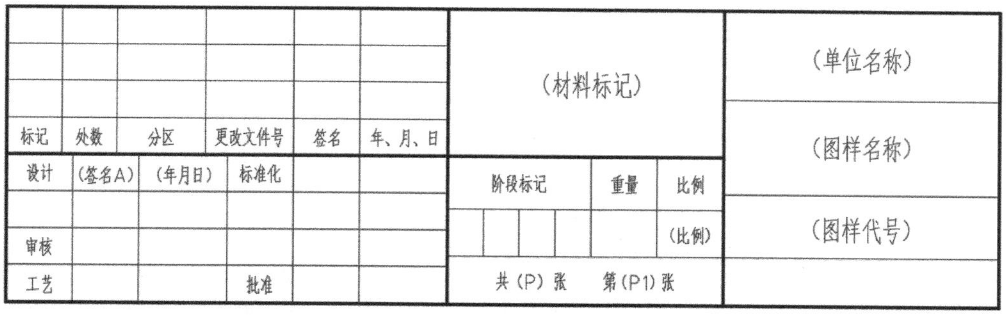

图 5-49　定义好上述属性的标题栏

19 标题栏最右下角的一个单元格用来注明投影符号。在该实例中可以在该单元格中注写文字和具体的投影符号，结果如图 5-50 所示。

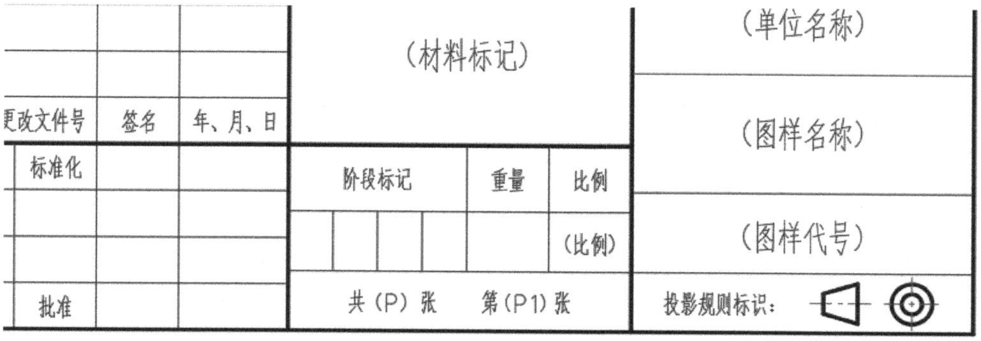

图 5-50　注明投影符号

知识点拨： 在工程制图中有第一角画法和第三角画法之分。第一角画法和第三角画法的投影标识符号如图 5-51 所示。

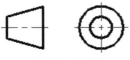 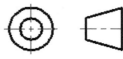

（a）第一角画法　　　　　　　　　　　　　　（b）第三角画法

图 5-51　第一角画法和第三角画法的投影识别符号

20 在功能区的"插入"选项卡的"块定义"面板中单击"创建块"按钮 ，打开"块定义"对话框，如图 5-52 所示。

图 5-52　"块定义"对话框

21 在"名称"文本框中输入"标题栏"，单击"对象"选项组中的"选择对象"按钮 ，使用鼠标框选整个标题栏，按 Enter 键确认并返回"块定义"对话框。单击"基点"选项组中的"拾取点"按钮 ，接着在启用对象捕捉模式下选择标题栏的右下角点作为块插入时的基点。此时，"块定义"对话框如图 5-53 所示。

图 5-53　块定义

22 单击"确定"按钮，弹出如图 5-54 所示的"编辑属性"对话框。

图 5-54   "编辑属性"对话框

23 直接单击"编辑属性"对话框中的"确定"按钮。

24 在功能区的"插入"选项卡的"块定义"面板中单击"管理属性"按钮 ，弹出"块属性管理器"对话框，利用该对话框，调整"标题栏"块各属性的提示顺序，如图 5-55 所示，然后单击"确定"按钮。

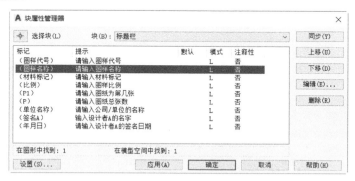

图 5-55   "块属性管理器"对话框

25 在功能区的"默认"选项卡的"修改"面板中单击"移动"按钮 ，执行以下操作。

```
命令：_move
选择对象：指定对角点：找到 1 个              //选择标题栏
选择对象：↙
指定基点或 [位移(D)] <位移>：              //单击标题栏右下角点，即块插入基点
指定第二个点或 <使用第一个点作为位移>：        //单击图框线右下内角点
```

移动放置标题栏的效果如图 5-56 所示。

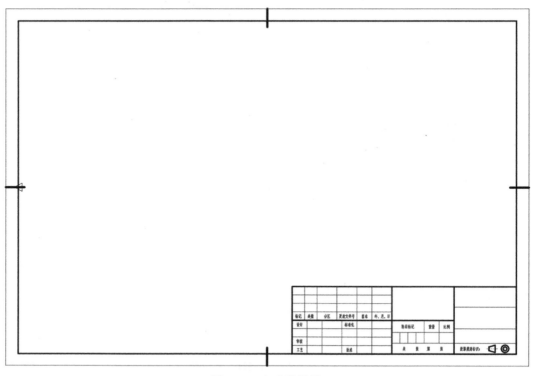

图 5-56　完成的效果

　　说明：创建标题栏，还可以使用表格来创建，这是一种更简捷的绘制标题栏的方法。在使用表格功能之前，可以单击位于功能区"默认"选项卡的"注释"面板中的"表格样式"按钮 来定制所需要的表格样式，所述表格样式是用来控制表格基本形状和间隔的一组设置。绘制表格的工具为"表格"按钮 ，单击此按钮时，将打开如图 5-57 所示的"插入表格"对话框。

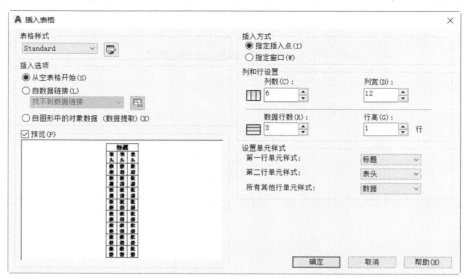

图 5-57　"插入表格"对话框

26 将该文件保存为 ZJDQ_A3.DWG。

另外，可以将其另存为 ZJDQ_A3.DWT 图形样板文件，方法是在"快速访问"工具栏中单击"另存为"按钮 ，打开"图形另存为"对话框，从"文件类型"下拉列表框中选择"AutoCAD 图形样板（*.dwt）"，如图 5-58 所示，接着在"文件名"文本框中输入 ZJDQ_A3，并指定要保存的位置，单击"保存"按钮，

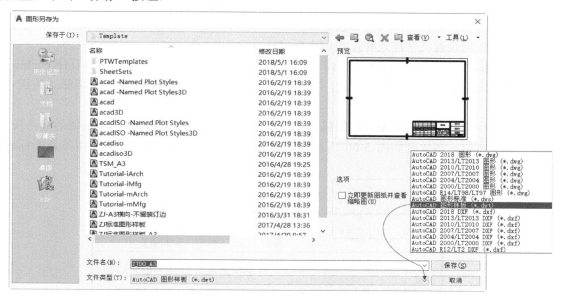

图 5-58　"图形另存为"对话框

此时，系统弹出"样板选项"对话框，在"说明"文本框中输入"A3（420×297），横向，专用电气设计"，测量单位设置为公制，如图 5-59 所示。单击"确定"按钮。

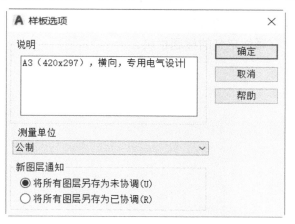

图 5-59　"样板选项"对话框

知识点拨： 系统默认将设置的*.DWT 图形样板文件保存在 AutoCAD 2019 软件安装目录下的 Template 文件夹中。用户也可以自行设置保存在其他目录下。

5.7　思考与练习

（1）在 AutoCAD 2019 中，图层的用途是什么？图层属性是指什么？

（2）附加思考：如何关闭图层和锁定图层。

（3）简述如何设置文字样式和尺寸标注样式。

（4）上机练习：请利用 AutoCAD 2019 在一个新图形文件中建立适用中文字体直体 gbcbig.shx 和西文斜体 gbeitc.shx 的混合文字样式，字高要求为 3.5，然后再建立应用此文字样式的尺寸标准样式。

（5）请自行查阅相关的制图标准资料，熟知 A0、A1、A2、A3 和 A4 标准图幅的规格尺寸。

（6）上机练习：请绘制如图 5-60 所示的简易标题栏（该标题栏为制图教学中推荐的标题栏格式），并将其定义成块。

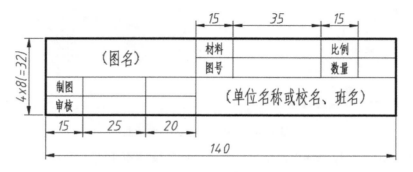

图 5-60　简易标题栏

（7）上机练习：根据本章介绍的方法，分别建立适合 A4 竖向、A3 横向、A2 横向和 A1 横向的样板文件，注意包含有属性定义的标题栏块。

第6章 绘制电气简图用图形符号实例（上）

本章导读

电气简图用图形符号是构成电气简图的基本单元，电气工程师需要正确、熟练地理解、绘制和识别各种电气简图用图形符号。《电气简图用图形符号》（GB/T 4728）数据库实际上是一个描述图形符号及其属性的数据的集合，它规定了用于电气简图的国际"图示语言"。

从本章开始介绍如何绘制一些典型的电气简图用图形符号实例，本章首先介绍一些类别的电气简图用图形符号绘制实例，类别包括：符号要素、限定符号和其他常用符号；导体和连接件；基本无源元件；半导体管和电子管；开关、控制和保护器件；测量仪表、灯和信号器件。

6.1 符号要素、限定符号和其他常用符号

图形符号通常是由一般符号、符号要素、限定符号和其他常用符号来组成的。本节以《电气简图用图形符号 第2部分：符号要素、限定符号和其他常用符号》（GB/T 4728.2—2005）为依据，介绍几个典型的图形符号绘制实例。

6.1.1 绘制部分物件外壳类符号

扫码看视频

绘制部分物件外壳类符号

本实例绘制的物件外壳类符号有S00059、S00060、S00061、S00063，绘制过程如下。

1️⃣ 在"快速访问"工具栏中单击"新建"按钮，弹出"选择样板"对话框，从本书配套资料包中选择"图形样板"|"ZJDQ_标准样板.dwt"文件，单击"打开"按钮。

2️⃣ 使用"草图与注释"工作空间，接着在功能区"默认"选项卡的"图层"面板的"图层"下拉列表框中选择"粗实线"层作为当前图层。

3️⃣ 绘制S00059图形符号。在功能区"默认"选项卡的"绘图"面板中单击"矩形"按钮，接着根据命令行提示进行以下操作。

```
命令: _rectang
指定第一个角点或 [倒角(C)/标高(E)/圆角(F)/厚度(T)/宽度(W)]: 30,0✓
指定另一个角点或 [面积(A)/尺寸(D)/旋转(R)]: @10,10✓
```

绘制的 S00059 图形符号如图 6-1 所示。

4 绘制 S00060 图形符号。在功能区"默认"选项卡的"绘图"面板中单击"矩形"按钮□，接着根据命令行提示进行以下操作。

```
命令: _rectang
指定第一个角点或 [倒角(C)/标高(E)/圆角(F)/厚度(T)/宽度(W)]: 50,0✓
指定另一个角点或 [面积(A)/尺寸(D)/旋转(R)]: @20,10✓
```

完成绘制的 S00060 图形符号如图 6-2 所示。

5 绘制 S00061 图形符号。在功能区"默认"选项卡的"绘图"面板中单击"圆心、半径"按钮⊙，接着根据命令行提示进行以下操作。

```
命令: _circle
指定圆的圆心或 [三点(3P)/两点(2P)/切点、切点、半径(T)]: 90,5✓
指定圆的半径或 [直径(D)]: 5✓
```

完成绘制的 S00061 图形符号如图 6-3 所示。

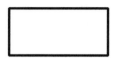　

图 6-1　绘制的 S00059 图形符号　　　图 6-2　绘制的 S00060 图形符号　　　图 6-3　绘制的 S00061 图形符号

6 绘制 S00063 图形符号。在功能区"默认"选项卡的"绘图"面板中单击"多段线"按钮⌐ᐟ，接着根据命令行提示进行以下操作。

```
命令: _pline
指定起点:                    //在图形窗口中任意单击一点
当前线宽为 0.0000
指定下一个点或 [圆弧(A)/半宽(H)/长度(L)/放弃(U)/宽度(W)]: @20<0✓
指定下一点或 [圆弧(A)/闭合(C)/半宽(H)/长度(L)/放弃(U)/宽度(W)]: A
指定圆弧的端点(按住 Ctrl 键以切换方向)或[角度(A)/圆心(CE)/闭合(CL)/方向(D)/半宽(H)/直线(L)/半径(R)/第二个点(S)/放弃(U)/宽度(W)]: @10<90✓
指定圆弧的端点(按住 Ctrl 键以切换方向)或[角度(A)/圆心(CE)/闭合(CL)/方向(D)/半宽(H)/直线(L)/半径(R)/第二个点(S)/放弃(U)/宽度(W)]: L
指定下一点或 [圆弧(A)/闭合(C)/半宽(H)/长度(L)/放弃(U)/宽度(W)]: @20<180✓
指定下一点或 [圆弧(A)/闭合(C)/半宽(H)/长度(L)/放弃(U)/宽度(W)]: A
指定圆弧的端点(按住 Ctrl 键以切换方向)或[角度(A)/圆心(CE)/闭合(CL)/方向(D)/半宽(H)/直线(L)/半径(R)/第二个点(S)/放弃(U)/宽度(W)]: CL✓
```

完成绘制的名称为"外壳"的 S00063 图形符号如图 6-4 所示。

绘制好图形符号后，可以在保存图形文件之前单击"创建块"按钮⬚将图形符号生成块，以便在以后设计工作无须从头开始创建该图形符号，而是直接通过插入块的方式快速获得该图形符号，当然如果需要，可以在生成块之前创建所需的属性定义，然后再将附带有属性定义的图形符号一起生成块；也可以通过"写块"（WBLOCK）命令，将选定对象保存到指定的图形文件或将图形生成块并转换为指定的图形文件。

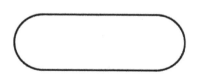

6.1.2　绘制屏蔽图形符号

屏蔽图形符号围住的范围是表示要减弱电场或电磁场的区域，该图形符号的代号为 S00065，如图 6-5 所示，其具体的绘制方法和步骤如下。

图 6-4　绘制的 S00063 图形符号

图 6-5　绘制的屏蔽图形符号 S00065

① 从功能区"默认"选项卡的"图层"面板的"图层"下拉列表框中选择"细虚线"层，所选的该层作为当前图层。

② 从功能区"默认"选项卡的"绘图"面板中单击"直线"按钮，根据命令行提示进行以下操作。

```
命令: _line
指定第一个点: 30,20↙
指定下一点或 [放弃(U)]: @17.5<90↙
指定下一点或 [放弃(U)]: @40,0↙
指定下一点或 [闭合(C)/放弃(U)]: @17.5<-90↙
指定下一点或 [闭合(C)/放弃(U)]:↙
```

③ 在"快速访问"工具栏中单击"特性"按钮，打开"特性"选项板，选择刚绘制好的 3 段以细虚线显示的直线段，接着在"特性"选项板的"常规"选项组中将其线型比例设置为 0.25。

6.1.3　绘制直流和交流的图形符号

本节介绍如何绘制表示直流和交流的一些图形符号，实例操作步骤如下。

① 从功能区"默认"选项卡的"图层"面板的"图层"下拉列表框中选择"粗实线"层，所选的该层作为当前图层。

② 绘制 S01401 直流图形符号，该符号可替换 S00067 图形符号。

从功能区"默认"选项卡的"绘图"面板中单击"直线"按钮，在绘图区域合适的位置处指定一点作为直线段的起点，接着输入"@5,0"并按 Enter 键以确认直线段的下一点（第 2 点），然后在"指定下一点或 [放弃(U)]:"提示下直接按 Enter 键。

接着再次单击"直线"按钮，根据命令行提示进行以下操作。

```
命令: _line
指定第一个点: @0,-2.5↙
指定下一点或 [放弃(U)]: @1.2<180↙
指定下一点或 [放弃(U)]:↙
```

此时，绘制的两段直线段如图 6-6 所示。

在功能区"默认"选项卡的"修改"面板中单击"复制"按钮，根据命令行提示进行以下操作。

```
命令：_copy
选择对象：找到 1 个                                    //选择短直线段
选择对象：✓
当前设置：复制模式 = 单个
指定基点或 [位移(D)/模式(O)/多个(M)] <位移>：         //选择如图 6-7 所示的左端点
指定第二个点或 [阵列(A)] <使用第一个点作为位移>：A
输入要进行阵列的项目数：3✓
指定第二个点或 [布满(F)]：@1.9<180✓
```

完成绘制的直流图形符号如图 6-8 所示。

图 6-6　绘制的两段直线段　　　　图 6-7　指定复制基点　　　　图 6-8　绘制的直流图形符号

3 绘制类似于 S01403 标准交流图形符号。在功能区"默认"选项卡的"绘图"面板中单击"样条曲线拟合"按钮，根据命令行提示进行以下操作。

```
命令：_SPLINE
当前设置：方式=拟合　节点=弦
指定第一个点或 [方式(M)/节点(K)/对象(O)]：_M
输入样条曲线创建方式 [拟合(F)/控制点(CV)] <拟合>：_FIT
当前设置：方式=拟合　节点=弦
指定第一个点或 [方式(M)/节点(K)/对象(O)]：            //在预定区域单击以指定样条曲线第 1 点
输入下一个点或 [起点切向(T)/公差(L)]：@1.25,0.8✓
输入下一个点或 [端点相切(T)/公差(L)/放弃(U)]：@1.25,-0.8✓
输入下一个点或 [端点相切(T)/公差(L)/放弃(U)/闭合(C)]：@1.25,-0.8✓
输入下一个点或 [端点相切(T)/公差(L)/放弃(U)/闭合(C)]：@1.25,0.8✓
输入下一个点或 [端点相切(T)/公差(L)/放弃(U)/闭合(C)]：✓
```

绘制的标准交流图形符号如图 6-9 所示。注意可以根据相关要求设置起点切向和端点相切。

4 绘制字符型的交流示出参数的图形符号。可以将"注释"层设置为当前工作图层，接着在功能区"默认"选项卡的"注释"面板中单击"文字"按钮**A**，输入如图 6-10 所示的表示示出频率交流电的 S00069 图形符号（字符）。

图 6-9　绘制的交流标准图形符号　　　　　图 6-10　绘制的示出频率交流电图形符号

操作技巧："～"符号的输入方法需要掌握，即可以在"文字编辑器"上下文选项卡的"插入"面板中单击"符号"按钮@，接着从打开的"符号"下拉菜单中选择"其他"命令，系统弹出"字符映射表"对话框，从中选择该符号，单击"选择"按钮，接着单击"复制"按钮，如图 6-11 所示，单击"关闭"按钮×以关闭"字符映射表"对话框后，按 Ctrl+V 组合键即可将所选符号复制粘贴到输入框的当前输入光标位置处，可以为所选符号单独设置所需的字体样式。

重新将"粗实线"层设置为当前工作图层，单击"样条曲线拟合"按钮 并结合"复制"按钮 或"矩形阵列"按钮 进行操作，以分别完成 S00073"交流（示出频率范围，低频）"、S00074"交流（示出频率范围，中频）"和 S00075"交流（示出频率范围，高频）"图形符号，如图 6-12 所示。

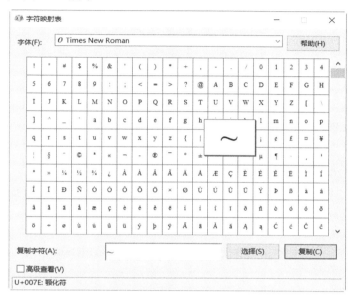

图 6-11　"字符映射表"对话框

S00073　　S00074　　S00075

图 6-12　完成不同频率交流的图形符号

6.1.4　绘制可调节性的箭头一般符号

扫码看视频

可调节性的箭头符号主要有 S00081"可调节性，一般符号"和 S00082"可调节性，非线性"等。下面介绍如何绘制 S00081 和 S00082 图形符号。

可调节性的箭头
一般符号

绘制 S00081 一般图形。在命令行中进行以下操作。

```
命令：LEADER↙
指定引线起点：                    //在绘图区域中任意指定一点作为引线起点
指定下一点：@-6,-6↙
指定下一点或 [注释(A)/格式(F)/放弃(U)] <注释>：F↙
输入引线格式选项 [样条曲线(S)/直线(ST)/箭头(A)/无(N)] <退出>：A↙
指定下一点或 [注释(A)/格式(F)/放弃(U)] <注释>：↙
输入注释文字的第一行或<选项>：↙
输入注释选项 [公差(T)/副本(C)/块(B)/无(N)/多行文字(M)] <多行文字>：N↙
```

绘制结果如图 6-13 所示。

绘制 S00082 图形符号。在命令行中进行以下操作。

```
命令: LEADER✓
指定引线起点:
指定下一点: @-6,-6✓
指定下一点或 [注释(A)/格式(F)/放弃(U)] <注释>: @-2,0✓
指定下一点或 [注释(A)/格式(F)/放弃(U)] <注释>:✓
输入注释文字的第一行或<选项>:✓
输入注释选项 [公差(T)/副本(C)/块(B)/无(N)/多行文字(M)] <多行文字>: N✓
```

绘制结果如图 6-14 所示。

图 6-13 可调节性，一般符号

图 6-14 可调节性，非线性

6.1.5 绘制保护等电位联结符号

本节介绍保护等电位联结符号（S00204）的绘制方法。

1 在功能区的"默认"选项卡的"绘图"面板中单击"多边形"按钮，根据命令行提示进行以下操作来绘制如图 6-15 所示的等边三角形。

```
命令: _polygon 输入侧面数<4>: 3✓
指定正多边形的中心点或 [边(E)]:                //任意指定一点作为等边三角形的中心点
输入选项 [内接于圆(I)/外切于圆(C)] <I>: I✓
指定圆的半径: 3✓
```

2 旋转三角形。在功能区的"默认"选项卡的"修改"面板中单击"旋转"按钮，根据命令行提示进行以下操作。

```
命令: _rotate
UCS 当前的正角方向: ANGDIR=逆时针  ANGBASE=0
选择对象: 找到 1 个         //选择三角形
选择对象:✓
指定基点:                  //选择三角形的水平边的中点
指定旋转角度，或 [复制(C)/参照(R)] <0>: 180✓
```

旋转结果如图 6-16 所示。

3 绘制一条直线段。在功能区的"默认"选项卡的"绘图"面板中单击"直线"按钮，根据命令行提示进行以下操作。

```
命令: _line
指定第一个点:                 //选择如图 6-17 所示的三角形一条边的中点 A
指定下一点或 [放弃(U)]: @3.5<90✓
指定下一点或 [放弃(U)]:✓
```

完成绘制的保护等电位联结符号如图 6-17 所示。

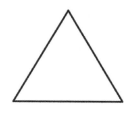

图 6-15　绘制等边三角形

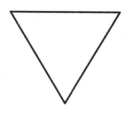

图 6-16　旋转图形

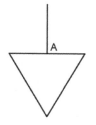

图 6-17　完成绘制的保护等电位
联结符号

6.2　绘制导体和连接件

本节以《电气简图用图形符号　第 3 部分：导体和连接件》（GB/T　4728.3—2005）为依据，介绍几个典型的关于导体和连接件的图形符号绘制实例。

6.2.1　绘制三相电路图形符号

三相电路图形符号主要包括字符和直线，其符号编码为 S00005，主要应用于电路图、接线图和功能图中。下面介绍如何绘制该图形符号。

1 在"快速访问"工具栏中单击"新建"按钮，弹出"选择样板"对话框，从本书配套资料包中选择"图形样板"|"ZJDQ_标准样板.dwt"文件，单击"打开"按钮。

2 使用"草图与注释"工作空间，接着在功能区"默认"选项卡的"图层"面板的"图层"下拉列表框中选择"粗实线"层作为当前图层。

3 绘制一条直线。单击"绘图"面板中的"直线"按钮，在图形窗口中指定直线段的起点，接着输入第 2 点的相对坐标值为"@36<0"，从而绘制一条直线段。

4 创建矩形阵列。在功能区的"默认"选项卡的"修改"面板中单击"矩形阵列"按钮，选择刚绘制的直线段并按 Enter 键，接着在功能区出现的"阵列创建"上下文选项卡中将列数和级别（层）数均设置为 1，而行数设为 4，介于的行间距值为 3，确保选中"关联"按钮，如图 6-18 所示，单击"关闭阵列"按钮。

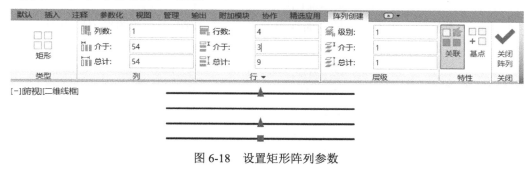

图 6-18　设置矩形阵列参数

绘制一处字符组。通过"图层"面板将"注释"层设为当前图层，接着在"注释"面板中单击"多行文字"按钮 **A**，在绘图区域指定对角点 1 和对角点 2，如图 6-19 所示，然后确保文字样式为"电气文字 3.5"，在输入框中输入"3×120mm²+1×50mm²"，并在功能区"文字编辑器"上下文选项卡的"段落"面板中单击"对正"按钮 **A**，选择"正中 MC"选项，单击"关闭文字编辑器"按钮 ✔，完成绘制的一处字符组如图 6-20 所示。

图 6-19　指定两个对角点　　　　　　　　　　图 6-20　绘制的一处字符组

操作技巧： 要输入平方字符，则可在"文字编辑器"上下文选项卡的"插入"面板中单击"符号"按钮 **@**，接着从打开的符号下拉菜单中选择"平方"选项即可。

再绘制一处字符组。使用和步骤 一样的方法，绘制另外一处字符组，完成结果如图 6-21 所示。

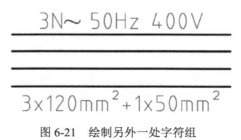

图 6-21　绘制另外一处字符组

6.2.2　绘制电缆中的导线图形符号

电缆中的导线图形符号主要有 S00009 和 S00010，在这里以绘制 S00009 图形符号为例进行方法介绍。

使用"草图与注释"工作空间，在功能区"默认"选项卡的"图层"面板的"图层"下拉列表框中选择"粗实线"层作为当前图层。

绘制一条直线。单击"绘图"面板中的"直线"按钮 ╱，在图形窗口中指定直线段的起点，接着输入第 2 点的相对坐标值为"@36<0"，从而绘制一条直线段。

创建矩形阵列。在功能区的"默认"选项卡的"修改"面板中单击"矩形阵列"按钮 ⊞，选择刚绘制的直线段并按 Enter 键，接着在功能区出现的"阵列创建"上下文选项卡中将列数和级别（层）数均设置为 1，而行数设为 3，介于的行间距值为 3，确保选中"关联"按钮 ⊟，单击"关闭阵列"按钮 ✔。阵列结果如图 6-22 所示。

绘制多段线。单击"多段线"按钮 ↪，根据命令行提示进行以下操作。

```
命令: _pline
指定起点: @15<180↙                    //以上一个点为基础指定多段线起点的相对坐标
当前线宽为 0.0000
指定下一个点或 [圆弧(A)/半宽(H)/长度(L)/放弃(U)/宽度(W)]: @6<90↙
指定下一点或 [圆弧(A)/闭合(C)/半宽(H)/长度(L)/放弃(U)/宽度(W)]: A↙
指定圆弧的端点(按住 Ctrl 键以切换方向)或[角度(A)/圆心(CE)/闭合(CL)/方向(D)/半宽(H)/直
线(L)/半径(R)/第二个点(S)/放弃(U)/宽度(W)]: @6<180↙
指定圆弧的端点(按住 Ctrl 键以切换方向)或[角度(A)/圆心(CE)/闭合(CL)/方向(D)/半宽(H)/直
线(L)/半径(R)/第二个点(S)/放弃(U)/宽度(W)]: L↙
指定下一点或 [圆弧(A)/闭合(C)/半宽(H)/长度(L)/放弃(U)/宽度(W)]: @6<-90↙
指定下一点或 [圆弧(A)/闭合(C)/半宽(H)/长度(L)/放弃(U)/宽度(W)]: A↙
指定圆弧的端点(按住 Ctrl 键以切换方向)或[角度(A)/圆心(CE)/闭合(CL)/方向(D)/半宽(H)/直
线(L)/半径(R)/第二个点(S)/放弃(U)/宽度(W)]: CL↙
```

绘制的闭合多段线如图 6-23 所示，至此也完成该"电缆中的导线"图形符号的绘制。也可以先在图形窗口的其他位置处绘制此闭合多段线，然后将其移动到所需的放置位置。

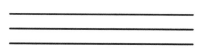

图 6-22　阵列结果

图 6-23　绘制的闭合多段线

6.2.3　绘制端子板图形符号

在电路图设计中，有时会用到 S00018"端子板"图形符号，下面介绍该图形符号如何绘制。

❶ 在功能区"默认"选项卡的"绘图"面板中单击"矩形"按钮▭，在绘图区域中任意指定一点作为矩形的第 1 个角点，接着指定另一个角点相对坐标为"@36,9"，绘制的矩形（长方形）如图 6-24 所示。

❷ 在功能区"默认"选项卡的"修改"面板中单击"分解"按钮▱，选择刚绘制的矩形（长方形），按 Enter 键。

❸ 在功能区"默认"选项卡的"修改"面板中单击"矩形阵列"按钮▦，选择最右侧竖直的线段并按 Enter 键，接着在功能区出现的"阵列创建"上下文选项卡中将行数和级别（层级）数均设置为 1，而列数设为 6，其介于的列间距值为−6，确保选中"关联"按钮▦，单击"关闭阵列"按钮✔。完成的"端子板"图形符号如图 6-25 所示。

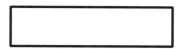

图 6-24　绘制一个矩形（长方形）

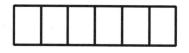

图 6-25　完成的端子板图形符号

6.2.4　绘制电缆密封终端（多芯电缆）图形符号

电缆密封终端（多芯电缆）图形符号主要由等边三角形和直线组成，其编号为 S00050，表示带有一根三芯电缆，主要应用于接线图和安装简图中。

扫码看视频

绘制电缆密封终端图形符号

1️⃣ 在功能区"默认"选项卡的"绘图"面板中单击"直线"按钮 ╱ ，根据命令行提示进行以下操作来绘制一个等边三角形。

```
命令: _line
指定第一个点:
指定下一点或 [放弃(U)]: @12<90↙
指定下一点或 [放弃(U)]: @12<210↙
指定下一点或 [闭合(C)/放弃(U)]: C↙
```

2️⃣ 单击"直线"按钮 ╱ ，选择如图 6-26 所示的中点作为新直线段的第 1 点，接着输入"@15, 0"并按 Enter 键来确定该直线段的第 2 点，然后在"指定下一点或 [放弃(U)]:"提示下按 Enter 键结束该直线命令操作。

3️⃣ 单击"直线"按钮 ╱ ，选择如图 6-27 所示的端点作为新直线段的第 1 点，接着输入"@-15, 0"并按 Enter 键来确定该直线段的第 2 点，然后在"指定下一点或 [放弃(U)]:"提示下按 Enter 键结束该直线命令操作。此时，图形效果如图 6-28 所示。

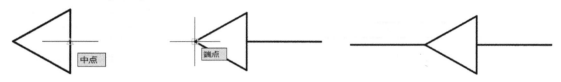

图 6-26　选择中点　　　　　　图 6-27　选择端点　　　　　　图 6-28　绘制的相关直线段

4️⃣ 在功能区"默认"选项卡的"修改"面板中单击"偏移"按钮 ⊏ ，指定偏移距离为 3mm，接着选择要偏移的对象，如图 6-29 所示，并在所选对象的上方区域单击以在该侧生成一条偏移线，然后指定要偏移的对象（同样是原来要偏移的对象），并在该对象的下方区域单击以在该侧生成另一条偏移线，最后按 Enter 键结束命令操作。完成的图形符号如图 6-30 所示。

图 6-29　选择要偏移的对象　　　　　　图 6-30　完成的图形符号

6.2.5　绘制插头和插座图形符号

扫码看视频

绘制插头和插座
图形符号

S00033 插头和插座图形符号由半圆和矩形组成，主要用于电路图、接线图、功能图、安装简图和概略图中，可代替 S01354 符号。S00033 图形符号的绘制步骤如下。

1️⃣ 绘制矩形。在功能区"默认"选项卡的"绘图"面板中单击"矩形"按钮 ▭ ，在绘图区域中任意指定一点作为矩形的第 1 个角点，接着指定另一个角点相对坐标为"@6, 2.5"，从而绘制一个小矩形。

2️⃣ 填充涂黑。在功能区"默认"选项卡的"绘图"面板中单击"图案填充"按钮 ▨ ，此时功能区出现"图案填充创建"上下文选项卡，在"图案"面板中单击 SOLID 按钮 ■ ，接着在

"边界"面板中单击"选择边界对象"按钮，选择小矩形，然后单击"关闭图案填充创建"按钮。

绘制半圆。在功能区"默认"选项卡的"绘图"面板中单击"圆弧：圆心、起点、角度"按钮，根据命令行的提示进行以下操作。

```
命令: _arc
指定圆弧的起点或 [圆心(C)]: _c 指定圆弧的圆心:   //选择如图 6-31 所示的中点作为圆弧的圆心
指定圆弧的起点: @2.5<90↙
指定圆弧的端点(按住 Ctrl 键以切换方向)或 [角度(A)/弦长(L)]: _a
指定夹角(按住 Ctrl 键以切换方向): 180↙
```

绘制的半圆如图 6-32 所示。

单击"直线"按钮，分别绘制两条长度均为 5mm 的直线段，完成效果如图 6-33 所示。

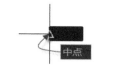

图 6-31　指定圆心位置　　　图 6-32　绘制的半圆　　　图 6-33　插头和插座图形符号

6.3　绘制基本无源元件

无源元件是指在不需要外加电源（能源）的条件下便可以显示其特性的电子元件。无源元件主要是电阻类、电感类和电容类元件，它们的共同特点是在电路中无须加电源即可在有信号时工作。而有源元件需要电源或能源，一般用来信号放大、转换等。

本节以《电气简图用图形符号　第 4 部分：基本无源元件》（GB/T 4728.4—2005）为依据，介绍几个基本无源元件图形符号的绘制实例。

6.3.1　绘制电阻器图形符号

电阻在物理学中标识导体对电流阻碍作用的大小。导体的电阻越大，则表示导体对电流的阻碍作用越大。电阻元件的电阻值大小一般与温度、材料、长度、横截面面积等有关。

在"快速访问"工具栏中单击"新建"按钮，弹出"选择样板"对话框，从本书配套资料包中选择"图形样板"|"ZJDQ_标准样板.dwt"文件，单击"打开"按钮。

使用"草图与注释"工作空间，接着在功能区"默认"选项卡的"图层"面板的"图层"下拉列表框中选择"粗实线"层作为当前图层。

绘制一个细长型的长方形图形。在功能区"默认"选项卡的"绘图"面板中单击"矩形"按钮，在绘图区域中任意指定一点作为矩形的第 1 个角点，接着指定另一个角点相对坐标为"@7.5, 2"，从而绘制一个小长方形图形。

单击"直线"按钮，分别在小长方形图形的两段各绘制长度均为 1.5mm 的直线段，结果如图 6-34 所示。此图形符号便是电阻器的一般符号，其编号为 S00555。

可以在电阻器一般符号的基础上添加箭头来构成可调电阻器，如图 6-35 所示（编号为 S00557），其中带箭头的引线可以用 LEADER 命令绘制，还可以通过"特性"选项板修改箭头的大小。此外，在电阻器一般符号的基础上还可以完成压敏电阻器（S00558）、带滑动触点的电阻器（S00559）、带滑动触点和断开位置的电阻器（S00560）、带滑动触点的电位器（S00561）、带滑动触点和预调的电位器（S00562）、带固定抽头的电阻器（S00563）等图形符号。

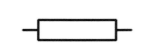

图 6-34　电阻器一般符号

图 6-35　可调电阻器

6.3.2　绘制电容器一般符号

电容器简称为电容，它由两个电极及其间的介电材料构成。电容器是组成电子电路的主要元件，它可以用来储存电能，具有充电、放电及通交流、隔直流的特性。各种电容器在电路中能起不同的作用，如耦合和隔直流、旁路、整流滤波、高频滤波、调谐、储能和分频等。电容器应根据电路中电压、频率、交直流成分、信号波形和温湿度条件来进行合理选用。

电容器一般符号的绘制方法和步骤如下。

1 单击"直线"按钮 ╱，在图形窗口中绘制一条长为 6 的水平直线段。

2 单击"偏移"按钮 ⊏，指定偏移距离为 1，选择刚绘制的水平直线段作为要偏移的对象，并在该对象的下方区域任意单击一点以指定在该侧偏移，按 Enter 键结束命令操作，偏移结果如图 6-36 所示。

3 单击"直线"按钮 ╱，分别绘制两条长度均为 4.5 的竖直直线段，完成的电容器一般符号如图 6-37 所示。

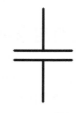

図 6-36　完成的偏移操作

图 6-37　完成的电容器的一般符号

6.3.3　绘制带磁芯的电感器符号

用绝缘导线绕制的各种线圈可以构成电感。电感器是能够把电能转化为磁能储存起来的元件，电感器具有一定的电感，它能阻止电流的变化。电感器的结构类似于变压器，但只有一个绕组。

下面介绍如何绘制带磁芯的电感器的图形符号（S00585）。

[1] 在功能区"默认"选项卡的"绘图"面板中单击"圆心、半径"按钮 ⊙，指定圆心位置，并指定半径为 1.5，从而绘制一个小圆。

[2] 在功能区"默认"选项卡的"修改"面板中单击"矩形阵列"按钮 ⊞，选择小圆作为要阵列的对象，按 Enter 键结束对象选择，在功能区"阵列创建"上下文选项卡中将行数和级别数均设置为 1，而将列数设置为 4，并将"介于"的列间距值设置为 3，单击"关联"按钮 ⊞ 以取消选中该按钮（即取消关联性），单击"关闭阵列"按钮 ✔，阵列结果如图 6-38 所示。

[3] 在功能区"默认"选项卡的"绘图"面板中单击"直线"按钮 ╱，绘制如图 6-39 所示的 3 条直线段，其中两条竖直直线段的长度均为 2.5。

[4] 在功能区"默认"选项卡的"修改"面板中单击"修剪"按钮 ✂，将图形修剪成如图 6-40 所示的效果。

图 6-38　阵列结果

图 6-39　绘制 3 条直线段

图 6-40　修剪图形

[5] 移动直线。在功能区"默认"选项卡的"修改"面板中单击"移动"按钮 ✥，根据命令行提示进行以下操作。

```
命令：_move
选择对象：找到 1 个                    //选择如图 6-41 所示的水平直线段
选择对象：↙
指定基点或 [位移(D)] <位移>：          //选择水平直线段的左端点作为移动基点
指定第二个点或<使用第一个点作为位移>：@2.5<90↙
```

移动选定直线段的结果如图 6-42 所示，从而完成整个带磁芯的电感器的图形符号。

图 6-41　选择要移动的对象

图 6-42　移动选定直线段的结果

6.3.4　绘制压电效应图形符号

压电效应是电介质材料中一种机械能与电能互换的想象，主要分两种情形，即正压电效应和逆压电效应。压电效应在某些方面（如声音的产生和侦测，高电压的生成，电频生成，微量天平和光学器件的超细聚焦等）有着重要的运用。

压电效应的图形符号编号为 S01405，其图形符号效果如图 6-43 所示。压电效应图形符号的绘制过程如下。

[1] 绘制一个矩形。在功能区"默认"选项卡的"绘图"面板中单击"矩形"按钮 ▢，在绘图区域中任意指定一点作为矩形的第一个角点，接着指定另一个角点相对坐标为"@8, 3.4"，从而绘制一个长方形图形。

[2] 确保启用对象捕捉和对象捕捉追踪模式，单击"直线"按钮 ╱ 绘制一条经过矩形两条

水平边中点的竖直的直线段，如图 6-44 所示，该直线段将作为辅助线。

3 分别单击"偏移"按钮 ⟡ 来创建相应的偏移线，如图 6-45 所示，图中给出了相应的偏移距离，其中矩形多段线的偏移方向朝外侧。

4 在功能区"默认"选项卡的"修改"面板中单击"修剪"按钮 ⚒，按照要求对图形进行修剪并单击"删除"按钮 ✂ 将不需要的辅助线删除，以最终获得压电效应图形符号。

图 6-43　压电效应图形符号

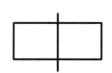
图 6-44　绘制竖直直线段

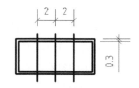
图 6-45　创建相关的偏移线

6.4　绘制半导体管和电子管

本节以《电气简图用图形符号　第 5 部分：半导体管和电子管》（GB/T 4728.5—2005）为依据，介绍几个典型的关于半导体管和电子管的图形符号绘制实例。

6.4.1　绘制半导体二极管一般符号

半导体二极管（S00641）在电路图中较为常见，它主要由等边三角形和直线组成。按照以下的方法步骤来绘制半导体二极管一般符号。

1 使用直线工具绘制等边三角形。单击"直线"按钮 ╱，根据命令行提示进行以下操作来绘制如图 6-46 所示的等边三角形。

```
命令: _line
指定第一个点: 50,50↙
指定下一点或 [放弃(U)]: @4,0↙
指定下一点或 [放弃(U)]: @4<-120↙
指定下一点或 [闭合(C)/放弃(U)]: C↙
```

2 继续绘制一条直线段。单击"直线"按钮 ╱，通过使用对象捕捉和对象捕捉追踪确定如图 6-47 所示的两条追踪线的交点作为新直线段的起点，接着输入下一点的相对坐标为"@4,0"以绘制如图 6-48 所示的一条直线段。

图 6-46　绘制等边三角形

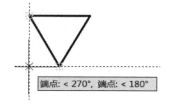
图 6-47　确定直线起点

图 6-48　绘制的一条直线段

3 绘制一条竖直的线段。单击"直线"按钮，根据命令行提示进行以下操作。

```
命令：_line
指定第一个点：                          //选择等边三角形的下顶点
指定下一点或 [放弃(U)]：@6<90↙
指定下一点或 [放弃(U)]：↙
```

绘制好该竖直线段的图形如图6-49所示。

4 拉长线段。在功能区"默认"选项卡的"修改"面板中单击"拉长"按钮，根据命令行提示进行以下操作。

```
命令：_lengthen
选择要测量的对象或 [增量(DE)/百分比(P)/总计(T)/动态(DY)] <总计(T)>：DE↙
输入长度增量或 [角度(A)] <0.0000>：2↙
选择要修改的对象或 [放弃(U)]：            //在如图6-50所示的大概位置处单击竖直线段
选择要修改的对象或 [放弃(U)]：↙
```

完成的半导体二极管一般符号如图6-51所示。

图6-49 绘制一条竖直线段　　图6-50 选择要修改的对象　　图6-51 完成的半导体二极管一般符号

6.4.2 绘制PNP晶体管图形符号

PNP晶体管图形符号（S00663）由箭头和直线组成，主要用于电路图中。它的绘制方法和步骤如下。

1 单击"直线"按钮，根据命令行提示进行以下操作来绘制如图6-52所示的连续的直线段。

```
命令：_line
指定第一个点：
指定下一点或 [放弃(U)]：@6,0↙
指定下一点或 [放弃(U)]：@3<90↙
指定下一点或 [闭合(C)/放弃(U)]：↙
```

2 单击"直线"按钮，根据命令行提示进行以下操作来绘制如图6-53所示的倾斜线段AB。

```
命令：_line
指定第一个点：                          //选择竖直线段的中点A
指定下一点或 [放弃(U)]：@7<42↙
指定下一点或 [放弃(U)]：↙
```

镜像操作。在功能区的"默认"选项卡的"修改"面板中单击"镜像"按钮 ⚠，选择竖直线段和倾斜的线段作为要镜像的对象，按 Enter 键结束对象选择，接着分别选择水平线段的两个端点定义镜像线，然后在"要删除源对象吗？[是(Y)/否(N)] <否>:"提示下按 Enter 键，镜像结果如图 6-54 所示。

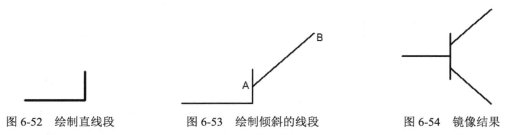

图 6-52　绘制直线段　　　　　图 6-53　绘制倾斜的线段　　　　　图 6-54　镜像结果

 在命令行中进行以下操作来绘制箭头。

```
命令：LEADER↙
指定引线起点：                //如图 6-55 所示
指定下一点：                  //选择倾斜线段的末端点（远端点）
指定下一点或 [注释(A)/格式(F)/放弃(U)] <注释>:↙
输入注释文字的第一行或<选项>:↙
输入注释选项 [公差(T)/副本(C)/块(B)/无(N)/多行文字(M)] <多行文字>: N↙
```

绘制的箭头引线如图 6-56 所示。可以通过"特性"选项板修改箭头的大小和样式等。

图 6-55　指定引线起点　　　　　　　　　图 6-56　绘制的箭头引线

6.4.3　绘制磁耦合器件图形符号

磁耦合器件图形符号（S00690）相对较为复杂，它由半圆、线和矩形来组成，其绘制过程如下。

 绘制矩形。单击"矩形"按钮 ▭，任意指定一个角点，接着输入"@16, 12"来指定另一个角点来完成绘制一个矩形，如图 6-57 所示。

 使用圆工具、矩形阵列工具和直线工具绘制如图 6-58 所示的部分图形，其中圆的半径均为 1，而水平直线段的长度为 5。

 单击"修剪"按钮 ✂，将图形修剪成如图 6-59 所示的效果。

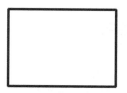

图 6-57 绘制矩形

图 6-58 绘制部分图形

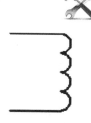

图 6-59 修剪效果

4 使用矩形工具和直线工具绘制如图 6-60 所示的以粗实线表示的图线，图中给出了一些参考尺寸。

5 使用直线工具，并结合对象捕捉和对象捕捉追踪等功能绘制如图 6-61 所示的两段短直线段，它们长度均为 1.4。然后单击"拉长"按钮 ✎，将它们分别在指定一侧拉长 1.4，如图 6-62 所示。

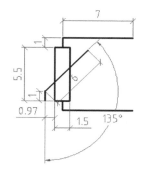

图 6-60 绘制相关图线

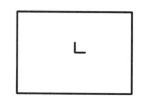

图 6-61 在大矩形内绘制线段

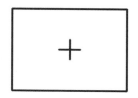

图 6-62 拉长图形

6 单击"旋转"按钮 ↻，选择大矩形内的十字图形，指定其交点为旋转基点，旋转角度为 45°，旋转结果如图 6-63 所示。

7 单击"移动"按钮 ✛，通过多次移动选定图形对象来获得如图 6-64 所示的磁耦合器件图形符号。

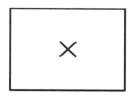

图 6-63 旋转选定图形

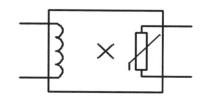

图 6-64 完成的磁耦合器件图形符号

6.5 绘制开关、控制和保护器件

本节以《电气简图用图形符号 第 7 部分：开关、控制和保护器件》（GB/T 4728.7—2008）为依据，介绍几个典型的关于开关、控制和保护器件的图形符号绘制实例。

6.5.1 绘制开关一般符号与动断（常闭）触点图形符号

在电路图、接线图、功能图和框图中会经常用到开关一般符号和其扩展的图形符号。开关一般符号由直线组成，其编号为S00227。开关一般符号也称动合（常开）触点一般符号。

可以按照以下的方法步骤绘制开关一般符号。

1 在"快速访问"工具栏中单击"新建"按钮，弹出"选择样板"对话框，从本书配套资料包中选择"图形样板"|"ZJDQ_标准样板.dwt"文件，单击"打开"按钮。

2 使用"草图与注释"工作空间，接着在功能区"默认"选项卡的"图层"面板的"图层"下拉列表框中选择"粗实线"层作为当前图层。

3 单击"直线"按钮，根据命令行提示进行以下操作。

```
命令: _line
指定第一个点: 30,0↙
指定下一点或 [放弃(U)]: @5<90↙
指定下一点或 [放弃(U)]: @6.5<120↙
指定下一点或 [闭合(C)/放弃(U)]: ↙
```

绘制的连续直线段如图6-65所示。

4 单击"直线"按钮，根据命令行提示进行以下操作来完成如图6-66所示的开关一般符号。

```
命令: _line
指定第一个点: 30,10↙
指定下一点或 [放弃(U)]: @5<90↙
指定下一点或 [放弃(U)]: ↙
```

图6-65　绘制的连续直线段　　　　　　　　　　　图6-66　完成的开关一般符号

动断（常闭）触点开关图形符号（S00229）的绘制也类似，其操作步骤如下。

1 单击"直线"按钮，根据命令行提示进行以下操作。

```
命令: _line
指定第一个点: 50,0↙
指定下一点或 [放弃(U)]: @5<90↙
指定下一点或 [放弃(U)]: @6.5<60↙
指定下一点或 [闭合(C)/放弃(U)]: ↙
```

绘制的连续直线段如图6-67所示。

2 单击"直线"按钮，根据命令行提示进行以下操作。

```
命令：_line
指定第一个点：50,15↙
指定下一点或 [放弃(U)]：@5<-90↙
指定下一点或 [放弃(U)]：@3.5<0↙
指定下一点或 [闭合(C)/放弃(U)]：↙
```

完成的动断（常闭）触点开关图形符号如图 6-68 所示。

图 6-67　绘制的连续直线段　　　　　　图 6-68　完成的动断（常闭）触点开关图形符号

6.5.2　绘制电动机起动器一般符号

电动机起动器一般符号（S00297）较为简单，它由等腰三角形和方形组成，主要用于电路图、接线图、功能图和框图中。该一般符号绘制方法如下。

❶ 单击"矩形"按钮□，根据命令行提示进行以下操作来绘制如图 6-69 所示的一个方形。

```
命令：_rectang
指定第一个角点或 [倒角(C)/标高(E)/圆角(F)/厚度(T)/宽度(W)]：80,0↙
指定另一个角点或 [面积(A)/尺寸(D)/旋转(R)]：D↙
指定矩形的长度<10.0000>：10↙
指定矩形的宽度<10.0000>：↙
指定另一个角点或 [面积(A)/尺寸(D)/旋转(R)]：@10,10↙
```

❷ 单击"直线"按钮╱，根据命令行提示进行以下操作。

```
命令：_line
指定第一个点：                    //选择如图 6-70 所示的端点
指定下一点或 [放弃(U)]：@5,-2.5↙
指定下一点或 [放弃(U)]：@5,2.5↙
指定下一点或 [闭合(C)/放弃(U)]：↙
```

完成的电动机起动器一般符号如图 6-71 所示。

图 6-69　绘制一个方形　　　图 6-70　指定第一个点　　　图 6-71　完成的电动机起动器一般符号

6.5.3 绘制继电器线圈一般符号

继电器线圈是指电磁继电器中产生电磁力，控制触点动作的元件。工作中，线圈中通电，产生电磁力，控制下部的触点动作，如图 6-72 所示。

继电器线圈一般符号（S00305）的绘制方法步骤如下。

1 单击"矩形"按钮▢，指定第一个角度位置为"100, 0"，另一个角点位置为"@10, 5"，绘制的矩形如图 6-73 所示。

2 分别单击"直线"按钮╱来绘制两条竖直的直线段，它们的长度均为 5，完成的继电器线圈一般符号如图 6-74 所示。

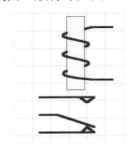　　　　　　

图 6-72　继电器线圈示例　　　图 6-73　绘制的矩形　　　图 6-74　完成的继电器线圈一般符号

继电器线圈（组合表示法）的一般符号也比较简单，可以在继电器线圈一般符号的基础上添加相应的直线段即可，也可通过"矩形阵列"工具命令来完成，继电器线圈（组合表示法）一般符号如图 6-75 所示。另外，缓慢释放继电器线圈的图形符号如图 6-76 所示。

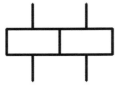
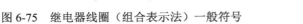　　　　　　

图 6-75　继电器线圈（组合表示法）一般符号　　　图 6-76　缓慢释放继电器线圈的图形符号

6.5.4 绘制欠功率继电器图形符号

欠功率继电器图形符号（S00340）由字符和矩形组成，主要用于电路图、接线图、功能图和框图中。欠功率继电器图形符号的绘制方法和步骤如下。

1 单击"矩形"按钮▢，指定第一个角度位置为"180, 0"，另一个角点位置为"@15, 10"，绘制的矩形如图 6-77 所示。

2 选择专门放置字符的图层作为当前图层，单击"多行文字"按钮**A**，在矩形内创建所需的字符，注意设置相关的文字样式、字符倾斜度和大小等，完成的欠功率继电器图形符号如图 6-78 所示。

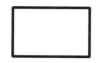

图 6-77　绘制的矩形

图 6-78　完成的欠功率继电器图形符号

6.5.5　绘制静态热过载电器图形符号

本小节介绍静态热过载电器图形符号的绘制实例。

1 在"快速访问"工具栏中单击"新建"按钮□，弹出"选择样板"对话框，从本书配套资料包中选择"图形样板"|"ZJDQ_标准样板.dwt"文件，单击"打开"按钮。将"粗实线"层设为当前图层。

2 单击"矩形"按钮□，指定第一个角度位置为"8，-18"，另一个角点位置为"@12，-12"，从而绘制一个方形的矩形。

3 绘制直线段。单击"直线"按钮／，根据命令行提示进行以下操作。

```
命令：_line
指定第一个点：@-8,2✓
指定下一点或 [放弃(U)]：@2<90✓
指定下一点或 [放弃(U)]：@4<0✓
指定下一点或 [闭合(C)/放弃(U)]：@4<90✓
指定下一点或 [闭合(C)/放弃(U)]：@4<180✓
指定下一点或 [闭合(C)/放弃(U)]：@2<90✓
指定下一点或 [闭合(C)/放弃(U)]：✓
```

此时，绘制的相关图线如图 6-79 所示。

继续绘制直线段。单击"直线"按钮／，绘制相关的直线段，如图 6-80 所示。尺寸可自行根据标准图例来确定。

图 6-79　绘制的相关图线

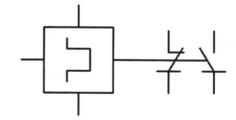

图 6-80　绘制相关的直线段

4 创建偏移线。单击"偏移"按钮⊆，指定偏移距离为 4，分别创建 6 条偏移线，结果如图 6-81 所示。

5 删除一条直线段。单击"删除"按钮，选择如图 6-82 所示的一条直线段，按 Enter 键，从而将所选的该直线段删除。

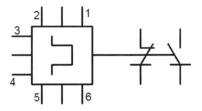

图 6-81　创建 6 条偏移线

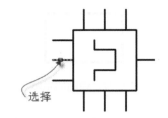

图 6-82　选择要删除的直线段

⑥　更改一条线的所在图层及其线型比例。选择如图 6-83 所示的一条线段，从功能区"默认"选项卡的"图层"面板的"图层"下拉列表框中选择"细虚线"层，接着在"快速访问"工具栏中单击"特性"按钮 ，打开"特性"选项板，从"常规"选项区域中将线性比例更改为 0.25，绘制的静态热过载电器图形符号如图 6-84 所示。

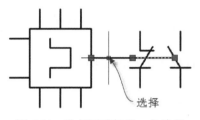

图 6-83　选择要编辑的一条线段

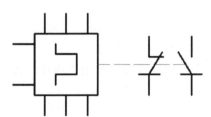

图 6-84　绘制的静态热过载电器图形符号

6.6　绘制测量仪表、灯和信号器件

本节以《电气简图用图形符号 第 8 部分：测量仪表、灯和信号器件》（GB/T 4728.8—2008）为依据，介绍几个典型的关于测量仪表、灯和信号器件的图形符号绘制实例。

6.6.1　绘制电压表和电度表图形符号

电压表图形符号由字符和圆组成，如图 6-85 所示。其绘制过程也较为简单，即单击"圆心、半径"按钮 ，绘制一个半径为 6 的圆，接着选择用于放置字符的图层作为当前图层，单击"单行文字"按钮 A 在圆心位置处创建 V 字符即可。在创建单行文字对象的过程中，可以在"指定文字的起点或 [对正(J)/样式(S)]:"提示下选择"对正"选项来将对正方式设置为"正中（MC）"。

电度表（瓦时计）图形符号由字符、矩形和正方形组成，如图 6-86 所示。电度表（瓦时计）图形符号的绘制只需使用"矩形"按钮 和"多行文字"按钮 A 即可。

图 6-85　电压表图形符号

图 6-86　电度表（瓦时计）图形符号

6.6.2　绘制时钟一般符号

时钟一般符号也较为简单，先单击"圆心、半径"按钮，绘制一个半径为 6 的圆，接着分别单击"直线"按钮 来绘制两条均与圆心为起点的直线段，各自长度均为 4.5，完成的时钟一般符号如图 6-87 所示。

图 6-87　时钟一般符号

6.6.3　绘制凸轮驱动计数器件图形符号

凸轮驱动计数器件图形符号（S00951）由圆弧、圆、直线、字符和矩形（正方形）组成，表示每 n 次触点闭合一次。具体的绘制过程如下。

❶　在"快速访问"工具栏中单击"新建"按钮，弹出"选择样板"对话框，从本书配套资料包中选择"图形样板"|"ZJDQ_标准样板.dwt"文件，单击"打开"按钮。

❷　使用"草图与注释"工作空间，接着在功能区"默认"选项卡的"图层"面板的"图层"下拉列表框中选择"粗实线"层作为当前图层。

❸　绘制一个圆。单击"圆心、半径"按钮，任意指定一点为圆心位置，接着输入圆的半径为 2.5，从而绘制一个圆。

❹　再绘制一个圆。单击"圆心、半径"按钮，指定圆心位置为"@7.5, 0"，并指定半径为 1.2。此时，完成绘制的两个圆如图 6-88 所示。

❺　单击"直线"按钮，根据命令行提示进行以下操作。

```
命令: _line
指定第一个点:                                    //选择如图 6-89 所示的象限点
指定下一点或 [放弃(U)]:                           //选择所选象限点下方的圆心点
指定下一点或 [放弃(U)]: @5<0↙
指定下一点或 [闭合(C)/放弃(U)]: @2.5<90↙
指定下一点或 [闭合(C)/放弃(U)]: @5<0↙
指定下一点或 [闭合(C)/放弃(U)]: @5<-90↙
指定下一点或 [闭合(C)/放弃(U)]: @5<180↙
指定下一点或 [闭合(C)/放弃(U)]: @2.5<90↙
指定下一点或 [闭合(C)/放弃(U)]:↙
```

此时图形如图 6-90 所示。

图 6-88　绘制的两个圆

图 6-89　选择象限点

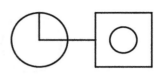

图 6-90　绘制相关直线段

6 单击"直线"按钮 ，选择正方形右侧边的中点作为新直线段的起点，接着指定第 2 点相对坐标为"@5<0"，按 Enter 键结束命令，完成绘制的一条长为 5 的直线段如图 6-91 所示。

7 单击"直线"按钮 ，根据命令行的提示进行以下操作来绘制如图 6-92 所示的直线段。

```
命令: _line
指定第一个点: @7.5<90↙
指定下一点或 [放弃(U)]: @5<-90↙
指定下一点或 [放弃(U)]:↙
```

8 单击"直线"按钮 ，根据命令行的提示进行以下操作。

```
命令: _line
指定第一个点: @10<-90↙
指定下一点或 [放弃(U)]: @5<90↙
指定下一点或 [放弃(U)]: @6.5<120↙
指定下一点或 [闭合(C)/放弃(U)]:↙
```

此时图形如图 6-93 所示。

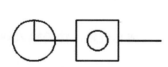

图 6-91　绘制的一条直线段

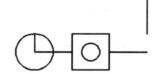

图 6-92　绘制直线段

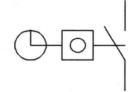

图 6-93　绘制另外的直线段

9 单击"修剪"按钮 ，将图形修剪成如图 6-94 所示。

10 选择最右侧的水平直线段，接着从功能区"默认"选项卡的"图层"面板的"图层"下拉列表框中选择"细虚线"层，然后再在"快速访问"工具栏中单击"特性"按钮 以打开"特性"选项板，从中将线型比例设置为 0.2。此时，凸轮驱动计数器件图形符号如图 6-95 所示。

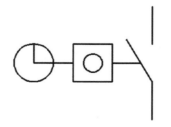

图 6-94　修剪图形

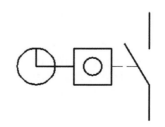

图 6-95　更改选定图线的线型比例等

⓫ 在"图层"面板的"图层"下拉列表框中选择"注释"层作为当前图层，接着在"注释"面板中单击"多行文字"按钮 **A**，在要输入字符的区域指定两个角点，输入字符为 n，并在"文字编辑器"上下文选项卡中设置相关的参数和选项，如图 6-96 所示，然后单击"关闭文字编辑器"按钮 ✔。完成的凸轮驱动计数器件图形符号如图 6-97 所示。

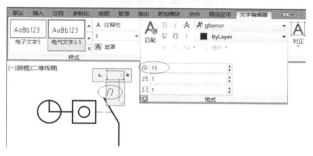

图 6-96　为输入文字设置相关参数和选项

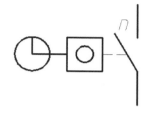

图 6-97　完成的凸轮驱动计数器件图形符号

6.7　思考与练习

（1）什么是基本无源元件？基本无源元件主要包括哪些？

（2）什么是继电器线圈？

（3）如何在相关的图形符号中绘制箭头，以及更改箭头的属性样式等？

（4）上机练习：绘制如图 6-98 所示的三极闸流晶体管图形符号。

（5）上机练习：参照如图 6-99 所示的独立报警熔断器图形符号（编号为 S00366），绘制该图形符号。

（6）上机练习：绘制如图 6-100 所示的示波器图形符号。

图 6-98　三极闸流晶体管图形符号　　图 6-99　独立报警熔断器图形符号　　图 6-100　示波器图形符号

第 7 章　绘制电气简图用图形符号实例（下）

本章导读

　　本章继续介绍一些典型的电气简图用图形符号绘制实例，主要涉及电信交换和外围设备图形符号、电信传输图形符号、建筑安装平面布置图图形符号、二进制逻辑件图形符号和模拟元件图形符号等。

7.1　绘制电信交换和外围设备图形符号

　　本节以《电气简图用图形符号　第 9 部分：电信：交换和外围设备》（GB/T 4728.9—2008）为依据，介绍几个典型的关于电信交换和外围设备的图形符号绘制实例。

7.1.1　连接级一般符号

扫码看视频

连接级一般符号

　　连接级一般符号（S00981）用于电路图、接线图、功能图和概略图，其绘制只需使用直线工具即可。

　　■1　在"快速访问"工具栏中单击"新建"按钮，弹出"选择样板"对话框，从本书配套资料包中选择"图形样板"|"ZJDQ_标准样板.dwt"文件，单击"打开"按钮。

　　■2　使用"草图与注释"工作空间，在功能区"默认"选项卡的"图层"面板的"图层"下拉列表框中选择"粗实线"层作为当前图层。

　　■3　在命令行提示中进行以下操作。

```
命令：LINE↙
指定第一个点：30,50↙
指定下一点或 [放弃(U)]：@15<0↙
指定下一点或 [放弃(U)]：↙
命令：LINE↙
指定第一个点：@-7.5,5↙
指定下一点或 [放弃(U)]：@10<-90↙
指定下一点或 [放弃(U)]：↙
```

完成绘制的电信连接级一般符号如图 7-1 所示。

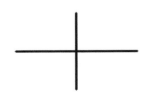

图 7-1　电信连接级一般符号

7.1.2 自动交换设备图形符号

自动交换设备图形符号即是在连接级一般符号的基础上加上一个矩形来组成，如图 7-2 所示。

1 按照 7.1.1 节介绍的方法绘制好连接级一般符号。

2 单击"偏移"按钮 ⊂，分别创建如图 7-2 所示的几条偏移线，图中给出了相应的偏移距离。

3 在功能区的"默认"选项卡的"修改"面板中单击"延伸"按钮 ⊣，将相关线段延伸至所要求的边界线处，最终的延伸结果如图 7-3 所示，这便是完成的自动交换设备图形符号。

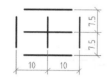

图 7-2   创建偏移距离

图 7-3   延伸结果

7.1.3 电话机图形符号

表示电话机的图形符号有若干个，其中一般符号（S01017）如图 7-4 所示，在一般符号的基础上还可以创建带电池的电话机图形符号（S01018）、公共电话机图形符号（S01019）、付费式电话机图形符号（S01023）、带扬声器的电话机图形符号（S01025）和多线电话机图形符号（S01028）等，如图 7-5 所示。

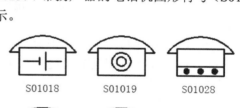

S01018   S01019   S01028

S01023   S01025

图 7-4   电话机一般符号

图 7-5   其他电话机图形符号

下面介绍绘制电话机一般符号的方法和步骤。

1 单击"矩形"按钮 □，在绘图区域中任意指定一个角点，接着输入"@15, 9"来指定另一个角点，从而绘制一个矩形。

2 单击"圆心、半径"按钮 ⊙，选择如图 7-6 所示的中点作为圆心位置，输入半径为 13，从而完成绘制一个圆，效果如图 7-7 所示。

3 单击"直线"按钮 ⁄，绘制直线段 AB，如图 7-8 所示。

图 7-6　指定圆心位置

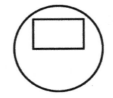

图 7-7　绘制一个圆

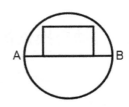

图 7-8　绘制直线段 AB

③ 单击"移动"按钮✛，选择直线段 AB，按 Enter 键完成对象选择操作，选择端点 A 作为移动基点，在"指定第二个点或使用第一个点作为位移:"提示下输入"@7.5<90"并按 Enter 键，移动结果如图 7-9 所示。

④ 单击"修剪"按钮✂，对图形进行修剪，修剪结果如图 7-10 所示。

图 7-9　移动结果

图 7-10　修剪结果

7.1.4　立体声式标记图形符号

扫码看视频

立体声式标记图形符号

立体声式标记图形符号（S01045）由圆和圆弧组成，其应用类别属于概念要素或限定符号。立体声式标记图形符号的绘制过程如下。

① 单击"圆心、直径"按钮⊘，指定圆心位置，并设置直径为 5，从而绘制第 1 个圆。

② 再次单击"圆心、直径"按钮⊘，选择如图 7-11 所示的一个象限点作为圆心位置，接受默认直径为 5，从而绘制如图 7-12 所示的第 2 个圆。

③ 单击"修剪"按钮✂，将不需要的圆弧段修剪掉，结果如图 7-13 所示。修剪后的图形便是立体声式标记图形符号。

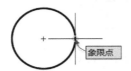

图 7-11　指定圆心位置

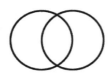

图 7-12　绘制第 2 个圆

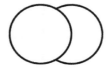

图 7-13　修剪后的图形

7.1.5　传声器一般符号

扫码看视频

传声器一般符号

图 7-14　传声器一般符号

传声器一般符号（S01053）如图 7-14 所示，它由直线和圆组成，主要用于电路图和功能图。传声器一般符号的绘制步骤如下。

1️⃣ 单击"圆心、半径"按钮⊙，根据命令行提示进行以下操作。

```
命令: _circle
指定圆的圆心或 [三点(3P)/两点(2P)/切点、切点、半径(T)]:          //在合适位置处单击
指定圆的半径或 [直径(D)] <2.5000>: 2.5✓
```

2️⃣ 单击"直线"按钮✏，根据命令行提示进行以下操作。

```
命令: _line
指定第一个点: @2.5,2.5✓
指定下一点或 [放弃(U)]: @5<-90✓
指定下一点或 [放弃(U)]: ✓
```

7.1.6　扬声器一般符号

扬声器一般符号（S01059）如图 7-15 所示，它由直线和矩形组成，主要用于电路图和功能图中。扬声器一般符号的绘制步骤如下。

1️⃣ 单击"矩形"按钮▭，任意指定一点作为矩形的第 1 个角点，接着输入第 2 个角点的相对坐标为"@2.5, 5"，从而绘制如图 7-16 所示的一个矩形。

2️⃣ 单击"直线"按钮✏，根据命令行提示进行以下操作。

```
命令: _line
指定第一个点:                           //选择如图 7-17 所示的右上端点
指定下一点或 [放弃(U)]: @2.5,2.5✓
指定下一点或 [放弃(U)]: @10<-90✓
指定下一点或 [闭合(C)/放弃(U)]: @-2.5,2.5✓
指定下一点或 [闭合(C)/放弃(U)]: ✓
```

图 7-15　扬声器一般符号　　　　图 7-16　绘制矩形　　　　图 7-17　选择一个端点

7.2　绘制电信传输图形符号

本节以《电气简图用图形符号　第 10 部分：电信：传输》（GB/T 4728.10—2008）为依据，介绍几个典型的关于电信传输的图形符号绘制实例。

7.2.1　天线一般符号与磁杆天线图形符号

天线一般符号（S01102）如图 7-18 所示，该图形符号的绘制很简单，使用直线工具命令便可以完成，天线一般符号绘制步骤如下。

1 单击"直线"按钮 /，根据命令行提示进行以下操作来绘制一条竖直的直线段。

```
命令：_line
指定第一个点：                    //在图形窗口中任意指定一点
指定下一点或 [放弃(U)]: @10<90↙
指定下一点或 [放弃(U)]: ↙
```

2 单击"直线"按钮 /，根据命令行提示进行以下操作。

```
命令：_line
指定第一个点：@-2.5,0↙
指定下一点或 [放弃(U)]: @5<-60↙
指定下一点或 [放弃(U)]: @5<60↙
指定下一点或 [闭合(C)/放弃(U)]: ↙
```

磁杆天线图形符号是在天线一般符号的基础上添加其他特定图形来构成，如图 7-19 所示，其绘制除了要使用直线工具命令之外，还需要使用到圆弧工具命令和修剪工具命令等，创建过程将比较灵活。

图 7-18　天线一般符号

图 7-19　磁杆天线图形符号

7.2.2 无线电台一般符号

无线电台一般符号（S01125）如图 7-20 所示，它由直线和正方形组成，主要用户网格图和概略图。无线电台一般符号的绘制步骤如下。

1 单击"多边形"按钮，根据命令行提示进行以下操作来创建一个边长为 10 的正方形。

```
命令：_polygon
输入侧面数 <4>: 4↙
指定正多边形的中心点或 [边(E)]: E↙
指定边的第一个端点：              //在绘图区域的合适位置处指定一点
指定边的第二个端点：@10,0↙
```

2 单击"直线"按钮 /，选择如图 7-21 所示的中点作为新直线段的起点，接着指定直线段第 2 点的相对坐标为"@12.5<90"，并在第二次出现"指定下一点或 [放弃(U)]:"提示时按 Enter 键结束命令。

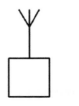

图 7-20　无线电台一般符号

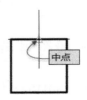

图 7-21　选择中点作为直线段的起点

3 单击"直线"按钮 ，根据命令行提示进行以下操作。

```
命令: _line
指定第一个点: @-2.5,0✓
指定下一点或 [放弃(U)]: @5<-60✓
指定下一点或 [放弃(U)]: @5<60✓
指定下一点或 [闭合(C)/放弃(U)]: ✓
```

从而完成无线电台一般符号的绘制。

7.2.3　环状耦合器图形符号

扫码看视频

环状耦合器图形符号

环状耦合器图形符号（S01209）如图 7-22 所示，它主要用于电路图中。下面介绍该图形符号的绘制方法和步骤。

1 单击"多段线"按钮 ，根据命令行的提示进行以下操作。

```
命令: _pline
指定起点:                        //在预定绘图区域指定一点
当前线宽为 0.0000
指定下一个点或 [圆弧(A)/半宽(H)/长度(L)/放弃(U)/宽度(W)]: @10<-90✓
指定下一点或 [圆弧(A)/闭合(C)/半宽(H)/长度(L)/放弃(U)/宽度(W)]: A✓
指定圆弧的端点(按住 Ctrl 键以切换方向)或 [角度(A)/圆心(CE)/闭合(CL)/方向(D)/半宽(H)/直
线(L)/半径(R)/第二个点(S)/放弃(U)/宽度(W)]: @5<0✓
指定圆弧的端点(按住 Ctrl 键以切换方向)或 [角度(A)/圆心(CE)/闭合(CL)/方向(D)/半宽(H)/直
线(L)/半径(R)/第二个点(S)/放弃(U)/宽度(W)]: ✓
```

绘制的多段线如图 7-23 所示。

图 7-22　环状耦合器图形符号

图 7-23　绘制的多段线

2 单击"圆环"按钮 ，根据命令行提示进行以下操作。

```
命令: _donut
指定圆环的内径 <0.5000>: 0✓
指定圆环的外径 <1.0000>: 2✓
指定圆环的中心点或 <退出>:          //选择多段线圆弧的右端点（开放端点）
指定圆环的中心点或 <退出>:✓
```

7.2.4　信号发生器一般符号

信号发生器一般符号（S01225）由字符和正方形组成，如图 7-24 所示，它主要用于电路图、功能图和概略图。信号发生器一般符号的绘制方法和步骤如下。

1 单击"多边形"按钮⬠，根据命令行提示进行以下操作。

```
命令: _polygon
输入侧面数 <4>: 4↙
指定正多边形的中心点或 [边(E)]:
输入选项 [内接于圆(I)/外切于圆(C)] <I>: C↙
指定圆的半径: 6↙
```

2 单击"直线"按钮，选择如图 7-25 所示的中点作为线段起点，接着指定第 2 点为 "@6<0"，从而绘制一条直线段。

3 设置好用于放置字符的工作图层后，单击"多行文字"按钮 A，依次选择如图 7-26 所示的角点 1 和角点 2 以定义输入框宽度，功能区出现"文字编辑器"选项卡，从中指定文字样式，并在"段落"面板中单击"对正"按钮 A，选择"正中 MC"选项，在输入框中输入 G，然后单击"关闭文字编辑器"按钮✓。

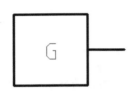

图 7-24　信号发生器一般符号

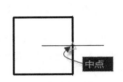

图 7-25　指定线段起点

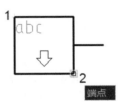

图 7-26　选择两点

7.2.5　信号频率图形符号

信号频率图形符号（S01299）如图 7-27 所示，它在应用类别上属于概念要素或限定符号。下面介绍该图形符号的绘制方法和步骤。

1 通过命令窗口中进行以下操作。

```
命令: LEADER↙
指定引线起点:                          //在预定位置处单击一点
指定下一点: @20<180↙
指定下一点或 [注释(A)/格式(F)/放弃(U)] <注释>: F↙
输入引线格式选项 [样条曲线(S)/直线(ST)/箭头(A)/无(N)] <退出>: A↙
指定下一点或 [注释(A)/格式(F)/放弃(U)] <注释>:↙
输入注释文字的第一行或 <选项>:↙
输入注释选项 [公差(T)/副本(C)/块(B)/无(N)/多行文字(M)] <多行文字>: N↙
```

引线箭头的大小可以通过"特性"选项板来更改，如图 7-28 所示。

2 单击"直线"按钮，根据命令行提示进行以下操作。

```
命令: _line
指定第一个点:                         //选择带箭头的指引线的中点
指定下一点或 [放弃(U)]: @10<90↙
指定下一点或 [放弃(U)]: @2.5,-1.25↙
指定下一点或 [闭合(C)/放弃(U)]: @-2.5,-1.25↙
指定下一点或 [闭合(C)/放弃(U)]: ↙
```

完成绘制这些直线段后的图形效果如图 7-29 所示。

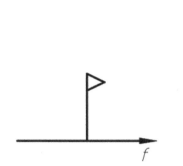

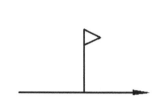

图 7-27　信号频率图形符号　　　　　图 7-28　可编辑箭头大小　　　　　图 7-29　绘制相关线段

3 设置好用于放置字符的工作图层后，单击"多行文字"按钮**A**，在箭头的正下方添加字符 f，注意设置字符大小和倾斜度等参数。

7.3　绘制建筑安装平面布置图图形符号

本节以《电气简图用图形符号　第 11 部分：建筑安装平面布置图》（GB/T 4728.11—2008）为依据，介绍关于建筑安装平面布置图的几个典型图形符号绘制实例。

7.3.1　发电站、变电站、热电站和核电站图形符号

扫码看视频

发电站、变电站、热电站和核电站图形符号

在建筑安装平面布置图中，发电站、变电站、热电站和核电站等都有已经标准化的相应图形符号。下面通过实例的形式介绍如何绘制这些图形符号，在实例中将启用捕捉模式和栅格模式。

1 在"快速访问"工具栏中单击"新建"按钮，弹出"选择样板"对话框，从本书配套资料包中选择"图形样板"|"ZJDQ_标准样板.dwt"文件，单击"打开"按钮。

2 使用"草图与注释"工作空间，在功能区"默认"选项卡的"图层"面板的"图层"下拉列表框中选择"粗实线"层作为当前图层。

3 启用捕捉模式和栅格显示模式。在状态栏中确保选中"捕捉模式"按钮和"栅格显示"按钮。接着右击"捕捉模式"按钮，并从弹出来的快捷菜单中选择"捕捉设置"命令，打开"草图设置"对话框且自动切换至"捕捉和栅格"选项卡，从中设置如图 7-30 所示的参数和选项，例如，在"捕捉间距"选项组中将捕捉 X 轴距和捕捉 Y 轴间距均设置为 2.5，而在"栅格间距"选项组中将栅格 X 轴间距和栅格 Y 轴间距也均设置为 2.5。设置好相关的参数和选项后，单击"确定"按钮。

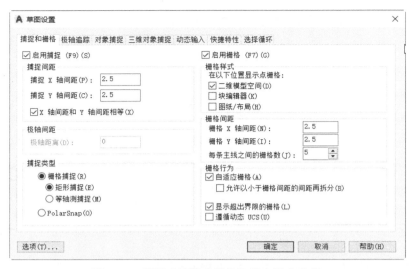

图 7-30 设置"捕捉和栅格"的参数和选项

4 绘制"发电站,规划的"图形符号。单击"矩形"按钮 ▭,通过捕捉两个所需的栅格点来绘制一个正方形即可,如图 7-31 所示。

5 绘制"发电站,运行的或未规定的"图形符号。单击"矩形"按钮 ▭,选择两个所需的栅格点绘制一个和步骤 **4** 一模一样的正方形;接着单击"图案填充"按钮 ▨,打开"图案填充创建"上下文选项卡,在"图案"面板中单击 ANSI31 图标 ▨,在"特性"面板的"比例"框 ▤ 中输入合适的比例值(由用户根据具体情况而定),打开"特性"面板的溢出列表并从"图层"下拉列表框中选择"细实线"层,在"边界"面板中单击"拾取点"按钮 ➕,该正方形内部区域单击以拾取其内部点,然后单击"关闭图案填充创建"按钮 ✔,完成的图形符号如图 7-32 所示。

图 7-31 "发电站,规划的"图形符号　　　　图 7-32 "发电站,运行的或未规定的"图形符号

6 绘制"变电站、配电所,规划的"图形符号。单击"圆心、半径"按钮 ⊙,使用鼠标分别捕捉栅格点来定义圆心和半径,从而绘制如图 7-33 所示的一个圆作为"变电站、配电所,规划的"图形符号。

7 绘制"变电站、配电所,运行的或未规定的"图形符号,如图 7-34 所示。使用的绘图工具为"圆心、半径"按钮 ⊙ 和"图案填充"按钮 ▨。

图 7-33 "变电站、配电所,规划的"图形符号　　图 7-34 "变电站、配电所,运行的或未规定的"
　　　　　　　　　　　　　　　　　　　　　　　　图形符号

8 绘制"热电站，规划的"图形符号。单击"矩形"按钮▯，绘制一个规格为"4 个栅格间距×4 个栅格间距"的正方形；接着单击"直线"按钮╱，绘制一条直线段，完成的该图形符号如图 7-35 所示。

9 绘制"热电站，运行的或未规定的"图形符号，如图 7-36 所示。使用的绘图工具为"矩形"按钮▯、"直线"按钮╱和"图案填充"按钮▨。

图 7-35　"热电站，规划的"图形符号　　　图 7-36　"热电站，运行的或未规定的"图形符号

10 绘制"核电站，规划的"图形符号，如图 7-37 所示。使用的绘图工具为"矩形"按钮▯和"圆心、半径"按钮。

11 绘制"核电站，运行的或未规划的"图形符号，如图 7-38 所示。使用的绘图工具为"矩形"按钮▯、"圆心、半径"按钮和"图案填充"按钮▨。

图 7-37　"核电站，规划的"图形符号　　　图 7-38　"核电站，运行的或未规定的"图形符号

7.3.2　架空线路与套管线路图形符号

扫码看视频

架空线路与套管
线路图形符号

架空线路与套管线路图形符号都由直线和圆来组成，只是直线和圆的相对位置不同而已。

架空线路图形符号可按照如图 7-39 所示来绘制，而套管线路图形符号则按照如图 7-40 所示来绘制。

图 7-39　架空线路图形符号　　　　　图 7-40　套管线路图形符号

7.3.3　交接点图形符号

扫码看视频

交接点图形符号

交接点图形符号（S00421）的应用类别是网络图，该图形符号由圆和直线组成，如图 7-41 所示。

1️⃣ 单击"圆心、半径"按钮🔾，在图形窗口中绘制如图 7-42 所示的两个圆。

2️⃣ 分别单击"直线"按钮╱，并捕捉相应的栅格点来绘制如图 7-43 所示的 3 条线段。

图 7-41　交接点图形符号

图 7-42　绘制两个圆

图 7-43　修剪图形

3️⃣ 单击"修剪"按钮✂，将不需要的线段部分修剪掉，从而获得最终的交接点图形符号。

7.3.4　带反馈通道的放大器图形符号

扫码看视频

带反馈通道的
放大器图形符号

带反馈通道的放大器图形符号（S00433）如图 7-44 所示，主要用于通讯的安装图和网络图。该图形符号的绘制方法如下。

1️⃣ 打开捕捉模式和栅格显示模式，注意设置捕捉 X 轴间距和捕捉 Y 轴间距均为 2.5，而栅格 X 轴间距和栅格 Y 轴间距也均为 2.5。

2️⃣ 单击"直线"按钮╱，根据命令行提示进行以下操作来绘制如图 7-45 所示的一个三角形。

```
命令: _line
指定第一个点:                        //在图形窗口中任意捕捉选定一个栅格点 A
指定下一点或 [放弃(U)]: @3.65<-90↙
指定下一点或 [放弃(U)]: @7.3<30↙
指定下一点或 [闭合(C)/放弃(U)]: @7.3<150↙
指定下一点或 [闭合(C)/放弃(U)]: C↙
```

3️⃣ 单击"直线"按钮╱，有序地连接第一个三角形各边的中点来绘制另一个三角形，如图 7-46 所示。在操作过程中可临时关闭捕捉模式。

图 7-44　带反馈通道的放大器图形符号　　图 7-45　绘制闭合的一个三角形　　图 7-46　绘制另一个三角形

4️⃣ 单击"直线"按钮╱，补齐另两条直线段（在操作过程中可以灵活启用或关闭捕捉模式）。

7.3.5　均衡器图形符号

扫码看视频

均衡器图形符号

均衡器图形符号（S00440）如图 7-47 所示，由直线和平行四边形组成。该图形只使用"直线"按钮╱一个绘图工具即可完成，注意在绘制过程中启用捕捉模式和栅格显示模式，并关闭正交模式。

图 7-47　均衡器图形符号

7.3.6　线路电源接入点图形符号

扫码看视频

线路电源接入点
图形符号

　　线路电源接入点图形符号（S00445）如图 7-48 所示，主要由直线和正方形组成。该图形符号的绘制同样很简单，在启用捕捉模式和栅格显示模式的情况下，只需使用"直线"按钮　即可完成，或者结合使用"直线"按钮　和"矩形"按钮　来完成。

7.3.7　电源插座与典型插座图形符号

扫码看视频

电源插座图形符号

　　电源插座一般符号（S00457）由半圆和直线构成，如图 7-49 所示。电源插座一般符号的绘制过程如下。

1 单击"圆心、起点、端点"按钮　，分别指定圆心 1、起点 2 和端点 3，来绘制一条圆弧，如图 7-50 所示。

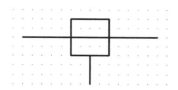

3　1　2

图 7-48　线路电源接入点图形符号　　　图 7-49　电源插座一般符号　　　图 7-50　指定圆心、起点和端点

2 单击"直线"按钮　，按照要求绘制一条直线段。

　　在电源插座一般符号的基础上还可以演变出其他典型的插座图形符号，如图 7-51 所示。其中，图 7-51（a）为多个插座形式 1；图 7-51（b）为多个插座形式 2；图 7-51（c）表示带保护极的插座；图 7-51（d）表示带滑动防护板的插座；图 7-51（e）为带单极开关的插座；图 7-51（f）为带隔离变压器的插座。

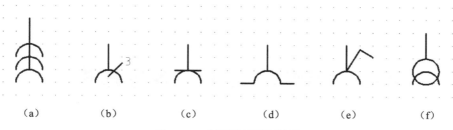

　（a）　　　　　（b）　　　　　（c）　　　　　（d）　　　　　（e）　　　　　（f）

图 7-51　典型插座图形符号

7.3.8 按钮标准图形符号

按钮标准图形符号（S00475）由同心的两个圆组成，如图 7-52 所示，其检索关键词为"建筑物装置"和"开关"，功能类别为 S 将手动操作转变为信号，主要用于安装图。按钮标准图形符号的创建很简单，其操作步骤如下。

1 打开捕捉模式和栅格显示模式，注意在本例中设置捕捉 X 轴间距和捕捉 Y 轴间距均为 2.5，而栅格 X 轴间距和栅格 Y 轴间距也均为 2.5。

2 单击"圆心、半径"按钮 ，根据命令进行以下操作来绘制第一个圆。

```
命令: _circle
指定圆的圆心或 [三点(3P)/两点(2P)/切点、切点、半径(T)]:        //捕捉选定某一个栅格点
指定圆的半径或 [直径(D)] <5.0000>: 1.25✓
```

3 单击"圆心、半径"按钮 ，选择第一个圆的圆心作为新圆的圆心，再选择与圆心距离为 2.5 的一个栅格点来定义半径，从而绘制第二个圆以完成该按钮标准图形符号。

如果是带指示灯的按钮，那么还需要单击"直线"按钮 并通过捕捉相应的栅格点来绘制如图 7-53 所示的倾斜的两条直线段，然后单击"修剪"按钮 ，选择小圆作为剪切边，按 Enter 键，再分别选择要修剪的对象，得到的修剪结果如图 7-54 所示。

图 7-52　按钮标准图形符号　　图 7-53　绘制两条直线段　　图 7-54　带指示灯的按钮

7.3.9 相关灯的图形符号

相关灯的图形符号如图 7-55 所示。它们的绘制方法都较为简单，在此不再赘述。

（a）灯一般符号　（b）光源/荧光灯一般符号　（c）多管荧光灯（图中表示 3 管）　（d）多管荧光灯（图中表示 5 管）　（e）投光灯　（f）聚光灯　（g）泛光灯　（h）专用电路上的应急照明灯　（j）自带电源的应急照明灯

图 7-55　相关灯的图形符号

7.4　绘制二进制逻辑件图形符号

逻辑变量之间的运算称为逻辑运算，二进制数 1 和 0 在逻辑上可以表示"真"与"假"、"有"与"无"、"是"与"否"等。本节以《电气简图用图形符号　第 12 部分：二进制逻辑件》（GB/T

4728.12—2008）为依据，介绍关于二进制逻辑件的几个典型图形符号绘制实例。

7.4.1　元件框与公共输出元件框

元件框在表现形式上是一个正方形，如图 7-56 所示，单击"矩形"按钮□即可绘制。而公共输出元件框也由矩形组成，如图 7-57 所示，既可以单击"矩形"按钮□来绘制，也可以单击"直线"按钮╱来绘制，或者配合使用"直线"和"矩形"这两个工具按钮。

图 7-56　元件框

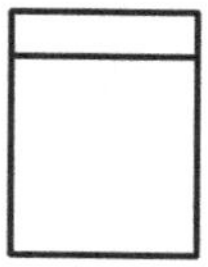

图 7-57　公共输出元件框

7.4.2　输入端逻辑非与输出端逻辑非

输入端逻辑非图形符号如图 7-58 所示，输出端逻辑非图形符号如图 7-59 所示。这两个图形符号相似，绘制方法一样，使用的绘图工具主要为"直线"按钮╱、"圆心、半径"按钮⊙和"打断"按钮╚。

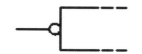

图 7-58　输入端逻辑非图形符号

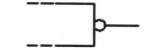

图 7-59　输出端逻辑非图形符号

7.4.3　与非门与或非门实例

与非门（有非输出的与门）图形符号如图 7-60 所示，它由字符、矩形、圆和直线组成，主要用于电路图、功能图和概略图中。该图形符号的典型绘制方法和步骤如下。

1 在"快速访问"工具栏中单击"新建"按钮□，弹出"选择样板"对话框，从本书配套资料包中选择"图形样板"|"ZJDQ_标准样板.dwt"文件，单击"打开"按钮。

2 使用"草图与注释"工作空间，在功能区"默认"选项卡的"图层"面板的"图层"下拉列表框中选择"粗实线"层作为当前图层。

3 单击"矩形"按钮□，任意指定一点作为矩形的第一个角点，接着输入"@15, 18"定义矩形的第二个角点，从而绘制一个矩形。

4 单击"圆心、半径"按钮⊙，选择矩形右侧竖边的中点作为圆心，绘制一个半径为 1mm 的小圆，然后单击"移动"按钮✥，将小圆水平向右移动 1mm，此时图形效果如图 7-61 所示。

5 单击"直线"按钮╱绘制两条直线段，这两条直线段长度均为 10mm，如图 7-62 所示。

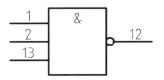

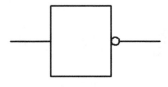

图 7-60　与非门图形符号　　　图 7-61　绘制过程中的图形效果　　　图 7-62　绘制两条直线段

6 单击"偏移"按钮 ⊂，设置偏移距离为 5mm，在左侧水平直线段的两侧各创建一条相对于水平直线段的偏移线，效果如图 7-63 所示。

7 在功能区"默认"选项卡的"图层"面板的"图层"下拉列表框中选择"注释"层作为当前图层。

8 单击"多行文字"按钮 A，创建如图 7-64 所示的一个字符。使用同样的方法，创建其他字符，从而完成该与非门图形符号的绘制。

或非门（有非输出的或门）图形符号如图 7-65 所示。其绘制方法和与非门绘制方法基本一样。

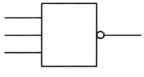

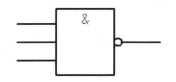

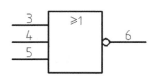

图 7-63　创建两条偏移线　　　　图 7-64　创建一个字符　　　　图 7-65　或非门图形符号

7.4.4　BCD-十进制代码转换器

BCD-十进制代码转换器图形符号（S01614）由矩形、直线、圆和字符组成，如图 7-66 所示，主要用于电路图和功能图中。该图形符号的绘制步骤如下。

1 确保"粗实线"为当前图层，接着单击"矩形"按钮 □，任意指定一点作为矩形的第一个角点，接着输入"@26, 55"定义矩形的第二个角点，从而绘制一个矩形。

2 单击"圆心、半径"按钮 ⊙，选择矩形右侧竖边的中点作为圆心，绘制一个半径为 1mm 的小圆，然后单击"移动"按钮 ✛，将小圆水平向右移动 1mm，此时图形效果如图 7-67 所示。

3 单击"直线"按钮 ∕ 绘制两条直线段，这两条直线段长度均为 8mm，如图 7-68 所示。

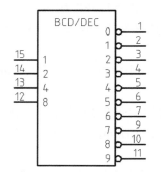

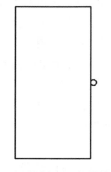

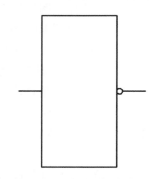

图 7-66　BCD-十进制代码转换器图形符号　　　图 7-67　绘制小圆并将它移位　　　图 7-68　绘制两条直线段

4 多次单击"矩形阵列"按钮 <!-- icon -->，对选定对象进行相应的阵列操作，以获得如图 7-69 所示的图形效果。

5 将用于放置字符的图层设置为当前图层，例如在功能区"默认"选项卡的"图层"面板的"图层"下拉列表框中选择"注释"层作为当前图层。

6 单击"多行文字"按钮 **A**，在框内指定位置处添加 BCD/DEC 文字字符，如图 7-70 所示。

7 依次单击"多行文字"按钮 **A** 完成其他文字字符，如图 7-71 所示。也可先单击"多行文字"按钮 **A** 创建几处文字字符，接着通过复制的方式生成相应的一系列类似文字字符，然后再修改他们的文字字符。

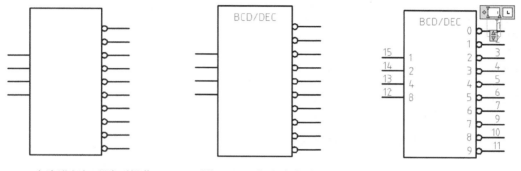

图 7-69 多次进行矩形阵列操作　　　图 7-70 添加文字字符　　　图 7-71 完成其他文字字符

7.4.5 R-S 触发器

R-S 触发器图形符号（S01659）如图 7-72 所示，由矩形、直线和圆组成，主要用于电路图和功能图，其绘制方法和 BCD-十进制代码转换器图形符号的绘制方法类似，在此不再赘述，由读者参照 BCD-十进制代码转换器图形符号的绘制方法进行绘制练习，绘制过程会比较灵活。

图 7-72 R-S 触发器图形符号

7.4.6 可控非稳态元件一般符号

可控非稳态元件一般符号（S01679）如图 7-73 所示，该符号中字符 G 为发生器的限定符号，若波形明显时，该符号可以无附加符号示出。下面介绍该图形符号的绘制步骤。

1 设定所需的工作图层后，单击"直线"按钮 <!-- icon -->，根据命令行提示进行以下操作。

```
命令: _line
指定第一个点:
指定下一点或 [放弃(U)]: @15,0✓
指定下一点或 [放弃(U)]: @0,10✓
```

```
指定下一点或 [闭合(C)/放弃(U)]: @-15,0↙
指定下一点或 [闭合(C)/放弃(U)]: @0,-10↙
指定下一点或 [闭合(C)/放弃(U)]: ↙
```

绘制的图形如图 7-74 所示。

② 单击"直线"按钮 ╱，根据命令行提示进行以下操作。

```
命令: _line
指定第一个点: @2.5,2↙
指定下一点或 [放弃(U)]: @2<0↙
指定下一点或 [放弃(U)]: @4<90↙
指定下一点或 [闭合(C)/放弃(U)]: @2<0↙
指定下一点或 [闭合(C)/放弃(U)]: @4<-90↙
指定下一点或 [闭合(C)/放弃(U)]: @2<0↙
指定下一点或 [闭合(C)/放弃(U)]: @4<90↙
指定下一点或 [闭合(C)/放弃(U)]: @2<0↙
指定下一点或 [闭合(C)/放弃(U)]: @4<-90↙
指定下一点或 [闭合(C)/放弃(U)]: @2<0↙
指定下一点或 [闭合(C)/放弃(U)]: ↙
```

此时，绘制的连续线段如图 7-75 所示。

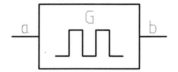  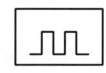

图 7-73　可控非稳态元件一般符号　　　图 7-74　绘制的图形　　　图 7-75　绘制的连续线段

③ 分别单击"直线"按钮 ╱ 来在左右两侧各绘制一条直线段，如图 7-76 所示，线段长度可设置为 4mm。

④ 将用于放置字符的图层设置为当前图层，例如在功能区"默认"选项卡的"图层"面板的"图层"下拉列表框中选择"注释"层作为当前图层。

⑤ 分别单击"多行文字"按钮 **A** 来完成 3 处字符，结果如图 7-77 所示。

图 7-76　绘制两条直线段　　　　　　　图 7-77　创建 3 处字符

7.5　绘制模拟元件图形符号

本节以《电气简图用图形符号　第 13 部分：模拟元件》（GB/T 4728.13—2008）为依据，介绍关于模拟元件的几个典型图形符号绘制实例。

7.5.1 放大一般符号与放大器一般符号

模拟元件中的放大一般符号由一个等边三角形构成，如图 7-78 所示。可以按照以下的方法绘制此等边三角形。

```
命令：LINE↙
指定第一个点：
指定下一点或 [放弃(U)]：@2.5<-90↙
指定下一点或 [放弃(U)]：@2.5<30↙
指定下一点或 [闭合(C)/放弃(U)]：C↙
```

放大器的其中一种形式的一般符号如图 7-79 所示。可以分别使用"矩形""直线"和"多行文字"工具命令来绘制该放大器图形符号。

图 7-78 放大一般符号

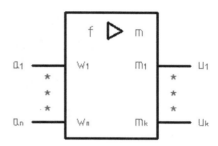

图 7-79 放大器一般符号（形式3）

7.5.2 运算放大器图形符号

运算放大器的其中一种图形符号如图 7-80 所示，该图形符号由等边三角形、矩形、直线和字符组成，其绘制步骤是：首先分别执行"直线"和"矩形"工具命令创建各自的图形组；其次使用"移动"工具命令将这些图形组移动组合在一起；最后执行"多行文字"工具命令创建所需的字符即可。

运算放大器还有其他形式的图形符号，如图 7-81 所示便是一例。它们的绘制方法都一样，只是复杂程度稍微不同而已。

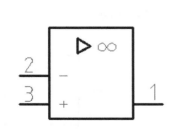

图 7-80 运算放大器图形符号 1

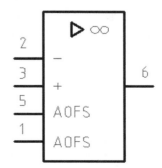

图 7-81 运算放大器图形符号 2

7.5.3 电压跟随器图形符号

电压跟随器图形符号如图 7-82 所示，该图形符号由等边三角形、矩形、直线和字符等组成，主要用于电路图和功能图中。

该电压跟随器图形符号的绘制方法和运算放大器图形符号的绘制方法类似，在电压跟随器图形符号的绘制过程中，需要注意一处黑点的绘制技巧，该处黑点可以单击"圆环"按钮◎来完成绘制（圆环的内径设置为 0，外径设置为 1）。当然，可以采用圆工具绘制一个小圆，然后使用"图案填充"工具命令将小圆填充涂黑。

7.5.4 转换器一般符号

转换器一般符号如图 7-83 所示，它由矩形、字符和直线组成，主要用户电路图、功能图和概略图中。若需要表示电气上是隔离的，则总限定符号"*/*"可以用"*//*"代替，星号"*"应用有关的量值或适当的符号代替。左星号指输入，右星号指输出。该图形符号的绘制较为简单，使用"矩形""直线""多行文字""矩形阵列"工具命令即可。

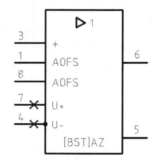

图 7-82　电压跟随器图形符号

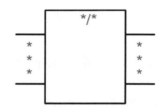

图 7-83　转换器一般符号

7.5.5 模拟开关图形符号

模拟开关标准图形符号如图 7-84 所示，下面介绍该图形符号的绘制步骤。

❶ 单击"矩形"按钮▢，在图形窗口中指定任意指定一点作为矩形的角点 1，接着输入"@18,18"来定义矩形的角点 2，从而绘制一个如图 7-85 所示的正方形。

❷ 单击"直线"按钮╱绘制直线。该步骤要完成如图 7-86 所示的两条水平直线段，它们的长度均为 8mm。

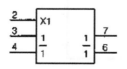

图 7-84　模拟开关图形符号

图 7-85　绘制正方形

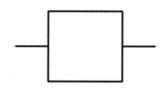

图 7-86　绘制两条水平线段

3 单击"偏移"按钮 ⊑，指定偏移距离为 5，分别选择要偏移的对象和指定偏移侧，创建如图 7-87 所示的 3 条偏移线。

4 指定要放置注释字符的图层为当前图层，单击"多行文字"按钮 A 创建相应的注释字符，如图 7-88 所示。

5 单击"直线"按钮 ，在相关字符之间绘制短直线段，如图 7-89 所示，注意短直线段的图层设置。

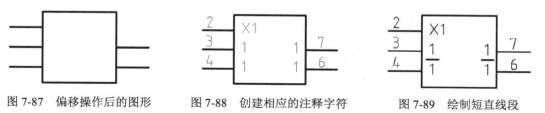

图 7-87　偏移操作后的图形　　图 7-88　创建相应的注释字符　　图 7-89　绘制短直线段

7.5.6　电压比较器图形符号

电压比较器图形符号如图 7-90 所示，图中给出了两种该比较器。电压比较器图形符号的绘制也较为简单，基本使用"矩形""直线"和"多行文字"工具命令，以及一些编辑工具命令即可完成。

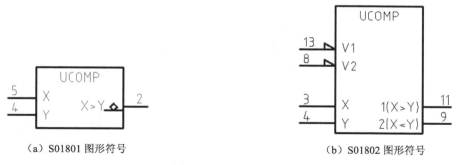

（a）S01801 图形符号　　　　　　（b）S01802 图形符号

图 7-90　电压比较器

7.6　思考与练习

（1）在绘制电气简图用图形符号时，有时启用捕捉模式和栅格显示模式很有帮助，也可提高绘图效率，请问如何启用捕捉模式和栅格显示模式？以及如何设置一致的捕捉间距和栅格间隔等参数？

（2）请分别指出如图 7-91 所示的图形符号都表示什么？

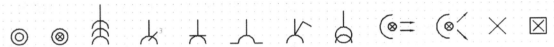

图 7-91　辨别图形符号练习

（3）请分别指出如图 7-92 所示的图形符号各表示什么？

图 7-92　辨别图形符号练习

（4）如何理解二进制逻辑概念？

（5）上机练习：请自行绘制模拟元件中的放大一般符号和放大器一般符号。

（6）上机练习：绘制如图 7-93 所示的图形符号。

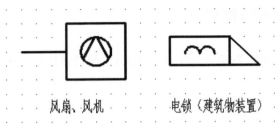

风扇、风机　　　　电锁（建筑物装置）

图 7-93　两种图形符号

（7）上机练习：绘制如图 7-94 所示的线接收器图形符号。

（8）上机练习：绘制如图 7-95 所示的带限流的可调正电压调整器图形符号。

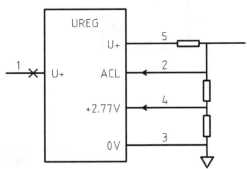

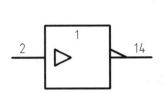

图 7-94　线接收器图形符号

图 7-95　带限流的可调正电压调整器图形符号

第8章 绘制电气设备用图形符号

本章导读

　　电气设备用图形符号是完全区别于电气简图用图形符号的另一类常用符号，此类图形符号主要适用于各种类型的电气设备或电气设备部件，以使操作人员了解其用途、操作方法和注意事项等信息。

　　本节介绍绘制电气设备用图形符号的几个实例。

8.1　电气设备用图形符号标准及其分类

　　在本书 4.2.2 节中，已经对电气设备用图形符号进行了基本介绍，在这里主要介绍一下电气设备用图形符号的标准及其分类。

　　电气设备用图形符号的国家标准有：《电气设备用图形符号　第 1 部分：概述与分类》（GB/T 5465.1—2009）和《电气设备用图形符号　第 2 部分：图形符号》（GB/T 5465.2—2008）。

　　电气设备用图形符号可以按照不同的形式来分类。分类有利于使用者从图形符号数据库中快速查找到所需的电气设备用图形符号。

　　如果按基本图形分类（每个符号只出现在一个类别中），可以将电气设备用图形符号分为"线""箭头""正方形""矩形和多边形""圆形""桶形""三角形""描述形"这些类别。该分类根据符号给人的第一印象确定，因此该分类包含了主观色彩。

　　如果按照功能分类，那么可以将电气设备用图形符号分为"控制""操作状态""运动""设备标识""信息传输、处理和注册""连接和中断""图像制作或处理""变量""安全""时间""显示"和"与人有关的信息"这些类别。该分类由符号的功能确定，一个符号可能会出现在多个类别中，本分类不应被看作是对符号应用范围的限制。

　　如果按应用专业分类，那么可以将电气设备用图形符号分为"通用""音视频设备""电话和电信""海事导航""家用电器""医用设备""安全"和"其他"这些类别。一个符号可能会出现在多个类别中。这是为了帮助使用者找到需要的符号，因此不应被看作是对符号应用范围的限制。

8.2 绘制电池图形符号实例

在本实例中绘制与电池相关的几个图形符号。如图 8-1（a）所示的图形为电池的一般符号，它用于电池供电的设备，标识与一次或二次电池电源供电的设备有关的器件，例如电池盒盖、连接器端子，注意本符号不用于表示极性；如图 8-1（b）所示的图形也是电池的一般符号，用于电池供电的设备，该一般符号与如图 8-1（a）所示的电池一般符号含义相同，是电池一般符号的另一种图形表示形式；如图 8-1（c）是电池定位图形符号，用于电池座的上面和内部，标识电池座本身和标识电池座内电池的定位；如图 8-1（d）是表示正号或正极的图形符号，即用于标识使用或产生直流设备的正极（该图形符号的含义取决于其取向）；如图 8-1（e）是表示负号或负极的图形符号，即用于标识使用或产生直流设备的负极（该图形符号的含义取决于其取向）。

　　（a）电池一般符号 1　　（b）电池一般符号 2　　（c）电池定位　　　（d）正号、正极　　（e）负号、负极

图 8-1　绘制与电池相关的几个图形符号

8.2.1　绘制电池一般符号 1

在本实例中先创建图形文件以及指定当前工作图层等，接着再开始绘制第一个图形符号，要绘制的第一个图形符号为电池一般符号 1，操作步骤如下。

1 在"快速访问"工具栏中单击"新建"按钮 🗋，弹出"选择样板"对话框，从本书配套资料包中选择"图形样板"|"ZJDQ_标准样板.dwt"文件，单击"打开"按钮。

2 使用"草图与注释"工作空间，在功能区"默认"选项卡的"图层"面板的"图层"下拉列表框中选择"粗实线"层作为当前图层。

3 通过命令行进行以下操作。

```
命令: LINE↙
指定第一个点:                            //在图形窗口中指定一个点作为直线起点
指定下一点或 [放弃(U)]: @10,0↙
指定下一点或 [放弃(U)]: @0,4↙
指定下一点或 [闭合(C)/放弃(U)]: ↙

命令: LINE↙
指定第一个点: @15,-4↙
指定下一点或 [放弃(U)]: @-10,0↙
指定下一点或 [放弃(U)]: @0,10↙
指定下一点或 [闭合(C)/放弃(U)]: ↙
```

绘制的直线如图 8-2 所示。

4 在"修改"面板中单击"拉长"按钮 ╱ ，根据命令行提示进行以下操作。

```
命令：_lengthen
选择要测量的对象或 [增量(DE)/百分比(P)/总计(T)/动态(DY)] <总计(T)>：DE↙
输入长度增量或 [角度(A)] <0.0000>：4↙
选择要修改的对象或 [放弃(U)]：          //单击左边竖直线段，单击位置靠近该竖直线段的下端点
选择要修改的对象或 [放弃(U)]：↙
```

拉长结果如图 8-3 所示。

5 在"修改"面板中单击"拉长"按钮 ╱ ，根据命令行提示进行以下操作。

```
命令：_lengthen
选择要测量的对象或 [增量(DE)/百分比(P)/总计(T)/动态(DY)] <增量(DE)>：DE↙
输入长度增量或 [角度(A)] <4.0000>：10↙
选择要修改的对象或 [放弃(U)]：          //单击右边竖直线段，单击位置靠近该竖直线段的下端点
选择要修改的对象或 [放弃(U)]：↙
```

完成此拉长操作后便完成了该电池一般符号的绘制，效果如图 8-4 所示。

图 8-2　绘制直线段　　　　图 8-3　按设定长度增量拉长线段　　　图 8-4　完成的电池一般符号 1

8.2.2　绘制电池一般符号 2

可以按照以下方法、步骤绘制第 2 种形式的电池一般符号。

1 单击"矩形"按钮 □ ，指定角点 1 后输入"@30,12.5"来指定角点 2，绘制第 1 个矩形。

2 单击"矩形"按钮 □ ，指定角点 1 后输入"@2.5,5"来指定角点 2，绘制第 2 个矩形。

3 单击"移动"按钮 ✛ ，根据命令行提示进行以下操作。

```
命令：_move
选择对象：找到 1 个                    //选择小矩形
选择对象：↙
指定基点或 [位移(D)] <位移>：          //选择如图 8-5 所示的中点
指定第二个点或 <使用第一个点作为位移>：//在确保关闭正交模式的状态下选择如图 8-6 所示的中点
```

移动结果如图 8-7 所示。如果有必要，可以对小矩形的两个外顶点进行微小的圆角处理。

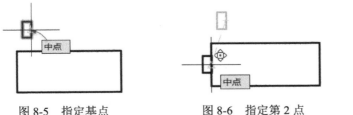
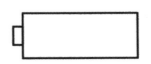

图 8-5　指定基点　　　　　图 8-6　指定第 2 点　　　　图 8-7　完成的电池一般符号 2

8.2.3　绘制电池定位图形符号

绘制电池定位图形符号的方法、步骤如下。

■1■ 单击"复制"按钮🖺，以窗口选择方式选择上一小节（8.2.2 节）完成的电池一般符号 2，接着依次指定基点和第 2 点来复制此电池一般符号。

■2■ 单击"直线"按钮╱，在复制得到的电池一般符号中绘制正交的两条直线段，这两条直线段的长度均为 8mm，如图 8-8 所示。

■3■ 单击"移动"按钮✛，根据命令行提示进行以下操作。

```
命令: _move
选择对象: 找到 1 个              //选择步骤②绘制的其中一条直线段
选择对象: 找到 1 个，总计 2 个    //选择步骤②绘制的另一条直线段
选择对象: ↙
指定基点或 [位移(D)] <位移>:     //选择如图 8-9 所示的端点定义移动基点
指定第二个点或 <使用第一个点作为位移>: @2.5<0↙
```

移动结果如图 8-10 所示，即完成了电池定位图形符号的绘制。

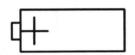
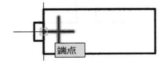
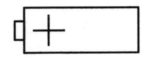

图 8-8　绘制正交的两条直线　　　　图 8-9　指定基点　　　　图 8-10　移动结果

8.2.4　绘制正极图形符号

正极图形符号的绘制很简单，也很灵活。在这里以以下方法步骤为例进行介绍。

■1■ 单击"直线"按钮╱，指定直线段的起点，接着输入"@30,0"来定义直线段的第 2 点，从而绘制一条水平的直线段。

■2■ 单击"旋转"按钮◌，根据命令行提示进行以下操作。

```
命令: _rotate
UCS 当前的正角方向: ANGDIR=逆时针  ANGBASE=0
选择对象: 找到 1 个                    //选择步骤①绘制的水平直线段
选择对象: ↙
指定基点:                             //选择如图 8-11 所示的中点作为旋转基点
指定旋转角度，或 [复制(C)/参照(R)] <0>: C↙
旋转一组选定对象
指定旋转角度，或 [复制(C)/参照(R)] <0>: 90↙
```

旋转结果如图 8-12 所示。

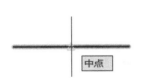

图 8-11　选择中点作为旋转基点

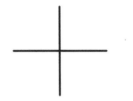

图 8-12　完成的正极图形符号

8.2.5　绘制负极图形符号

要绘制负极图形符号，可按照以下方法来进行。

```
命令：LINE↙
指定第一个点：                    //在图形窗口中的适当位置处指定一点
指定下一点或 [放弃(U)]: @30<0↙
指定下一点或 [放弃(U)]: ↙
```

8.3　绘制计算机网络图形符号

本实例要完成的计算机网络图形符号如图 8-13 所示，它用于标识计算机网络本身或指示计算机网络的连接终端。下面介绍如何绘制该计算机网络图形符号。

❶　在"快速访问"工具栏中单击"新建"按钮 ⬚，弹出"选择样板"对话框，选择 acadiso.dwt 图形样板文件，单击"打开"按钮。

❷　系统默认的当前图层为 0 层，此时可以更改默认线宽。更改默认线宽的方法是：在功能区的"默认"选项卡的"特性"面板中，打开"线宽"下拉列表框，如图 8-14 所示，从该下拉列表框中选择"线宽设置"选项，弹出"线宽设置"对话框。确保选中"显示线宽"复选框，从"默认"下拉列表框中选择 0.50mm，如图 8-15 所示，然后单击"确定"按钮。

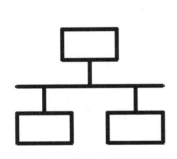

图 8-13　计算机网络图形符号

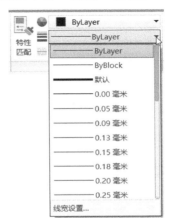

图 8-14　打开"线宽"下拉列表框

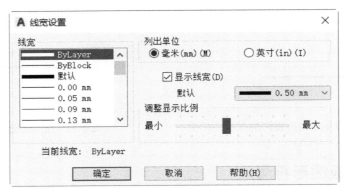

图 8-15　"线宽设置"对话框

　3　绘制一条直线。单击"直线"按钮　，任意指定第一个点，接着指定第二个点的坐标为"@16, 0"，从而绘制第一条直线。

　4　再绘制其他 3 条直线段，绘制方法如下。

```
命令：LINE↙
指定第一个点：@-3,0↙
指定下一点或 [放弃(U)]：@0,-3↙
指定下一点或 [放弃(U)]：↙
命令：LINE↙
指定第一个点：@-10,0↙
指定下一点或 [放弃(U)]：@0,3↙
指定下一点或 [放弃(U)]：↙
命令：LINE↙
指定第一个点：                         //选择水平直线段的中点
指定下一点或 [放弃(U)]：@0,3↙
指定下一点或 [放弃(U)]：↙
```

此时绘制的图形如图 8-16 所示。

　5　单击"矩形"按钮　，在图形窗口中绘制一个长为 6mm、宽为 3.5mm 的长方形（矩形）。

　6　单击"移动"按钮　，根据命令行提示进行以下操作。

```
命令：_move
选择对象：找到 1 个                        //选择长方形（矩形）
选择对象：↙
指定基点或 [位移(D)] <位移>：              //选择长方形下边中点 A，如图 8-17 所示
指定第二个点或 <使用第一个点作为位移>：<正交 关> //选择端点 B，如图 8-17 所示
```

图 8-16　绘制的图形

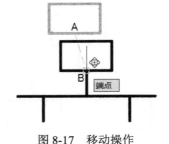

图 8-17　移动操作

1 单击"复制"按钮 ，根据命令行提示进行以下操作。

```
命令：_copy
选择对象：找到 1 个                                    //选择长方形（矩形）
选择对象：↙
当前设置：复制模式 = 单个
指定基点或 [位移(D)/模式(O)/多个(M)] <位移>：M↙        //选择"多个"选项
指定基点或 [位移(D)/模式(O)/多个(M)] <位移>：           //选择如图 8-18 所示的中点
指定第二个点或 [阵列(A)] <使用第一个点作为位移>：        //选择如图 8-19 所示的端点
指定第二个点或 [阵列(A)/退出(E)/放弃(U)] <退出>：        //选择如图 8-20 所示的端点
指定第二个点或 [阵列(A)/退出(E)/放弃(U)] <退出>：↙
```

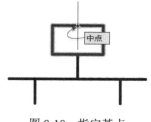
图 8-18　指定基点

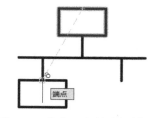
图 8-19　指定一点创建复制副本

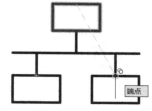
图 8-20　创建复制副本 2

8.4　绘制会议电话图形符号

本实例要绘制的会议电话图形符号如图 8-21 所示。该图形符号用于电话设备，标识选通所选用户发言的控制。实例操作步骤如下。

1 单击"圆心、半径"按钮 ，在图形窗口中指定一点作为圆心位置，绘制一个半径为 1.5 的小圆。

2 使用同样的方法再绘制一个较大的圆，该圆半径为 6.1 并且与第一个小圆同心，如图 8-22 所示。

3 单击"圆心、半径"按钮 ，以大圆的下象限点为圆心绘制一个半径为 1.5 的小圆，如图 8-23 所示。

图 8-21　会议电话图形符号

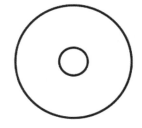
图 8-22　完成绘制两个圆

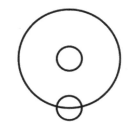
图 8-23　再绘制一个小圆

4 通过环形阵列操作创建其他小圆。单击"环形阵列"按钮 ，选择位于下方的小圆并按 Enter 键，接着选择大圆的圆心位置指定为阵列的中心点，然后在功能区的"阵列创建"上下文选项卡中将项目数设置为 5，以及设置其他参数，如图 8-24 所示，单击"关闭阵列"按钮✔，阵列结果如图 8-25 所示。

图 8-24　"阵列创建"上下文选项卡

⑤　选择大圆，按 Delete 键将其删除。

⑥　单击"直线"按钮 ⟋ 绘制相应的直线段，如图 8-26 所示。

⑦　单击"修剪"按钮 ✂，将图形修剪成如图 8-27 所示。

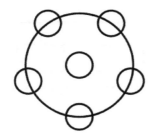 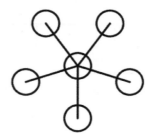 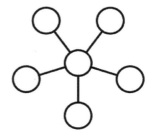

图 8-25　阵列结果　　　　图 8-26　绘制相应的直线　　　　图 8-27　修剪图形

⑧　单击"图案填充"按钮▨，打开"图案填充创建"选项卡，在"图案"面板中单击 SOLID 图标■，接着分别在各个圆内单击以拾取相应的内部点，单击"关闭图案填充创建"按钮✔，从而完成本例操作。

知识点拨：在本例中，还可以采用其他方法绘制会议电话图形符号，例如先创建一条直线段，接着通过环形阵列的方式创建其他直线段，然后使用"圆环"命令在相应线段端点创建相关实心圆即可。

8.5　绘制电话线图形符号

本实例要绘制的电话线图形符号如图 8-28 所示，该图形符号标识任何连接到电话线上的通信设备的终端。该实例的电话线图形符号的绘制方法如下，注意在使用 PLINE 命令创建二维多段线的过程中，可以为多段线设置起点宽度和端点宽度。

```
命令：PLINE✓
指定起点：              //在图形窗口中任意指定一点
当前线宽为 0.0000
指定下一个点或 [圆弧(A)/半宽(H)/长度(L)/放弃(U)/宽度(W)]：W✓
指定起点宽度 <0.0000>：0.5✓
指定端点宽度 <0.5000>：✓
```

图 8-28　电话线图形符号

```
指定下一个点或 [圆弧(A)/半宽(H)/长度(L)/放弃(U)/宽度(W)]: @10<0✓
指定下一点或 [圆弧(A)/闭合(C)/半宽(H)/长度(L)/放弃(U)/宽度(W)]: @6<-90✓
指定下一点或 [圆弧(A)/闭合(C)/半宽(H)/长度(L)/放弃(U)/宽度(W)]: @2<180✓
指定下一点或 [圆弧(A)/闭合(C)/半宽(H)/长度(L)/放弃(U)/宽度(W)]: @2<-90✓
指定下一点或 [圆弧(A)/闭合(C)/半宽(H)/长度(L)/放弃(U)/宽度(W)]: @2<180✓
指定下一点或 [圆弧(A)/闭合(C)/半宽(H)/长度(L)/放弃(U)/宽度(W)]: @2<-90✓
指定下一点或 [圆弧(A)/闭合(C)/半宽(H)/长度(L)/放弃(U)/宽度(W)]: @2<180✓
指定下一点或 [圆弧(A)/闭合(C)/半宽(H)/长度(L)/放弃(U)/宽度(W)]: @2<90✓
指定下一点或 [圆弧(A)/闭合(C)/半宽(H)/长度(L)/放弃(U)/宽度(W)]: @2<180✓
指定下一点或 [圆弧(A)/闭合(C)/半宽(H)/长度(L)/放弃(U)/宽度(W)]: @2<90✓
指定下一点或 [圆弧(A)/闭合(C)/半宽(H)/长度(L)/放弃(U)/宽度(W)]: @2<180✓
指定下一点或 [圆弧(A)/闭合(C)/半宽(H)/长度(L)/放弃(U)/宽度(W)]: C✓
```

8.6　绘制非电离的电磁辐射图形符号

　　本实例要完成的非电离的电磁辐射图形符号如图 8-29 所示。该图形符号用于指示常规的、有潜在危险的非电离辐射，或指示其设备或系统，如在诊断或治疗中使用的射频发射装置或应用射频电磁能量的医疗电子区域。本实例的操作步骤如下。

　　① 绘制相关的圆。单击"圆心、半径"按钮⊙来分别绘制半径为 2mm、6mm、10.5mm 和 15mm 的同心圆，如图 8-30 所示。

　　② 绘制"直线"按钮／，根据命令行提示进行以下操作。

```
命令: _line
指定第一个点:                    //选择圆心
指定下一点或 [放弃(U)]: @18<-109✓
指定下一点或 [放弃(U)]: ✓
```

绘制的第 1 条倾斜的直线段如图 8-31 所示。

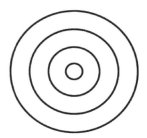
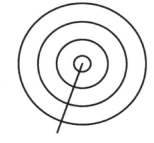

图 8-29　要完成的图形符号　　　　图 8-30　绘制同心圆　　　图 8-31　绘制的第 1 条倾斜的直线段

　　③ 绘制"直线"按钮／，根据命令行提示进行以下操作。

```
命令: _line
指定第一个点:                    //选择圆心
指定下一点或 [放弃(U)]: @18<-71✓
指定下一点或 [放弃(U)]: ✓
```

绘制的第 2 条倾斜直线段如图 8-32 所示。

4 绘制 "直线" 按钮 ，分别选择线段的相应端点绘制一条直线段，如图 8-33 所示。

5 单击 "偏移" 按钮 ，根据命令行提示进行以下操作。

```
命令: _offset
当前设置: 删除源=否  图层=源  OFFSETGAPTYPE=0
指定偏移距离或 [通过(T)/删除(E)/图层(L)]: 10.1✓           //输入偏移距离为 10.1
选择要偏移的对象，或 [退出(E)/放弃(U)] <退出>:            //选择下方水平直线段
指定要偏移的那一侧上的点，或 [退出(E)/多个(M)/放弃(U)] <退出>: //在所选线段的上方区单击
选择要偏移的对象，或 [退出(E)/放弃(U)] <退出>:✓
```

偏移结果如图 8-34 所示。

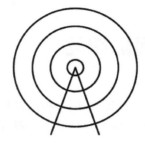 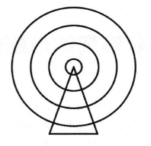 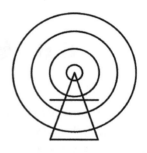

图 8-32　绘制的第 2 条倾斜直线段　　　图 8-33　绘制一条直线段　　　图 8-34　偏移结果

6 单击 "直线" 按钮 分别绘制如图 8-35 所示的线段 AB、AC、AD 和 AE，它们分别与水平轴成 45°、−45°、−135°、135°，它们的参考长度可选用 20mm。

7 单击 "修剪" 按钮 ，将图形修剪成如图 8-36 所示。

8 单击 "删除" 按钮 ，分别选择线段 AB、AC、AD 和 AE，按 Enter 键，完成将所选的线段删除操作。

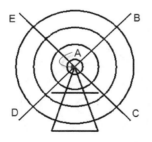  

图 8-35　绘制辅助直线段　　　图 8-36　修剪图形　　　图 8-37　删除辅助线段

9 单击 "图案填充" 按钮 ，打开 "图案填充创建" 选项卡，在 "图案" 面板中单击 SOLID 图标 ，接着在最小圆内拾取一点，以及在梯形图形内拾取一点，如图 8-38 所示，然后单击 "关闭图案填充创建" 按钮 。

10 选择所有圆弧，接着从 "特性" 面板的 "线宽" 下拉列表框中指定线宽为 1.00mm，如图 8-39 所示。至此，完成该图形符号的绘制。

图 8-38　实体填充

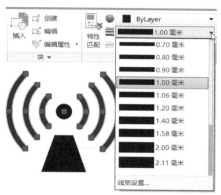

图 8-39　为选定圆弧指定线宽

8.7　绘制相关的接地图形符号

在本实例中绘制与接地技术相关的几个图形符号。如图 8-40（a）所示的图形为接地一般符号，用于在特定情况下标识接地端子；如图 8-40（b）所示为功能性接地图形符号，表示功能性接地端子，例如为避免设备发生故障而专门设计的一种接地系统；如图 8-40（c）所示为保护接地图形符号，标识在发生故障时防止电击的与外保护导体相连接的端子，或与保护接地电极相连接的端子。

（a）接地一般符号

（b）功能性接地

（c）保护接地

图 8-40　与接地技术相关的几个图形符号

8.7.1　绘制接地一般符号

可以按照以下方法和步骤绘制接地一般符号。

1 绘制一条水平线段。单击"直线"按钮／，任意指定第一个点，接着指定第二个点的坐标为"@10,0"，从而绘制第一条水平线段。

2 绘制一条竖直直线段。单击"直线"按钮／，选择第一条水平直线段的中点，接着指定第二点为"@14<90"，从而绘制一条竖直线段，此时图形如图 8-41 所示。

3 通过偏移操作创建其他线段。单击"偏移"按钮 分别创建如图 8-42 所示的其他线段（图中特意给出了相关的偏移距离）。

图 8-41　完成绘制两条线段

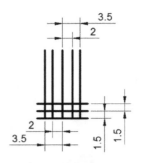

图 8-42　偏移操作

④ 单击"修剪"按钮 ✂，将图形修剪成如图 8-43 所示。

⑤ 单击"删除"按钮 ✎，选择不需要的线段并按 Enter 键以将它们删除，结果如图 8-44 所示。

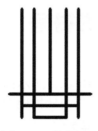

图 8-43　修剪图形

图 8-44　完成的接地一般符号

8.7.2　绘制功能性接地符号

功能性接地符号的绘制方法和步骤如下。

① 按照 8.7.1 节介绍的方法绘制好接地一般符号。当然在本例中可以通过"复制（COPY）"命令复制一个接地一般符号。

② 单击"圆心、起点、角度"按钮 ⟋，根据命令行提示进行以下操作。

```
命令：_arc
指定圆弧的起点或 [圆心(C)]：_c
指定圆弧的圆心：                    //选择如图 8-45 所示的线段中点作为圆心
指定圆弧的起点：@6.75,0↙
指定圆弧的端点(按住 Ctrl 键以切换方向)或 [角度(A)/弦长(L)]：_a
指定夹角(按住 Ctrl 键以切换方向)：180↙
```

绘制的圆弧如图 8-46 所示。

③ 单击"拉长"按钮 ⟋，根据命令行提示进行以下操作。

```
命令：_lengthen
选择要测量的对象或 [增量(DE)/百分比(P)/总计(T)/动态(DY)] <总计(T)>：DE↙
输入长度增量或 [角度(A)] <0.0000>：-4.2↙
选择要修改的对象或 [放弃(U)]：         //在靠近竖直线段的上端点地方单击竖直线段
选择要修改的对象或 [放弃(U)]：↙
```

由于指定的长度增量为负值，则完成此步骤操作可将选定线段按照设定的增量值进行缩短，结果如图 8-47 所示。

图 8-45　指定圆心位置

图 8-46　绘制的圆弧

图 8-47　完成的图形符号

8.7.3　绘制保护接地符号

绘制保护接地符号的一般方法和步骤如下。

1 单击"复制"按钮 [○]，通过指定点 1 和点 2 定义一个选择窗口以选择完全位于窗口内的图形，如图 8-48 所示，按 Enter 键结束对象选择后，指定基点和另外的一点以创建一个所选对象的副本。

2 单击"圆心、半径"按钮 ⊙，根据命令行进行以下操作。

```
命令: _circle
指定圆的圆心或 [三点(3P)/两点(2P)/切点、切点、半径(T)]://选择如图 8-49 所示的端点作为圆心
指定圆的半径或 [直径(D)] <5.3686>: D↙
指定圆的直径 <10.7372>: 13.5↙
```

完成绘制的一个圆如图 8-50 所示。

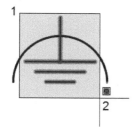

图 8-48　指定圆心位置

图 8-49　指定圆心

图 8-50　完成绘制的一个圆

3 单击"移动"按钮 ✛，根据命令行提示进行以下操作。

```
命令: _move
选择对象: 找到 1 个                          //选择步骤 2 绘制的圆
选择对象: ↙
指定基点或 [位移(D)] <位移>:                 //选择如图 8-51 所示的象限点作为基点
指定第二个点或 <使用第一个点作为位移>: @2<90↙
```

完成保护接地图形符号的绘制，如图 8-52 所示。

图 8-51　指定基点

图 8-52　完成绘制的保护接地图形符号

8.8　绘制彩色、亮度、对比度、色饱和度图形符号

本实例绘制彩色（限定符号）、亮度、对比度和色饱和度图形符号。如图 8-53（a）所示的图形为彩色限定符号，用于区别彩色与黑白的控制和终端，如果本符号被复制成彩色，应按左、上、右顺序分别用红、蓝、绿的颜色标示；如图 8-53（b）所示为"亮度；辉度"图形符号，用于标识诸如亮度调节器、电视接收机、监视器或示波器等设备的亮度控制；如图 8-53（c）所示为对比度图形符号，用于标识诸如电视接收机、监视器、示波器等的对比度控制；如图 8-53（d）所示为色饱和度图形符号，用于标识色彩饱和度控制。

（a）彩色限定符号

（b）亮度；辉度

（c）对比度

（d）色饱和度

图 8-53　彩色、亮度、对比度、色饱和度图形符号

8.8.1　绘制彩色限定符号

依据彩色限定符号的特点，最快捷的方法是通过"圆环"命令来完成。

单击"圆环"按钮◎，接着指定圆环内径为 0，圆环外径为 6，并依次指定 3 个中心点以绘制 3 个同规格参数的实心圆，如图 8-54 所示，具体的操作历史记录及解释说明如下。

```
命令：_donut
指定圆环的内径 <0.5000>: 0↙
指定圆环的外径 <1.0000>: 6↙
指定圆环的中心点或 <退出>:                    //在图形窗口中的适当位置处指定一点
指定圆环的中心点或 <退出>: @9<0↙
指定圆环的中心点或 <退出>: @9<120↙
指定圆环的中心点或 <退出>:↙
```

彩色限定符号还可以采用其他方法绘制，例如先单击"直线"按钮╱绘制一个边长为 9 的等边三角形，接着单击"圆心、半径"按钮⌒分别在等边三角形的 3 个顶点处各绘制一个半径

为 3 的圆,如图 8-55 所示,然后单击"图案填充"按钮▧在各圆内填充涂黑,最后将等边三角形删除即可。

图 8-54 彩色限定符号

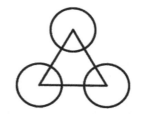

图 8-55 其他绘制方法示例

8.8.2 绘制"亮度;辉度"图形符号

可以按照以下的方法、步骤绘制"亮度;辉度"图形符号。

1 单击"圆心、半径"按钮⊙,接着分别指定圆心和半径,其中半径设为 6,从而绘制一个圆。

2 单击"直线"按钮╱,指定起点为"@6.8<0",下一点为"@2.1<0",从而绘制如图 8-56 所示的一小段线段。

3 单击"环形阵列"按钮✹,选择线段,按 Enter 键结束对象选择后选择圆心作为环形阵列的中心点,接着在功能区出现的"阵列创建"上下文选项卡中将项目数设置为 8,整个填充角度为 360°,行数和级别层数均默认为 1,单击"关闭阵列"按钮✔,完成的"亮度;辉度"图形符号如图 8-57 所示。

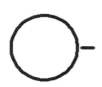

图 8-56 在绘制圆后绘制一条直线段

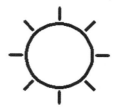

图 8-57 完成的"亮度;辉度"图形符号

8.8.3 绘制"对比度"图形符号

可以按照以下的方法、步骤绘制"对比度"图形符号。

1 单击"圆心、半径"按钮⊙,接着分别指定圆心和半径,其中半径设为 6,从而绘制一个圆。

2 单击"直线"按钮╱,在圆中绘制如图 8-58 所示的一条线段。

3 单击"图案填充"按钮▧,打开"图案填充创建"选项卡,在"图案"面板中单击 SOLID 图标▇,接着在如图 8-59 所示的区域内单击以拾取其内部点,然后单击"关闭图案填充创建"按钮✔。完成的"对比度"图形符号如图 8-60 所示。

图 8-58　在圆内绘制一条线段

拾取内部点

图 8-59　拾取内部点

图 8-60　"对比度"图形符号

8.8.4　绘制"色饱和度"图形符号

"色饱和度"图形符号的绘制方法和步骤如下。

1 单击"圆心、半径"按钮◯，接着分别指定圆心和半径，其中半径设为 6，从而绘制一个圆。

2 单击"圆心、半径"按钮◯，分别绘制如图 8-61 所示的两个圆，其中一个圆的半径为 3.4，另一个圆的半径为 1.5。

3 单击"环形阵列"按钮∷，选择半径最小的一个圆，按 Enter 键结束对象选择后选择大圆（半径最大的圆）的圆心作为环形阵列的中心点，接着在功能区出现的"阵列创建"上下文选项卡中将项目数设置为 3，整个填充角度为 360°，行数和级别层数均默认为 1，单击"关闭阵列"按钮✔，此时图形如图 8-62 所示。

4 单击"直线"按钮／，绘制如图 8-63 所示的一条线段。

图 8-61　继续绘制两个圆

图 8-62　创建环形阵列

图 8-63　绘制一条线段

5 单击"删除"按钮✐，选择如图 8-64 所示的一个圆，按 Enter 键，从而将所选的该圆删除。

6 单击"图案填充"按钮▨，打开"图案填充创建"选项卡，在"图案"面板中单击 SOLID 图标■，接着分别在如图 8-65 所示的区域 1、区域 2 和区域 3 内单击以拾取相应的内部点，单击"关联"按钮▨以取消图案填充的关联性，然后单击"关闭图案填充创建"按钮✔，此时图形效果如图 8-66 所示。

图 8-64　选择要删除的圆

图 8-65　拾取相应内部点

图 8-66　完成图案填充

1️⃣ 单击"删除"按钮，使用窗口选择方式选择如图 8-67 所示的整个图形，接着按住 Shift 键的同时单击最大的圆和实体填充图案以将它们从选择集中清除，此时选择集如图 8-68 所示（这里以特定虚线显示的为选择集包含的图线），按 Enter 键将选择集包含的图线删除，完成的"色饱和度"图形符号如图 8-69 所示。

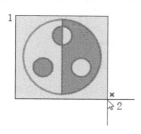

图 8-67　选择整个图形

图 8-68　选择集

图 8-69　完成的"色饱和度"图形符号

8.9　绘制"不得用于住宅区"图形符号

本例要完成的"不得用于住宅区"图形符号如图 8-70 所示，该图形符号用于标识不宜用在居住区的电子设备（如工作时产生无线电干扰的设备）。其绘制步骤如下。

1️⃣ 单击"直线"按钮，进行以下操作来绘制如图 8-71 所示的图形。

```
命令: _line
指定第一个点:                      //在图形窗口中指定一点
指定下一点或 [放弃(U)]: @28<-90↙
指定下一点或 [放弃(U)]: @11<0↙
指定下一点或 [闭合(C)/放弃(U)]: @11.2<90↙
指定下一点或 [闭合(C)/放弃(U)]: @3<0↙
指定下一点或 [闭合(C)/放弃(U)]: @25<135↙
指定下一点或 [闭合(C)/放弃(U)]: ↙
```

图 8-70　"不得用于住宅区"图形符号

图 8-71　使用直线工具绘制图形

2️⃣ 镜像图形。单击"镜像"按钮，选择要镜像的图线（如图 8-72 所示的线 1、线 2、线 3 和线 4 为所选图线）并按 Enter 键，接着选择竖直长线段的上端点作为镜像线的第一点，选择竖直长线段的下端点作为镜像线的第二点，然后在"要删除源对象吗？[是(Y)/否(N)] <否>:"提示下按 Enter 键，镜像结果如图 8-73 所示。

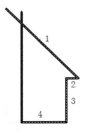

图 8-72　选择要镜像的图线

图 8-73　镜像结果

单击"偏移"按钮⊆，按照如图 8-74 所示给出的偏移距离尺寸创建相应的偏移线。

单击"修剪"按钮✂，修剪结果如图 8-75 所示。

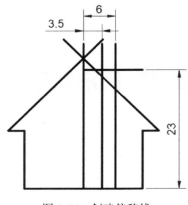

图 8-74　创建偏移线

图 8-75　镜像结果

单击"删除"按钮✎，选择如图 8-76 所示的竖直线段，按 Enter 键，从而将该竖直线段删除。

单击"直线"按钮／，选择如图 8-77 所示的端点作为新直线段的起点，接着指定下一点为"@27.6<45"，从而绘制如图 8-78 所示的一条与水平位置成 45°的直线段。

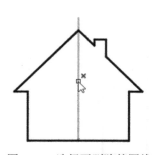

图 8-76　选择要删除的图线

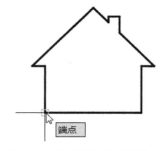

图 8-77　选择端点为直线起点

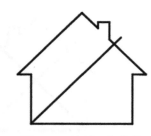

图 8-78　绘制一条线段

单击"直线"按钮／，选择如图 8-79 所示的端点作为新直线段的起点，接着指定下一点为"@27.6<135"，从而绘制一条倾斜的直线段，如图 8-80 所示。

在"修改"面板中单击"拉长"按钮／，根据命令行提示进行以下操作。

```
命令: _lengthen
选择要测量的对象或 [增量(DE)/百分比(P)/总计(T)/动态(DY)] <总计(T)>: DE✓
```

```
输入长度增量或 [角度(A)] <0.0000>: 3✓
选择要修改的对象或 [放弃(U)]:                    //选择步骤 6 创建的直线段，选择点靠近其下端点
选择要修改的对象或 [放弃(U)]:                    //选择步骤 7 创建的直线段，选择点靠近其下端点
选择要修改的对象或 [放弃(U)]: ✓
```

拉长选定图线的效果如图 8-81 所示。

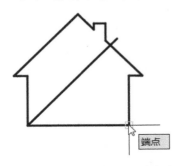
图 8-79　选择端点作为直线起点

图 8-80　绘制一条线段

图 8-81　拉长相应线段

8.10　绘制"通风机；鼓风机；风扇"图形符号

本例要完成的"通风机；鼓风机；风扇"图形符号如图 8-82 所示，该图形符号用于标识操控通风机的开关或控制，如电影机或幻灯机上的风扇、室内风扇。该图形符号的绘制方法和步骤如下。

1　单击"圆心、直径"按钮⊘，接着分别指定圆心和直径，其中直径设为 6.5，从而绘制一个圆。

2　单击"圆心、直径"按钮⊘，接着分别指定圆心和直径，其中其直径为 19，从而绘制一个圆，该圆与第一个圆同心，如图 8-83 所示。

编号：5015

图 8-82　"通风机；鼓风机；风扇"图形符号

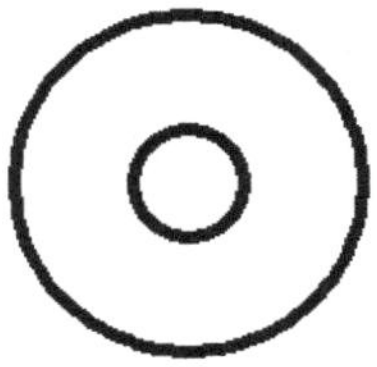

图 8-83　完成绘制的两个圆

3　单击"直线"按钮╱进行以下操作。

```
命令: _line
指定第一个点:                                    //选择如图 8-84 所示的象限点
指定下一点或 [放弃(U)]: @11.3<0✓
指定下一点或 [放弃(U)]: @6.2<-90✓
指定下一点或 [闭合(C)/放弃(U)]: @10<180✓
指定下一点或 [闭合(C)/放弃(U)]: ✓
```

绘制好这些直线段后的图形效果如图 8-85 所示。

🔷 单击"修剪"按钮 ✂ 进行以下操作。

```
命令: _trim
当前设置: 投影=UCS, 边=延伸
选择剪切边...
选择对象或 <全部选择>: 找到 1 个                    //选择大圆, 如图 8-86 所示
选择对象: ✓
选择要修剪的对象, 或按住 Shift 键选择要延伸的对象, 或 [栏选(F)/窗交(C)/投影(P)/边(E)/删
除(R)/放弃(U)]:                              //在如图 8-86 所示的大概位置单击所需的直线段
选择要修剪的对象, 或按住 Shift 键选择要延伸的对象, 或 [栏选(F)/窗交(C)/投影(P)/边(E)/删
除(R)/放弃(U)]: ✓
```

图 8-84　指定直线起点

图 8-85　绘制相关直线段

图 8-86　修剪操作图解

8.11　思考与练习

（1）如何理解电气设备用图形符号？电气设备用图形符号可以有哪些分类？

（2）电气设备用图形符号与电气简图用图形符号的形式大部分不相同，但有极少一些相同，但含义不相同，能找出一两个此类的图形符号吗？

（3）上机练习：请绘制如图 8-87 所示的电源插头图形符号（具体尺寸由读者自己测绘来决定），它标识电源（市电电源）的连接件（如插头或塞绳），或标识连接件的存放位置。

（4）上机练习：请绘制如图 8-88 所示的熔断器图形符号（具体尺寸由读者自己测绘来决定）。该电气设备用的图形符号标识熔断器盒及其位置。

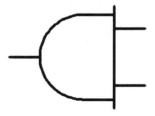
图 8-87　电源插头图形符号

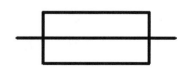
图 8-88　熔断器图形符号（电气设备用）

（5）请了解如图 8-89 所示的电气设备用图形符号，然后绘制它们，并课外查阅《电气设备用图形符号　第 2 部分：图形符号》（GB/T 5465.2—2008）来了解它们的含义用途。

（a）通（电源）　　　（b）断（电源）　　　（c）待机　　　（d）通/断（按一按）　　　（e）通/断（按钮开关）

图 8-89　电源相关的图形符号

（6）课外练习：有些电气设备需要标识具有过压保护的设备，例如雷电过电压，请按照标准绘制过压保护装置图形符号。可通过《电气设备用图形符号　第 2 部分：图形符号》（GB/T 5465.2—2008）查到过压保护装置图形符号。

第 9 章　电子元器件三维实体建模

本 章 导 读

　　AutoCAD 的三维建模功能也十分强大，在有些场合可以对电子元器件进行三维实体建模，并可以进行真实感渲染，以及执行工程分析、检查装配干涉等设计工作。

　　本章主要介绍电子元器件三维设计的一些实用知识，包括用户坐标系应用、三维建模基础、三维实体编辑与操作、相关电子元器件三维建模实例。通过本章的学习，读者应该能够对 AutoCAD 的三维实体建模有深刻的认识，辅以一定的实例练习后，也可以在工作中学以致用，举一反三。

9.1　用户坐标系应用

　　AutoCAD 中的用户坐标系（UCS）是可移动的坐标系，可用于二维制图和三维建模，属于一种非常重要的基本工具。

9.1.1　用户坐标系概述

　　UCS 定义在其中创建和修改对象的 XY 平面（也称为工作平面），定义用于特征（类似正交模式、极轴追踪和对象捕捉追踪）的水平和垂直方向，决定坐标输入的原点、方向和绝对参照角度，以及在三维操作中定义工作平面、投影平面和 Z 轴（用于垂直方向和旋转轴）的方向等。实际上，在三维环境中创建或修改对象时，可以在三维空间中的任何位置移动和重新定向 UCS 以简化工作，巧用 UCS 可以给三维模型工作带来很大方便，从某种意义上来说，控制 UCS 对于三维工作是一项基本功能。

　　需要用户注意的是，图形中的所有对象均由其世界坐标系（WCS）中的坐标定义，它无法移动或旋转，而 WCS 和 UCS 在新图形中最初是重合的。

　　AutoCAD 中，UCS 图标在确定正轴方向和旋转方向时遵循着传统的右手定则，如图 9-1 所示。用户可以通过单击 UCS 图标并使用其夹点或使用 UCS 命令来更改当前 UCS 的位置和方向。另外，使用 UCSICON 命令的"特性"选项，可以控制 UCS 图标是否可见并更改其外观。

9.1.2　用户坐标系图标的显示

UCS 图标可以帮助用户使用户坐标系的当前方向（相对于当前查看方向）可视化。

在命令行的"键入命令"提示下输入 UCSICON 并按 Enter 键，此时命令行出现"输入选项 [开(ON)/关(OFF)/全部(A)/非原点(N)/原点(OR)/可选(S)/特性(P)] <开>:"的提示信息，从中选择"开 (ON)"或"关(OFF)"选项可以打开或关闭 UCS 图标的显示。

如果在"输入选项 [开(ON)/关(OFF)/全部(A)/非原点(N)/原点(OR)/可选(S)/特性(P)] <开>:"提示下选择"原点(OR)"选项，则设置在 UCS 原点处显示 UCS 图标。如果在视口中未显示 UCS 原点的位置，则 UCS 图标将显示在视口的左下角。

如果在"输入选项 [开(ON)/关(OFF)/全部(A)/非原点(N)/原点(OR)/可选(S)/特性(P)] <开>:"提示下选择"特性(P)"选项，则系统弹出如图 9-2 所示的"UCS 图标"对话框，从中可以控制 UCS 图标样式、大小和颜色等，即可以更改 UCS 图标外观。用户也可以在"三维建模"工作空间功能区的"常用"选项卡的"坐标"面板中单击"UCS 图标，特性"按钮来打开"UCS 图标"对话框以控制 UCS 图标的样式、大小和颜色。

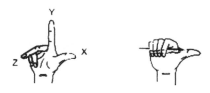

图 9-1　右手定则示意

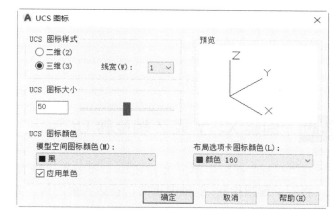

图 9-2　"UCS 图标"对话框

AutoCAD 中的 UCS 图标可以显示为如图 9-3 所示的 3 种版本。

注意： 在二维环境中，可以选择该图标的二维或三维样式来表示 UCS。UCS 图标可以显示在 UCS 的原点或视口的左下角。当显示多个视口时，每个视口都显示自己的 UCS 图标。当使用三维视觉样式时显示着色 UCS 图标。

（a）二维 UCS 图标　　　　　　（b）三维 UCS 图标　　　　　　（c）着色 UCS 图标

图 9-3　3 种版本的 UCS 图标

知识点拨：切换至"三维建模"工作空间，在"常用"选项卡的"坐标"面板中提供了关于坐标应用的相关功能按钮，其中也包括控制 UCS 图标显示的工具按钮，即"在原点处显示 UCS 图标"按钮⬚、"显示 UCS 图标"按钮⬚和"隐藏 UCS 图标"按钮⬚，如图 9-4 所示。"在原点处显示 UCS 图标"按钮⬚用于仅在原点处显示 UCS 图标；"显示 UCS 图标"按钮⬚用于在原点或视口角点处显示 UCS 图标；"隐藏 UCS 图标"按钮⬚用于隐藏 UCS 图标。

9.1.3 移动/重定义 UCS 原点

移动/重定义 UCS 原点较为快捷的方法是使用原点夹点，即在图形窗口中单击 UCS 图标，接着单击并拖动出现的方形原点夹点（UCS 的方形原点夹点典型示例如图 9-5 所示）到其新位置，则 UCS 原点（0, 0, 0）被重新定义到指定的点处。也可以在"坐标"面板中单击"原点"按钮⬚，接着指定新原点。如果要精确放置原点，则使用对象捕捉、栅格捕捉或输入特定的 X、Y、Z 坐标。

图 9-4 "坐标"面板

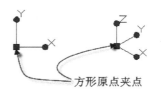

图 9-5 UCS 的方形原点夹点示例

9.1.4 围绕 X、Y 或 Z 轴旋转 UCS

在"坐标"面板中单击 X 按钮⬚，接着指定绕 X 轴的旋转角度，即可绕 X 轴旋转用户坐标系。将右手拇指指向 X 轴的正向，卷曲其余四指，其余四指所指的方向即绕轴的正旋转方向，如图 9-6 所示。

在"坐标"面板中单击 Y 按钮⬚，接着指定绕 Y 轴的旋转角度，即可绕 Y 轴旋转用户坐标系。将右手拇指指向 Y 轴的正向，卷曲其余四指。其余四指所指的方向即绕轴的正旋转方向，如图 9-7 所示。

在"坐标"面板中单击 Z 按钮⬚，接着指定绕 Z 轴的旋转角度，即可绕 Z 轴旋转用户坐标系。将右手拇指指向 Z 轴的正向，卷曲其余四指。其余四指所指的方向即绕轴的正旋转方向，如图 9-8 所示。

图 9-6 绕 X 轴旋转 UCS

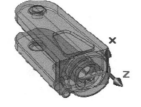
图 9-7 绕 Y 轴旋转 UCS

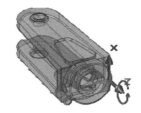
图 9-8 绕 Z 轴旋转 UCS

9.1.5　使用三点指定新 UCS 方向

可以使用三个点定义新的用户坐标系，其方法是在"坐标"面板中单击"三点"按钮，接着指定新原点，指定新的正 X 轴上的点，以及指定新的 XY 平面上的点。

9.1.6　更改 UCS 的 Z 轴方向

可以将用户坐标系与指定的正向 Z 轴对齐，即更改 UCS 的 Z 轴方向，其方法是在"坐标"面板中单击"Z 轴矢量"按钮，接着指定新的原点，以及指定位于 Z 轴正半轴上的一点。即可以将 UCS 原点移动到第一个点，其正 Z 轴通过第二个点。

9.1.7　将 UCS 的 XY 平面与视图屏幕对齐

要将用户坐标系的 XY 平面与视图屏幕对齐，则可以在"坐标"面板中单击"视图"按钮，从而使 UCS 的 XY 平面与垂直于观察方向的平面对齐，原点保持不变，但 X 轴和 Y 轴分别变为水平和垂直。

9.1.8　将 UCS 与选定对象或三维实体上的面对齐

在"坐标"面板中单击"对象"按钮，接着选择对齐 UCS 的对象，则将 UCS 与选定的二维或三维对象对齐，UCS 可以与任何对象类型对齐（除了参考线和三维多段线）。大多数情况下，UCS 的原点位于离指定点最近的端点，X 轴将与边对齐或与曲线相切，并且 Z 轴垂直于对象对齐。

在"坐标"面板中单击"面"按钮，接着选择所需的实体面，则可使 UCS 与三维实体上的面对齐。

9.1.9　恢复上一个 UCS

要恢复上一个 UCS，则可以在"坐标"面板中单击"UCS，上一个"按钮。可以在当前任务中逐步返回最后 10 个 UCS 设置。对于模型空间和图纸空间，UCS 设置单独存储。

9.1.10　将 UCS 恢复为 WCS 方向

在"坐标"面板中"UCS，世界"按钮，则将当前用户坐标系设置为世界坐标系（WCS）。所有图形对象都可以由 WCS 坐标来定义。但是，基于 UCS 通常可以更加方便地创建和编辑对象，可以进行自定义以满足用户的绘图和建模需求。

9.1.11 管理 UCS

"坐标"面板中的"管理 UCS"按钮 ⁺⬐ (相对应的命令为 UCS)用于设置当前用户坐标系(UCS)的原点和方向。单击"管理 UCS"按钮 ⁺⬐ 后,命令行窗口出现如图 9-9 所示的提示选项,接着根据需要进行相关的管理操作即可。选择其中的提示选项和在"坐标"面板中单击相应的工具按钮等效。

> ✕ 🔧 ⁺⬐ - UCS 指定 UCS 的原点或 [面(F) 命名(NA) 对象(OB) 上一个(P) 视图(V) 世界(W) X Y Z Z 轴(ZA)] <世界>: ▲

图 9-9 管理 UCS 功能提供的提示选项

9.2 三维实体建模基础

本节介绍三维实体建模基础,包括长方体、圆柱体、球体、圆锥体、圆环体、棱锥体、多段体、拉伸、旋转、扫掠和放样。

9.2.1 长方体

长方体是常用的基本实体之一。AutoCAD 始终将长方体的底面绘制为与当前 UCS 的 XY 平面(工作平面)平行,而在 Z 轴方向上指定长方体的高度,高度值可以为正值或负值。在绘制长方体的过程中,可以使用一些选项来控制创建的长方体的大小和旋转,例如使用"立方体"选项以绘制等边长方体(即立方体),使用"中心点"选项绘制使用指定中心点的长方体。如果要在 XY 平面内设定长方体的旋转,则可以使用"立方体"或"长度"选项。

下面先介绍基于两个点和高度绘制实心长方体的简单实例。

① 在"快速访问"工具栏中单击"新建"按钮 ▯,选择 acadiso3D.dwt 图形样板,单击"打开"按钮。确保使用"三维建模"工作空间。

② 在功能区的"实体"选项卡中单击"图元"面板中的"长方体"按钮 ▯,接着根据命令提示分别指定底面第一个角点的位置和对角点的位置,然后指定高度。

```
命令: _box
指定第一个角点或 [中心(C)]: 0,0,0↙
指定其他角点或 [立方体(C)/长度(L)]: 100,61.8,0↙
指定高度或 [两点(2P)]: 50↙
```

绘制的实心长方体如图 9-10 所示。

如果要绘制实心立方体,那么可以单击功能区的"实体"选项卡的"图元"面板中的"长方体"按钮 ▯,接着指定第一个角点,或选择"中心"提示选项并指定底面的中心点,接着在命令提示下选择"立方体"提示选项,然后指定立方体的长度等,长度值用于设定立方体的宽度和高度。请看以下绘制实心立方体的一个操作实例,该实例绘制的实心立方体如图 9-11 所示。

```
命令: _box
指定第一个角点或 [中心(C)]: C✓
指定中心: 200,200✓
指定角点或 [立方体(C)/长度(L)]: C✓
指定长度: <正交 开> 80✓
```

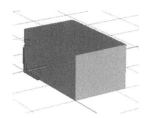

图 9-10　绘制的实心长方体

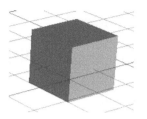

图 9-11　绘制的实心立方体

9.2.2　圆柱体

在功能区"实体"选项卡的"图元"面板中单击"圆柱体"按钮，可以绘制以圆或椭圆为底的实体圆柱体。默认情况下，圆柱体的底面位于当前 UCS 的 XY 平面上，圆柱体的高度与 Z 轴平行。圆柱体底面圆或椭圆的定义可以有多种选项。

请看以圆底面绘制实体圆柱体的一个简单的操作实例。在功能区"实体"选项卡的"图元"面板中单击"圆柱体"按钮，接着指定底面中心点，以及指定底面半径或直径，然后指定圆柱体的高度。操作命令历史记录和说明如下。

```
命令: _cylinder
指定底面的中心点或 [三点(3P)/两点(2P)/切点、切点、半径(T)/椭圆(E)]: 0,0✓
指定底面半径或 [直径(D)]: 38✓
指定高度或 [两点(2P)/轴端点(A)] <80.0000>: 90✓
```

绘制的实体圆柱体如图 9-12 所示。

9.2.3　球体

在功能区"实体"选项卡的"图元"面板中单击"球体"按钮，可以以多种方法选项中的一种绘制实体球体。例如，分别指定球心和半径来创建球体，或者使用"三点"选项在三维空间中的任意位置定义球体的大小（这 3 个点还可以定义圆周所在的平面），又或者使用"两点"选项在三维空间中的任意位置定义球体的大小（圆周所在平面与第一个点的 Z 值相符），还可以使用"切点、切点、半径"选项定义与两个圆、圆弧、直线和某些三维对象相切的球体（切点投影在当前 UCS 上）。

以下是绘制球体的一个简单实例。

```
命令: _sphere
指定中心点或 [三点(3P)/两点(2P)/切点、切点、半径(T)]: 100,100✓
指定半径或 [直径(D)] <38.0000>: 65✓
```

绘制的实体球体如图 9-13 所示。

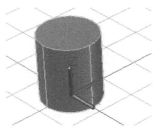

图 9-12　绘制的实体圆柱体

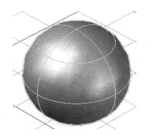

图 9-13　绘制的实体球体

9.2.4　圆锥体

在功能区"实体"选项卡的"图元"面板中单击"圆锥体"按钮△，可以创建底面为圆形或椭圆的尖头圆锥体或圆台，默认情况下圆锥体的底面位于当前 UCS 的 XY 平面上，高度与 Z 轴平行。

请看以下绘制圆锥体和圆台的操作实例。

1 在"快速访问"工具栏中单击"新建"按钮，选择 acadiso3D.dwt 图形样板，单击"打开"按钮。确保使用"三维建模"工作空间。

2 在功能区的"实体"选项卡中单击"图元"面板中的"圆锥体"按钮△，根据命令行提示进行以下操作。

```
命令：_cone
指定底面的中心点或 [三点(3P)/两点(2P)/切点、切点、半径(T)/椭圆(E)]：0,0↙
指定底面半径或 [直径(D)] <65.0000>：50↙
指定高度或 [两点(2P)/轴端点(A)/顶面半径(T)] <90.0000>：100↙
```

绘制的实心圆锥体如图 9-14 所示。

3 在功能区的"实体"选项卡中单击"图元"面板中的"圆锥体"按钮△，根据命令行提示进行以下操作。

```
命令：_cone
指定底面的中心点或 [三点(3P)/两点(2P)/切点、切点、半径(T)/椭圆(E)]：100,100↙
指定底面半径或 [直径(D)] <50.0000>：65↙
指定高度或 [两点(2P)/轴端点(A)/顶面半径(T)] <100.0000>：T↙
指定顶面半径 <0.0000>：35↙
指定高度或 [两点(2P)/轴端点(A)] <100.0000>：99↙
```

绘制的实心圆台如图 9-15 所示。

图 9-14　绘制的实心圆锥体

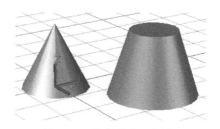

图 9-15　绘制的实心圆台

9.2.5　圆环体

在功能区"实体"选项卡的"图元"面板中单击"圆环体"按钮 ◎，可以创建类属于轮胎内胎的环形实体。圆环体具有两个半径值：一个半径值定义圆管；另一个半径值定义从圆环体的圆心到圆管的圆心之间的距离。默认情况下，圆环体将绘制为与当前 UCS 的 XY 平面平行，且被该平面平分。注意圆环体可以自交，自交的圆环体没有中心孔，这是因为圆管半径大于圆环体半径。

绘制圆环体的典型实例如下。

1　在"快速访问"工具栏中单击"新建"按钮 ，选择 acadiso3D.dwt 图形样板，单击"打开"按钮。确保使用"三维建模"工作空间。

2　在"实体"选项卡的"图元"面板中单击"圆环体"按钮 ◎，进行以下操作。

```
命令: _torus
指定中心点或 [三点(3P)/两点(2P)/切点、切点、半径(T)]: 0,0,0↙
指定半径或 [直径(D)] <65.0000>: 100↙
指定圆管半径或 [两点(2P)/直径(D)]: 25↙
```

绘制的实心圆环体如图 9-16 所示。

图 9-16　绘制的实心圆环体

9.2.6　棱锥体

在功能区"实体"选项卡的"图元"面板中单击"棱锥体"按钮 ，可以创建最多具有 32 个侧面的实体棱锥体。在创建过程中可以使用相关的选项来控制棱锥体的大小、形状和旋转。同圆锥体类似，棱锥体也有尖头棱锥体和棱台之分。

请看以下绘制实体尖头棱锥体和实体棱台的操作实例。

1　在"快速访问"工具栏中单击"新建"按钮 ，选择 acadiso3D.dwt 图形样板，单击"打开"按钮。确保使用"三维建模"工作空间。

2　在功能区的"实体"选项卡中单击"图元"面板中的"棱锥体"按钮 ，根据命令行操作进行以下操作。

```
命令: _pyramid
4 个侧面　内接
指定底面的中心点或 [边(E)/侧面(S)]: S↙
输入侧面数 <4>: 5↙
指定底面的中心点或 [边(E)/侧面(S)]: 0,0↙
指定底面半径或 [外切(C)] <69.0000>: <正交 开> C↙
指定底面半径或 [内接(I)] <69.0000>: 68↙
指定高度或 [两点(2P)/轴端点(A)/顶面半径(T)] <136.0000>: 126↙
```

绘制的实体棱锥体如图 9-17 所示（以"东南等轴测"视角显示）。

3　在功能区的"实体"选项卡中单击"图元"面板中的"棱锥体"按钮 ，根据命令行操作进行以下操作。

```
命令: _pyramid
5 个侧面  外切
指定底面的中心点或 [边(E)/侧面(S)]: S✓
输入侧面数 <5>: 6✓
指定底面的中心点或 [边(E)/侧面(S)]: 180,60✓
指定底面半径或 [内接(I)] <84.0526>: 75✓
指定高度或 [两点(2P)/轴端点(A)/顶面半径(T)] <126.0000>: T✓
指定顶面半径 <35.0000>: 35✓
指定高度或 [两点(2P)/轴端点(A)] <126.0000>: 180✓
```

绘制的棱台如图 9-18 所示。

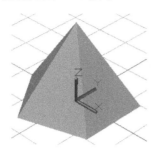

图 9-17　绘制的实体棱锥体

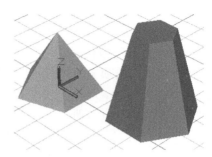

图 9-18　绘制的棱台

9.2.7　多段体

在功能区"实体"选项卡的"图元"面板中单击"多段体"按钮，可以使用绘制多段线所使用的相同技巧来绘制多段体对象，多段体对象从形象上来看相当于三维墙状实体。以下是绘制墙壁多段体的一个操作实例。

```
命令: _Polysolid                              //单击"多段体"按钮
高度 = 80.0000, 宽度 = 5.0000, 对正 = 居中
指定起点或 [对象(O)/高度(H)/宽度(W)/对正(J)] <对象>: H✓
指定高度 <80.0000>: 100✓
高度 = 100.0000, 宽度 = 5.0000, 对正 = 居中
指定起点或 [对象(O)/高度(H)/宽度(W)/对正(J)] <对象>: W✓
指定宽度 <5.0000>: 10✓
高度 = 100.0000, 宽度 = 10.0000, 对正 = 居中
指定起点或 [对象(O)/高度(H)/宽度(W)/对正(J)] <对象>: 0,0✓
指定下一个点或 [圆弧(A)/放弃(U)]: @200<90✓
指定下一个点或 [圆弧(A)/放弃(U)]: @100<0✓
指定下一个点或 [圆弧(A)/闭合(C)/放弃(U)]: @100<90✓
指定下一个点或 [圆弧(A)/闭合(C)/放弃(U)]: @200<0✓
指定下一个点或 [圆弧(A)/闭合(C)/放弃(U)]: A✓
指定圆弧的端点或 [闭合(C)/方向(D)/直线(L)/第二个点(S)/放弃(U)]: @300<-90✓
指定下一个点或 [圆弧(A)/闭合(C)/放弃(U)]: 指定圆弧的端点或 [闭合(C)/方向(D)/直线(L)/第
二个点(S)/放弃(U)]: L✓
指定下一个点或 [圆弧(A)/闭合(C)/放弃(U)]: @100<180✓
指定下一个点或 [圆弧(A)/闭合(C)/放弃(U)]: ✓
```

绘制的多段体如图 9-19 所示。

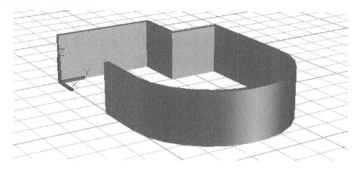

图 9-19　绘制的多段体

9.2.8　拉伸

通过将曲线拉伸到三维空间可创建三维实体或曲面，开放曲线可以创建曲面，而闭合曲线则可以绘制实体或曲面。在绘制拉伸实体过程中，可以根据需要指定模式（即设定拉伸是创建曲面还是实体）、拉伸路径、倾斜角和方向等。

通过拉伸绘制三维实体的一般步骤如下。

❶　在功能区的"实体"选项卡的"实体"面板中单击"拉伸"按钮🗂️。

❷　选择要拉伸的对象或边子对象。

❸　指定高度。需要时可选择"方向""路径"和"倾斜角"等提示选项进行相应的操作。

拉伸后删除还是保留原对象，取决于 DELOBJ 系统变量的设置。

以下是一个简单的拉伸实例。

❶　打开本书配套资料包中"拉伸.dwg"图形文件，该图形文件中已有的闭合曲线如图 9-20 所示。

❷　从"快速访问"工具栏的"工作空间"下拉列表框中选择"三维建模"工作空间，接着从功能区"常用"选项卡的"视图"面板的"三维导航"下拉列表框中选择"东南等轴测"选项，此时图形及坐标系显示如图 9-21 所示。并从"视图"面板的"视觉样式"下拉列表框中选择"灰度"视觉样式。

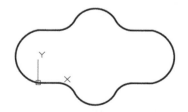

图 9-20　已有的闭合曲线

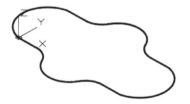

图 9-21　选择"东南等轴测"选项

❸　生成面域。在功能区"常用"选项卡的"绘图"面板中单击"面域"按钮◎，以窗口选择方式选择整个图形来生成一个面域。

❹　在功能区切换至"实体"选项卡，从"实体"面板中单击"拉伸"按钮🗂️，接着选择单个面域作为要拉伸的对象，按 Enter 键结束选择要拉伸的对象后指定拉伸的高度为 25，完成的

拉伸实体如图 9-22 所示。

　　说明： 如果要使绘制的拉伸实体具有倾斜面（拔模面），如图 9-23 所示，那么在执行拉伸操作过程中，在"指定拉伸的高度或 [方向(D)/路径(P)/倾斜角(T)/表达式(E)]"提示下选择"倾斜角(T)"选项，并指定倾斜角度，最后才是指定拉伸高度。

图 9-22　绘制一个拉伸实体　　　　　　　　　　图 9-23　具有倾斜面的拉伸实体

9.2.9　旋转

　　可以通过绕轴旋转选定的曲线对象来创建三维对象。在执行旋转操作的过程中，注意相关旋转选项的设置，其中"模式"选项用于更改旋转是创建实体还是曲面；"起点角度"用于为旋转指定距旋转的对象所在平面的偏移；"反转"选项用于更改旋转方向；"表达式"选项用于输入公式或方程式来指定角度（此选项仅在创建关联曲线时才可用）。

　　绕轴旋转对象以绘制实体的一般步骤如下。

　　1 以使用"三维建模"工作空间为例，在功能区"实体"选项卡的"实体"面板中单击"旋转"按钮 ⏳ 。

　　2 选择要旋转的闭合对象（闭合曲线）。

　　3 设置旋转轴。可以指定以下各项之一。

　　☑　起点和端点。单击屏幕上的点以设定轴方向，轴点必须位于旋转对象的一侧，轴的正方向为从起点延伸到端点的方向。

　　☑　X、Y 或 Z 轴。

　　☑　一个对象。选择直线、多段线线段的线性边界，或选择曲面或实体的线性边。

　　4 按 Enter 键。要绘制三维实体，角度必须为 360°。如果输入更小的旋转角度，则会创建曲面而不是实体。

　　下面介绍一个创建旋转实体的操作实例。

　　1 打开本书配套资料包中"旋转.dwg"图形文件，该图形文件中已有的闭合曲线如图 9-24 所示。确保使用"三维建模"工作空间。

　　2 在功能区"实体"选项卡的"实体"面板中单击"旋转"按钮 ⏳ 。

　　3 选择已有闭合曲线作为要旋转的对象，按 Enter 键结束对象选择。

　　4 在"指定轴起点或根据以下选项之一定义轴 [对象(O)/X/Y/Z] <对象>:"提示下选择提示选项 Y，以设置绕 Y 轴旋转。

　　5 在"指定旋转角度或 [起点角度(ST)/反转(R)/表达式(EX)] <360>:"提示下按 Enter 键，完成绘制的旋转实体效果如图 9-25 所示。

⑥ 在功能区中切换至"常用"选项卡，从"视图"面板的"视觉样式"下拉列表框中选择"概念"视觉样式，则实体模型显示如图 9-26 所示。

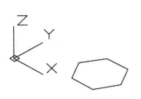

图 9-24　已有闭合曲线

图 9-25　创建旋转实体

图 9-26　选择"概念"视觉样式

9.2.10　扫掠

可以通过沿路径扫掠轮廓来绘制三维实体或曲面。沿路径扫掠轮廓时，轮廓将被移动并与路径垂直对齐。开放轮廓可创建曲面，而闭合曲线可创建实体或曲面。可以沿路径扫掠多个轮廓对象。

在进行扫掠操作的过程中，可以根据设计要求设置以下相应的选项。

☑ "模式"：更改扫掠是创建实体还是曲面。

☑ "对齐"：如果轮廓与扫掠路径不在同一平面上，则指定轮廓与扫掠路径对齐的方式。

☑ "基点"：在轮廓上指定基点，以便沿轮廓进行扫掠。

☑ "比例"：指定从开始扫掠到结束扫掠将更改对象大小的值，示例如图 9-27 所示。输入数学表达式可以约束对象缩放。

☑ "扭曲"：通过输入扭曲角度，对象可以沿轮廓长度进行旋转，示例如图 9-28 所示。输入数学表达式可以约束对象的扭曲角度。

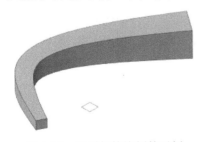

图 9-27　设置扫掠比例的示例

图 9-28　应用扭曲角度的示例

下面以实例形式介绍绘制扫掠特征的一般方法和步骤。

① 打开本书配套资料包中"扫掠.dwg"图形文件，该图形文件中的原始曲线如图 9-29 所示。

② 在功能区"实体"选项卡的"实体"面板中单击"扫掠"按钮，根据命令行提示进行以下操作。

```
命令: _sweep
当前线框密度: ISOLINES=4，闭合轮廓创建模式 = 实体
选择要扫掠的对象或 [模式(MO)]: _MO 闭合轮廓创建模式 [实体(SO)/曲面(SU)] <实体>: _SO
选择要扫掠的对象或 [模式(MO)]: 找到 1 个                    //选择正多边形（四边形）
选择要扫掠的对象或 [模式(MO)]: ✓
选择扫掠路径或 [对齐(A)/基点(B)/比例(S)/扭曲(T)]: S✓
输入比例因子或 [参照(R)/表达式(E)]<1.0000>: 2✓
选择扫掠路径或 [对齐(A)/基点(B)/比例(S)/扭曲(T)]: T✓
输入扭曲角度或允许非平面扫掠路径倾斜 [倾斜(B)/表达式(EX)]<0.0000>: 180✓
选择扫掠路径或 [对齐(A)/基点(B)/比例(S)/扭曲(T)]:          //在靠近UCS一端单击圆弧
```

完成创建的扫掠实体如图 9-30 所示。

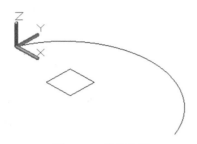

图 9-29　已有曲线　　　　　　　　　图 9-30　完成创建的扫掠实体

9.2.11　放样

可以通过在包含两个或更多横截面轮廓的一组轮廓中对轮廓进行放样来绘制三维实体或曲面。横截面轮廓可以定义所生成的实体对象的形状。横截面轮廓可以是开放曲线或闭合曲线，其中，开放曲线可创建曲面，闭合曲线则可创建实体或曲面。在进行放样操作的过程中，可以根据设计要求指定模式、横截面轮廓、路径和导向曲线等。

下面通过一个简单的放样操作实例介绍绘制放样实体的一般方法和步骤。

1 打开本书配套资料包中"放样.dwg"图形文件，该图形文件中的原始曲线如图 9-31 所示。

2 在功能区"实体"选项卡的"实体"面板中单击"放样"按钮，根据命令行提示进行以下操作。

```
命令: _loft
当前线框密度: ISOLINES=4，闭合轮廓创建模式 = 实体
按放样次序选择横截面或 [点(PO)/合并多条边(J)/模式(MO)]: _MO
闭合轮廓创建模式 [实体(SO)/曲面(SU)] <实体>: _SO
按放样次序选择横截面或 [点(PO)/合并多条边(J)/模式(MO)]: 找到 1 个
                                                //选择圆1
按放样次序选择横截面或 [点(PO)/合并多条边(J)/模式(MO)]: 找到 1 个，总计 2 个
                                                //选择圆2
按放样次序选择横截面或 [点(PO)/合并多条边(J)/模式(MO)]: 找到 1 个，总计 3 个
                                                //选择圆3
按放样次序选择横截面或 [点(PO)/合并多条边(J)/模式(MO)]: ✓
选中了 3 个横截面
输入选项 [导向(G)/路径(P)/仅横截面(C)/设置(S)] <仅横截面>: S✓
```

系统弹出如图 9-32 所示的"放样设置"对话框,从中可选择相关的选项来进行横截面上的曲面控制。在本例中选择"平滑拟合"单选按钮。

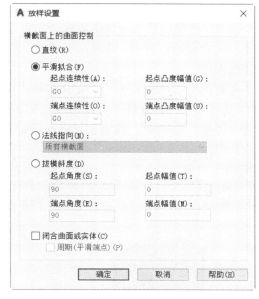

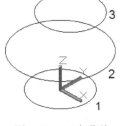

图 9-31 已有曲线 图 9-32 "放样设置"对话框

在"放样设置"对话框中单击"确定"按钮,完成创建的放样实体如图 9-33 所示。

说明: 如果本例在"放样设置"对话框中选择"直纹"单选按钮,那么最终创建的直纹放样实体如图 9-34 所示。

图 9-33 完成创建的放样实体 图 9-34 直纹放样实体

9.3 三维实体编辑与操作

本节介绍三维实体编辑与操作的一些知识,包括并集运算、差集运算、交集运算、分割、抽壳、对齐与三维对齐等。

9.3.1 并集运算

并集运算、差集运算和交集运算属于布尔运算范畴。其中，并集运算是指将选择的两个或更多相同类型的对象进行合并，即将两个或多个三维实体、曲面或二维面域合并为一个复合三维实体、曲面或面域。

以下是将两个实体合并为一个实体的操作步骤。相应源文件"并集.dwg"位于本书配套资料包的 CH9 文件夹中，该文件中存在着圆柱体和长方体两个单独实体，如图 9-35 所示。

单击"并集"按钮，接着根据命令行提示进行以下操作。

```
命令: _union
选择对象: 找到 1 个            //选择长方体
选择对象: 找到 1 个，总计 2 个  //选择圆柱体
选择对象: ↙                    //按 Enter 键，将两个实体合并为一个实体，如图 9-36 所示
```

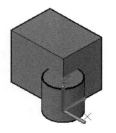

图 9-35　两个实体

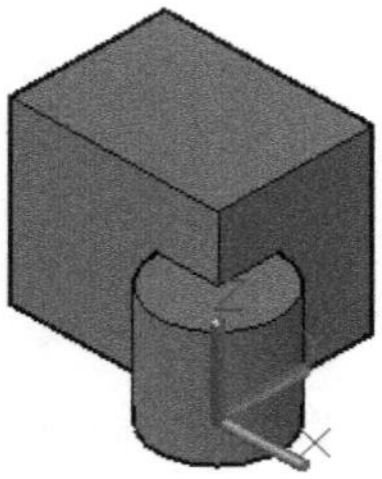

图 9-36　并集运算结果

9.3.2 差集

差集运算是指通过从一个对象减去一个重叠面域或三维实体来创建三维实体。例如，从一个长方体中减去圆柱体与之重叠的部分来创建一个新的三维实体，如图 9-37 所示。

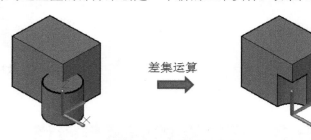

差集运算

图 9-37　差集运算示例

实体或曲面差集运算的操作步骤较为简单，即单击"差值"按钮后，选择要保留的对象作为第一个选择集，按 Enter 键，接着选择要减去的对象作为第二个选择集，按 Enter 键，则从第一个选择集中的对象减去第二个选择集中的对象，从而生成一个新的三维实体或曲面。面域的差集运算也类似。

9.3.3 交集

交集运算是指通过重叠实体、曲面或面域创建三维实体、曲面或二维面域，典型示例如图 9-38 所示。

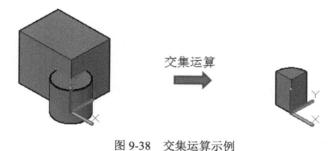

图 9-38 交集运算示例

交集运算的操作步骤很简单，即单击"交集"按钮，接着选择要求交集的两个或两个以上的对象，按 Enter 键即可。

9.3.4 抽壳

抽壳是用设定的厚度创建一个空的薄层，可以为所有面指定一个固定的薄层厚度，也可以通过选择面以将这些面排除在壳外，但是要注意的是一个三维实体只能有一个壳。抽壳偏移距离既可以为正值，也可以为负值，指定正值可创建实体周长内部的抽壳，而指定负值可创建实体周长外部的抽壳。

下面通过一个简单实例介绍抽壳操作的一般方法和步骤。

1️⃣ 打开本书配套资料包中"抽壳.dwg"文件，该文件中存在着如图 9-39 所示的三维实体模型。

2️⃣ 在功能区的"常用"选项卡的"实体编辑"面板中单击"抽壳"按钮，接着单击已有的三维实体模型，并选择实体模型的上表面作为要删除的实体面，按 Enter 键，输入抽壳偏移距离为 3，然后按 Enter 键直到结束命令操作，完成抽壳操作的实体模型效果如图 9-40 所示。具体的抽壳命令历史记录及操作说明如下。

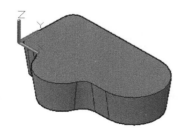

图 9-39 三维实体模型

图 9-40 抽壳结果

```
命令: _solidedit
实体编辑自动检查: SOLIDCHECK=1
```

```
输入实体编辑选项 [面(F)/边(E)/体(B)/放弃(U)/退出(X)] <退出>: _body
输入体编辑选项 [压印(I)/分割实体(P)/抽壳(S)/清除(L)/检查(C)/放弃(U)/退出(X)] <退出>:
_shell
选择三维实体:                                            //单击已有的实体模型
删除面或 [放弃(U)/添加(A)/全部(ALL)]: 找到一个面, 已删除 1 个  //单击实体模型的上表面
删除面或 [放弃(U)/添加(A)/全部(ALL)]: ✓                   //按 Enter 键
输入抽壳偏移距离: 3✓                                     //输入 3 并按 Enter 键
已开始实体校验
已完成实体校验
输入体编辑选项 [压印(I)/分割实体(P)/抽壳(S)/清除(L)/检查(C)/放弃(U)/退出(X)] <退出>:✓
                                                       //按 Enter 键
实体编辑自动检查:  SOLIDCHECK=1
输入实体编辑选项 [面(F)/边(E)/体(B)/放弃(U)/退出(X)] <退出>:✓    //按 Enter 键
```

9.3.5 圆角边

在实体模型设计中，要经常为一些实体边创建圆角，即为实体对象的边制作圆角。下面通过一个实例介绍如何创建圆角边。

1 打开本书配套资料包中"圆角边.dwg"文件，该文件中存在着如图 9-41 所示的实体模型（以"二维线框"视觉样式显示）。

2 使用"三维建模"工作空间，切换至功能区的"实体"选项卡，从"实体编辑"面板中单击"圆角边"按钮，接着根据命令行提示进行以下操作。

```
命令: _FILLETEDGE
半径 = 1.0000
选择边或 [链(C)/环(L)/半径(R)]: R
输入圆角半径或 [表达式(E)] <1.0000>: 8✓
选择边或 [链(C)/环(L)/半径(R)]:                 //选择第 1 条边
选择边或 [链(C)/环(L)/半径(R)]:                 //选择第 2 条边
选择边或 [链(C)/环(L)/半径(R)]:                 //选择第 3 条边
选择边或 [链(C)/环(L)/半径(R)]:                 //选择第 4 条边
选择边或 [链(C)/环(L)/半径(R)]:                 //选择第 5 条边
选择边或 [链(C)/环(L)/半径(R)]:                 //选择第 6 条边
选择边或 [链(C)/环(L)/半径(R)]:                 //选择第 7 条边
选择边或 [链(C)/环(L)/半径(R)]:                 //选择第 8 条边
选择边或 [链(C)/环(L)/半径(R)]:                 //选择第 9 条边
选择边或 [链(C)/环(L)/半径(R)]:                 //选择第 10 条边
选择边或 [链(C)/环(L)/半径(R)]:                 //选择第 11 条边
选择边或 [链(C)/环(L)/半径(R)]:                 //选择第 12 条边
选择边或 [链(C)/环(L)/半径(R)]: ✓               //按 Enter 键
已选定 12 个边用于圆角
按 Enter 键接受圆角或 [半径(R)]: ✓               //按 Enter 键
```

创建好全部圆角边的模型如图 9-42 所示。

3 在功能区中切换至"常用"选项卡，从"视图"面板的"视觉样式"下拉列表框中选择"带边缘着色"视觉样式，此时模型显示如图 9-43 所示。

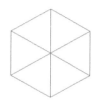 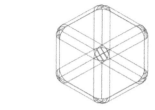 

图 9-41　已有实体　　　　　图 9-42　创建好全部圆角边　　　　图 9-43　模型显示

9.3.6　倒角边

倒角边在实体模型中也较为常见。下面以实例形式介绍如何创建倒角边。

 打开本书配套资料包中"倒角.dwg"文件，该文件中存在着如图 9-44 所示的实体模型（以"灰度"视觉样式显示）。

图 9-44　原始实体模型

 使用"三维建模"工作空间，切换至功能区的"实体"选项卡，从"实体编辑"面板中单击"倒角边"按钮 ，根据命令行提示进行以下操作。

```
命令：_CHAMFEREDGE 距离 1 = 1.0000，距离 2 = 1.0000
选择一条边或 [环(L)/距离(D)]：D✓
指定距离 1 或 [表达式(E)] <1.0000>：2.5✓
指定距离 2 或 [表达式(E)] <1.0000>：2.5✓
选择一条边或 [环(L)/距离(D)]：                  //选择如图 9-45 所示的一条边
选择同一个面上的其他边或 [环(L)/距离(D)]：✓
按 Enter 键接受倒角或 [距离(D)]：✓
```

完成该倒角边的模型效果如图 9-46 所示。

 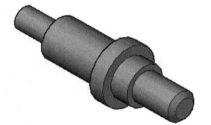

图 9-45　创建好全部圆角边　　　　　　　图 9-46　完成一处倒角边

 使用同样的方法，为其他所需边链创建相应的倒角边。

9.3.7　对齐与三维对齐

使用"三维建模"工作空间时，在功能区的"常用"选项卡的"修改"面板中可以找到这两个对齐工具按钮："对齐"按钮⬛（ALIGN）和"三维对齐"按钮⬛（3DALIGN）。

1．"对齐"按钮⬛

"对齐"按钮⬛用于在二维和三维空间中将对象与其他对象对齐，其操作思想是指定一对、两对或三对点（每对点由一个源点和一个定义点组成）以移动、旋转或倾斜选定的对象，从而将它们与其他对象上的点对齐。在某些设计场合，可能只需指定一对点（源点和定义点）即可完成对齐操作，而有时可能需要指定两对点（源点和定义点）或三对点（源点和定义点）才能完成对齐操作。该工具都用于在二维中对齐两个对象。

下面介绍使用"对齐"按钮⬛（ALIGN）的一个操作实例。

❶ 打开本书配套资料包中"对齐.dwg"文件，该文件中存在着如图 9-47 所示的两个实体模型。在本例中需要通过状态栏开启"对象捕捉"和"三维对象捕捉"模式，并关闭"正交"模式。

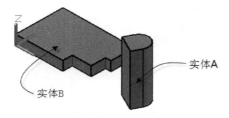

图 9-47　两个实体模型

❷ 单击"对齐"按钮⬛，根据命令行提示进行以下操作。

```
命令: _align
选择对象: 找到 1 个              //选择实体 A
选择对象: ↙
指定第一个源点:                //如图 9-48 所示，选择顶点 1
指定第一个目标点:              //如图 9-48 所示，选择顶点 2
指定第二个源点:                //如图 9-48 所示，选择顶点 3
指定第二个目标点:              //如图 9-48 所示，选择顶点 4
指定第三个源点或 <继续>:        //如图 9-48 所示，选择端点 5
指定第三个目标点:              //如图 9-48 所示，选择顶点 6
```

完成该对齐操作得到的模型效果如图 9-49 所示。

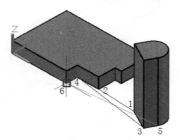

图 9-48　分别指定各对点

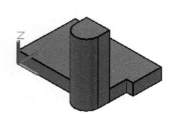

图 9-49　完成对齐操作后的模型效果

2. "三维对齐"按钮

"三维对齐"按钮主要用于在三维空间中将对象与其他对象对齐，其与"对齐"按钮（ALIGN）最大的不同之处在于使用"三维对齐"按钮（3DALIGN）时，需要先指定源对象的一个、两个或三个点，然后再相应地指定目标对象的一个、两个或三个点来完成对象对齐操作。即在三维中，使用"三维对齐"按钮（3DALIGN）可以指定最多 3 个点以定义源平面，然后指定最多 3 个点以定义目标平面，对象上的第一个源点（称为基点）将始终被移动到第一个目标点，为源或目标指定第二点将导致旋转选定的对象，源或目标的第三点将导致选定的对象进一步旋转。

"三维对齐"按钮（3DALIGN）多用于在三维中对齐两个对象，请看以下操作实例。

① 打开本书配套资料包中"三维对齐.dwg"文件。

② 单击"三维对齐"按钮，根据命令行提示进行以下操作。

```
命令：_3dalign
选择对象：找到 1 个                        //选择实体 A
选择对象：↙
  指定源平面和方向 ...
指定基点或 [复制(C)]：                     //选择如图 9-50 所示的顶点 1
指定第二个点或 [继续(C)] <C>：            //选择如图 9-50 所示的顶点 2
指定第三个点或 [继续(C)] <C>：            //选择如图 9-50 所示的顶点 3（端点 3）
  指定目标平面和方向 ...
指定第一个目标点：                        //选择如图 9-50 所示的顶点 4
指定第二个目标点或 [退出(X)] <X>：        //选择如图 9-50 所示的顶点 5
指定第三个目标点或 [退出(X)] <X>：        //选择如图 9-50 所示的顶点 6
```

完成该三维对齐操作后的对齐效果如图 9-51 所示。

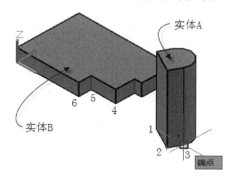

图 9-50　操作的相关点图解

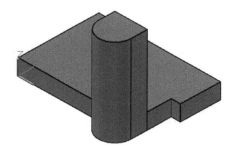

图 9-51　三维对齐操作后的对齐效果

9.3.8　其他

AutoCAD 2019 还提供关于实体编辑和三维修改的其他工具命令，如"分割""清除""拉伸面""倾斜面""偏移面""剖切""加厚""压印""干涉""抽取边""偏移边""三维旋转""三维移动""三维镜像"等。这些工具命令的应用都比较简单，希望读者自行研习。

9.4 发光二极管实体建模实例

本节介绍一个插脚发光二极管（LED）实体建模实例，如图 9-52 所示。发光二极管广泛应用于各种电子电路、家电、仪表和照明等设备器具中。根据插脚发光二极管的外形结构特点，可以先采用旋转命令绘制发光二极管的头部，接着使用拉伸命令创建发光二极管的插脚（管脚）部分，当然旋转和拉伸需要准备好相关的二维草绘曲线。

图 9-52 带管脚的发光二极管模型

本实体建模实例的操作步骤如下。

1 在"快速访问"工具栏中单击"新建"按钮 □，利用弹出的对话框选择"ZJ 标准图形样板.dwt"（本书配套资料包"图形样板"文件夹中提供有该图形样板文件）来新建一个使用此图形样板的新图形文件。

2 在"快速访问"工具栏的"工作空间"下拉列表框中选择"三维建模"选项。此时默认的视觉样式为"二维线框"，并在功能区"常用"选项卡的"图层"面板的"图层"下拉列表框中选择"01 层-粗实线"以将其设置为当前图层。

3 在功能区的"常用"选项卡的"绘图"面板中单击"多段线"按钮 ⌐⌐⌐，根据命令行提示进行以下操作。

```
命令: _pline
指定起点: 0,0↙
当前线宽为 0.0000
指定下一个点或 [圆弧(A)/半宽(H)/长度(L)/放弃(U)/宽度(W)]: @5<0↙
指定下一点或 [圆弧(A)/闭合(C)/半宽(H)/长度(L)/放弃(U)/宽度(W)]: @2<90↙
指定下一点或 [圆弧(A)/闭合(C)/半宽(H)/长度(L)/放弃(U)/宽度(W)]: @0.8<180↙
指定下一点或 [圆弧(A)/闭合(C)/半宽(H)/长度(L)/放弃(U)/宽度(W)]: @0.5<-90↙
指定下一点或 [圆弧(A)/闭合(C)/半宽(H)/长度(L)/放弃(U)/宽度(W)]: @4.2<180↙
指定下一点或 [圆弧(A)/闭合(C)/半宽(H)/长度(L)/放弃(U)/宽度(W)]: A↙
指定圆弧的端点(按住 Ctrl 键以切换方向)或[角度(A)/圆心(CE)/闭合(CL)/方向(D)/半宽(H)/直
线(L)/半径(R)/第二个点(S)/放弃(U)/宽度(W)]: @-1.5,-1.5↙
指定圆弧的端点(按住 Ctrl 键以切换方向)或[角度(A)/圆心(CE)/闭合(CL)/方向(D)/半宽(H)/直
线(L)/半径(R)/第二个点(S)/放弃(U)/宽度(W)]: L↙
指定下一点或 [圆弧(A)/闭合(C)/半宽(H)/长度(L)/放弃(U)/宽度(W)]: 0,0↙
指定下一点或 [圆弧(A)/闭合(C)/半宽(H)/长度(L)/放弃(U)/宽度(W)]: ↙
```

绘制的闭合多段线如图 9-53 所示。

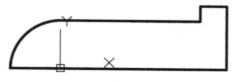

图 9-53　绘制的闭合多段线

4 创建旋转实体。在功能区"实体"选项卡的"实体"面板中单击"旋转"按钮，接着根据命令行提示进行以下操作。

```
命令: _revolve
当前线框密度: ISOLINES=4，闭合轮廓创建模式 = 实体
选择要旋转的对象或 [模式(MO)]: _MO 闭合轮廓创建模式 [实体(SO)/曲面(SU)] <实体>: _SO
选择要旋转的对象或 [模式(MO)]: 找到 1 个          //选择闭合多段线，如图 9-54 所示
选择要旋转的对象或 [模式(MO)]: ↙
指定轴起点或根据以下选项之一定义轴 [对象(O)/X/Y/Z] <对象>: X↙
指定旋转角度或 [起点角度(ST)/反转(R)/表达式(EX)] <360>:↙
```

创建的旋转实体如图 9-55 所示，该旋转实体便是发光二极管的头部。

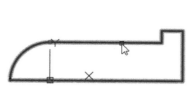

图 9-54　选择闭合多段线

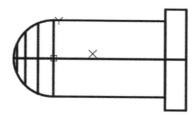

图 9-55　创建的旋转实体

5 在功能区中切换至"常用"选项卡，从"视图"面板的"三维导航"下拉列表框中选择"东南等轴测"，此时模型显示如图 9-56 所示。

6 从"视图"面板中的"视觉样式"下拉列表框中选择"隐藏（消隐）"视觉样式选项，此时模型显示如图 9-57 所示。

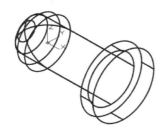

图 9-56　采用"东南等轴测"命名视角

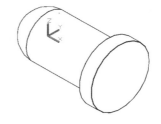

图 9-57　选择"隐藏（消隐）"视觉样式

7 在功能区的"常用"选项卡的"坐标"面板中单击"面"按钮，接着在如图 9-58 所示的实体面处单击以选择该实体面，然后在"输入选项 [下一个(N)/X 轴反向(X)/Y 轴反向(Y)] <接受>:"提示下按 Enter 键，从而将用户坐标系与三维实体上的选定面对齐，如图 9-59 所示。在"坐标"面板中单击"原点"按钮，选择如图 9-60 所示的三维中心点（或该端面圆的圆心），

从而以该点为新原点来定义用户坐标系（UCS）。

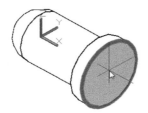
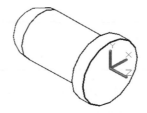
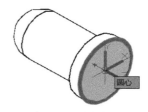

图 9-58　选择实体面　　　图 9-59　与实体面对齐的 UCS　　　图 9-60　将新 UCS 移至新原点

8 在功能区的"常用"选项卡的"绘图"面板中单击"圆心、半径"按钮⊙绘制一个圆。

```
命令：_circle
指定圆的圆心或 [三点(3P)/两点(2P)/切点、切点、半径(T)]：0.8,0✓
指定圆的半径或 [直径(D)] <0.5000>：0.3✓
```

绘制的第一个圆如图 9-61 所示。

9 在功能区的"常用"选项卡的"绘图"面板中单击"圆心、半径"按钮⊙进行以下参数设置来绘制第二个圆。

```
命令：_circle
指定圆的圆心或 [三点(3P)/两点(2P)/切点、切点、半径(T)]：-0.8,0✓
指定圆的半径或 [直径(D)] <0.3000>：✓
```

绘制的第二个圆如图 9-62 所示。

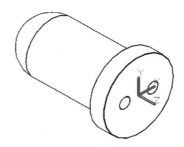

图 9-61　绘制的一个圆　　　　　　　　图 9-62　绘制的第二个圆

10 从功能区的"实体"选项卡的"实体"面板中单击"拉伸"按钮▣，接着选择刚绘制的两个小圆作为要拉伸的对象，按 Enter 键结束选择要拉伸的对象后指定拉伸的高度为 16，结果如图 9-63 所示。

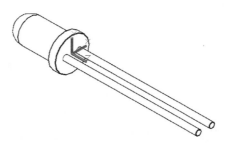

图 9-63　完成的带管脚的发光二极管

9.5　电容实体建模实例

电容器是两金属板之间存在绝缘介质的一种电路元件，其单位为法拉，它在储能、滤波、调谐、旁路、耦合、延时和整形等电路中均起着重要作用。本实例要完成的电容三维实体模型如图 9-64 所示。在该实例中，先创建基本的圆柱体和圆环体等基本实体，然后对它们进行相应的布尔运算来组成单一实体，在该模型中还创建有圆角。

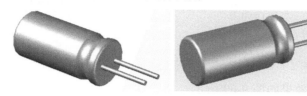

图 9-64　电容器实体建模实例

本实体建模实例的操作步骤如下。

1 在"快速访问"工具栏中单击"新建"按钮，弹出"选择样板"对话框，选择 acadiso3D.dwt，单击"打开"按钮。

2 使用"三维建模"工作空间，并从功能区的"常用"选项卡的"视图"面板中将"真实"视觉样式设置为当前视觉样式。

3 在功能区中切换至"实体"选项卡，从"图元"面板中单击"圆柱体"按钮，通过命令行进行以下操作来绘制如图 9-65 所示的一个圆柱体。为了便于看到创建的圆柱体，可以使用"全部缩放"工具命令。

```
命令: _cylinder
指定底面的中心点或 [三点(3P)/两点(2P)/切点、切点、半径(T)/椭圆(E)]: 0,0✓
指定底面半径或 [直径(D)]: 2.5✓
指定高度或 [两点(2P)/轴端点(A)] <16.0000>: 10✓
```

4 从"图元"面板中单击"圆环体"按钮，通过命令行提示进行以下操作。

```
命令: _torus
指定中心点或 [三点(3P)/两点(2P)/切点、切点、半径(T)]: 0,0,8.5✓
指定半径或 [直径(D)] <2.7000>: 3.2✓
指定圆管半径或 [两点(2P)/直径(D)] <1.5000>: 1✓
```

绘制的圆环体如图 9-66 所示。

图 9-65　绘制的圆柱体

图 9-66　绘制的圆环体

从"布尔值"面板中单击"差集"按钮，选择圆柱体，按 Enter 键，接着选择圆环体，按 Enter 键，此时实体模型效果如图 9-67 所示。

在"实体编辑"面板中单击"圆角边"按钮，根据命令行提示进行以下操作。

```
命令: _FILLETEDGE
半径 = 1.0000
选择边或 [链(C)/环(L)/半径(R)]: R↙
输入圆角半径 <1.0000>: 0.3↙
选择边或 [链(C)/环(L)/半径(R)]:            //选择如图 9-68 所示的边 1
选择边或 [链(C)/环(L)/半径(R)]:            //选择如图 9-68 所示的边 2
选择边或 [链(C)/环(L)/半径(R)]:            //选择如图 9-68 所示的边 3
选择边或 [链(C)/环(L)/半径(R)]:            //选择如图 9-68 所示的边 4
选择边或 [链(C)/环(L)/半径(R)]: ↙
已选定 4 个边用于圆角
按 Enter 键接受圆角或 [半径(R)]: ↙
```

完成圆角边后的模型效果如图 9-69 所示。

图 9-67　求差集运算

图 9-68　选择要圆角的边

图 9-69　完成圆角边后的模型效果

切换到功能区的"常用"选项卡，从"坐标"面板中单击"原点"按钮，捕捉如图 9-70 所示的三维中心点（即所在端面的圆心位置）。

切换回功能区的"实体"选项卡，接着从"图元"面板中单击"圆柱体"按钮，在命令行提示中进行以下操作。

```
命令: _cylinder
指定底面的中心点或 [三点(3P)/两点(2P)/切点、切点、半径(T)/椭圆(E)]: 0,1.1,0↙
指定底面半径或 [直径(D)] <2.5000>: 0.25↙
指定高度或 [两点(2P)/轴端点(A)] <10.0000>: 5↙
```

完成一个管脚的小圆柱体如图 9-71 所示。

图 9-70　指定 UCS 新原点

图 9-71　完成一个管脚的小圆柱体

9 从"图元"面板中单击"圆柱体"按钮，在命令行提示中进行以下操作。

```
命令：_cylinder
指定底面的中心点或 [三点(3P)/两点(2P)/切点、切点、半径(T)/椭圆(E)]：0,-1.1,0↙
指定底面半径或 [直径(D)] <0.2500>：↙
指定高度或 [两点(2P)/轴端点(A)] <5.0000>：↙
```

完成另一个管脚的小圆柱体如图 9-72 所示。

10 从"布尔值"面板中单击"并集"按钮，接着分别选择如图 9-73 所示的实体 1、小圆柱体 1 和小圆柱体 2，按 Enter 键，从而将所选的 3 个实体对象合并为一个实体对象。

图 9-72　完成另一个管脚的小圆柱体

图 9-73　并集布尔运算

9.6　某贴脚芯片实体建模实例

芯片的管脚通常有两类，一类是插脚，另一类是贴脚（贴片）。本节介绍某贴脚芯片实体建模实例，在该实例中主要应用到"长方体""矩形""多段线""圆角""扫描""UCS""三维对齐""矩形阵列""三维镜像"和"差集"等工具命令。本实例要完成的某贴脚芯片实体模型如图 9-74 所示，具体的操作步骤如下。

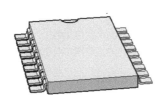
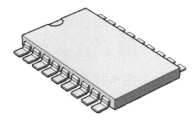

图 9-74　某贴脚芯片实体模型

1 在"快速访问"工具栏中单击"新建"按钮，弹出"选择样板"对话框，选择 acadiso3D.dwt，单击"打开"按钮。

2 使用"三维建模"工作空间，并从功能区的"常用"选项卡的"视图"面板中将"真实"视觉样式设置为当前视觉样式。

③ 在功能区的"常用"选项卡的"建模"面板中单击"长方体"按钮，通过命令行提示进行以下操作以绘制一个长方体。

```
命令：_box
指定第一个角点或 [中心(C)]：0,0↙
指定其他角点或 [立方体(C)/长度(L)]：@24,13.8↙
指定高度或 [两点(2P)]：2↙
```

此时，可以在位于图形窗口右部的导航栏中，从"缩放"下拉列表框中选择"全部缩放"选项（对应图标为 ）进行缩放以显示所有可见对象，随后可将光标置于图形窗口，滚动鼠标中键滚轮适当调整模型视图显示大小。绘制的长方体显示如图 9-75 所示。

④ 从功能区"常用"选项卡的"坐标"面板中单击 X 按钮，输入绕 X 轴的旋转角度为 90°。

⑤ 从"绘图"面板中单击"矩形"按钮，分别指定第一个角点和另一个角点来绘制一个长方形，其命令行操作如下。

```
命令：_rectang
指定第一个角点或 [倒角(C)/标高(E)/圆角(F)/厚度(T)/宽度(W)]：-5,0↙
指定另一个角点或 [面积(A)/尺寸(D)/旋转(R)]：@1.5,0.3↙
```

绘制的一个长方形（矩形）如图 9-76 所示。

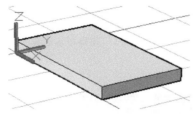

图 9-75　绘制的长方体

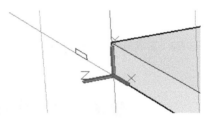

图 9-76　绘制一个长方形（矩形）

⑥ 从"坐标"面板中单击 Y 按钮，输入绕 Y 轴的旋转角度为 90°。

⑦ 在"绘图"面板中单击"多段线"按钮绘制多段线，其命令行操作如下。

```
命令：_pline
指定起点：-6,0↙
当前线宽为 0.0000
指定下一个点或 [圆弧(A)/半宽(H)/长度(L)/放弃(U)/宽度(W)]：@2<0↙
指定下一点或 [圆弧(A)/闭合(C)/半宽(H)/长度(L)/放弃(U)/宽度(W)]：@1.1<82↙
指定下一点或 [圆弧(A)/闭合(C)/半宽(H)/长度(L)/放弃(U)/宽度(W)]：@0.8<0↙
指定下一点或 [圆弧(A)/闭合(C)/半宽(H)/长度(L)/放弃(U)/宽度(W)]：↙
```

绘制好的二维多段线如图 9-77 所示（图中关闭了栅格显示）。

⑧ 按照以下命令行操作对二维多段线进行倒圆角。

```
命令：_fillet                         //从"修改"面板中单击"圆角"按钮
当前设置：模式 = 修剪，半径 = 0.6000
选择第一个对象或 [放弃(U)/多段线(P)/半径(R)/修剪(T)/多个(M)]：P↙
选择二维多段线或 [半径(R)]：R↙
指定圆角半径 <0.6000>：0.35↙
选择二维多段线或 [半径(R)]：          //选择二维多段线
2 条直线已被圆角
```

倒圆角后的二维多段线如图 9-78 所示。

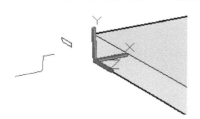

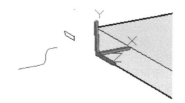

图 9-77　绘制好的二维多段线　　　　　　　　图 9-78　倒圆角的二维多段线

创建扫掠实体。在功能区的"实体"选项卡的"实体"面板中单击"扫掠"按钮，执行以下操作。

```
命令：_sweep
当前线框密度：ISOLINES=4，闭合轮廓创建模式 = 实体
选择要扫掠的对象或 [模式(MO)]：_MO 闭合轮廓创建模式 [实体(SO)/曲面(SU)] <实体>：_SO
选择要扫掠的对象或 [模式(MO)]：找到 1 个　　　　//选择长方形（矩形）
选择要扫掠的对象或 [模式(MO)]：✓
选择扫掠路径或 [对齐(A)/基点(B)/比例(S)/扭曲(T)]：A✓
扫掠前对齐垂直于路径的扫掠对象 [是(Y)/否(N)] <是>：Y✓
选择扫掠路径或 [对齐(A)/基点(B)/比例(S)/扭曲(T)]：B✓
指定基点：　　　　　　　　　　　　　　//选择长方形的一条边的中点，如图 9-79 所示
选择扫掠路径或 [对齐(A)/基点(B)/比例(S)/扭曲(T)]：//选择二维多段线
```

创建的扫掠实体如图 9-80 所示。

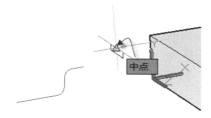

图 9-79　指定基点　　　　　　　　　　　　图 9-80　创建的扫掠实体

在"坐标"面板中单击"UCS，世界"按钮，从而将当前用户坐标系设置为世界坐标系。

使用位于图形窗口右上角的视图视角导航工具，如图 9-81 所示，将模型视图视角调整为如图 9-82 所示，以便于进行后面的三维对齐操作。

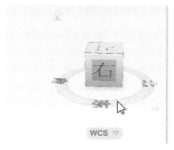

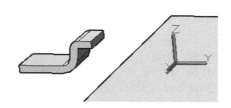

图 9-81　使用视图视角导航工具　　　　　　图 9-82　调整模型视图视角

⓬ 三维对齐操作。在功能区"常用"选项卡的"修改"面板中单击"三维对齐"按钮，根据命令行提示进行以下操作。

```
命令: _3dalign
选择对象: 找到 1 个                    //选择如图 9-83 所示的贴脚实体
选择对象: ✓
指定源平面和方向 ...
指定基点或 [复制(C)]:                  //选择如图 9-84 所示的三维顶点 1
指定第二个点或 [继续(C)] <C>:          //选择如图 9-84 所示的三维顶点 2
指定第三个点或 [继续(C)] <C>:          //选择如图 9-84 所示的三维顶点 3
指定目标平面和方向 ...
指定第一个目标点: 1,0.4,1✓
指定第二个目标点或 [退出(X)] <X>: 1,0.4,1.3✓
指定第三个目标点或 [退出(X)] <X>: 2.5,0.4,1.3✓
```

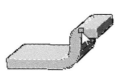

图 9-83　选择要操作的贴脚实体

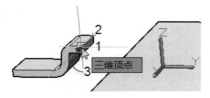

图 9-84　指定源平面和方向

⓭ 完成三维对齐操作后，从功能区"常用"选项卡的"视图"面板的"三维导航"下拉列表框中选择"东南等轴测"选项，此时模型显示如图 9-85 所示，可以较为直观地观察到三维对齐操作的效果。

⓮ 矩形阵列。在功能区"常用"选项卡的"修改"面板中单击"矩形阵列"按钮，选择贴脚实体模型并按 Enter 键，接着在功能区出现的"阵列创建"上下文选项卡中将列数设置为9，列数的"介于"间距值为 2.55，其对应的列距离总计值为 20.4，而行数和级别层级数均设为1，并单击选中"关联"按钮，然后单击"关闭阵列"按钮✔，阵列结果如图 9-86 所示。

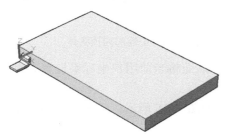

图 9-85　使用"东南等轴测"视角

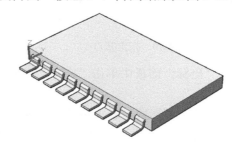

图 9-86　创建矩形阵列的结果

⓯ 进行三维镜像操作。在功能区"常用"选项卡的"修改"面板中单击"三维镜像"按钮，通过命令行提示进行以下操作。

```
命令: _mirror3d
选择对象: 找到 1 个                    //选择关联的矩形阵列
选择对象: ✓
指定镜像平面 (三点) 的第一个点或 [对象(O)/最近的(L)/Z 轴(Z)/视图(V)/XY 平面(XY)/YZ 平
面(YZ)/ZX 平面(ZX)/三点(3)] <三点>:    //选择如图 9-87 所示的三维中点 1 (需启用三维对象捕捉
                                        模式)
```

在镜像平面上指定第二点： //选择如图 9-87 所示的三维中点 2
在镜像平面上指定第三点： //选择如图 9-87 所示的三维中点 3
是否删除源对象？[是(Y)/否(N)] <否>：N↙

三维镜像结果如图 9-88 所示。

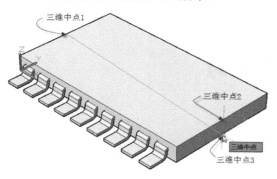

图 9-87 指定 3 点定义镜像平面

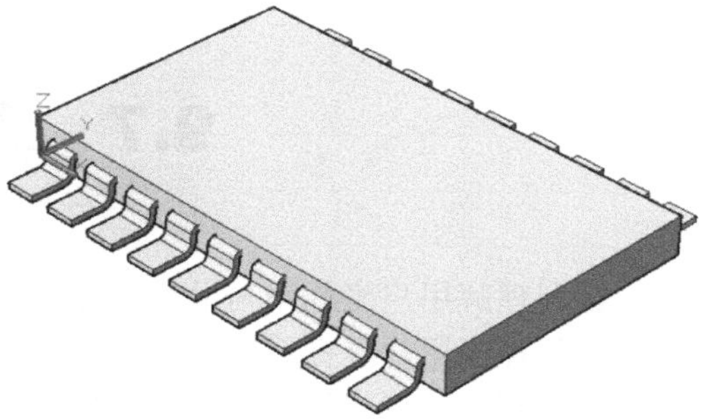

图 9-88 三维镜像结果

16 创建一个圆柱体。在功能区的"常用"选项卡的"建模"面板中单击"圆柱体"按钮，通过命令行进行相关操作。

```
命令：_cylinder
指定底面的中心点或 [三点(3P)/两点(2P)/切点、切点、半径(T)/椭圆(E)]：0,6.9,1.85↙
指定底面半径或 [直径(D)]：1.5↙
指定高度或 [两点(2P)/轴端点(A)] <2.0000>：1↙
```

创建的一个圆柱体如图 9-89 所示。

17 进行差集布尔运算。在功能区的"常用"选项卡的"实体编辑"面板中单击"实体，差集"按钮，根据命令行提示进行以下操作。

```
命令：_subtract
选择要从中减去的实体、曲面和面域...
选择对象：找到 1 个          //选择长方体
选择对象：↙
选择要减去的实体、曲面和面域...
选择对象：找到 1 个          //选择圆柱体
选择对象：↙
```

进行差集布尔运算的结果如图 9-90 所示。

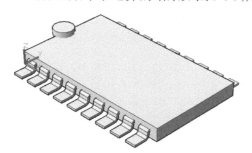

图 9-89 创建一个圆柱体

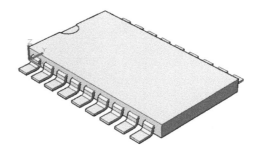

图 9-90 差集布尔运算的结果

保存图形文件。

知识点拨： 如果要将 18 个贴脚与芯片主体合并成一个单独的实体，那么需要先单击"打散"按钮 将由贴脚组成的关联矩形阵列对象打散（分解），然后再单击"并集"按钮 将芯片主体和全部贴脚实体对象合并组合成一个实体。

9.7　思考与练习

（1）如何理解用户坐标系与世界坐标系？

（2）如何控制用户坐标系图标的显示？

（3）请分别总结创建拉伸实体、旋转实体、扫掠实体和放样实体的一般方法步骤。

（4）在 AutoCAD 中，什么是布尔运算？布尔运算的类型包括哪些？分别具有什么样的应用特点？

（5）对齐与三维对齐在操作上有哪些异同之处？

（6）在使用 AutoCAD 2019 进行三维设计时，如何指定有关的视觉样式和视角？请在某实例中选择不同的视觉样式来熟悉各视觉样式的特点。

（7）上机操作：请创建一个电容实体模型，具体形状和尺寸自定。

（8）上机操作：请绘制某种芯片模型，具体形状和尺寸指定。

第 10 章　绘制电气电路图

本章导读

电气制图是电气技术工作人员必备的专业知识，本章着重介绍电气电路图的一些典型画法及相应的综合实例。

读者在学习电气电路图综合绘制实例时，需要认真地考虑电气电路图的布局、图上位置表示方法、元器件表示方法、电路表示方法、回路标号、参照代号标注和项目目录编制等细节。

10.1　电气电路图概述

电气电路图简称为电路图，它是指表达项目电路组成和物理连接信息的简图。电路图可直接表述电力或电气线路的结构和工作原理，说明产品各组成部分的电气连接关系，为绘制接线图、印制板图提供依据，可给出电路中各设备和元器件的关键参数以为检测、更换设备和元器件提供依据，并可给出有关测试点的工作电压以为检修电路故障提供方便等，多用于电路的设计与分析工作。

按照不同的标准，电路图可以有不同的分类。例如按照所表达对象的完整性来划分，电路图可分为整机电路图和单元电路图。整机电路通常由若干个单元电路图构成。按照特定应用特点来划分，电路图还可以分为应用电路图和原理电路图，前者是能够直接用于生产实际的电路图，而后者则是理想化的、供研究和教学使用的电路图。

为满足设计工程和电气设计的需要，电路图通常具有如表 10-1 所示的特点。

表 10-1　电路图的主要特点

序　号	特点要素	具体说明/备注
1	完整性	电路图通常包括整个系统、成套设备、装置或所要表达电路单元的所有电路，并提供分析、测试、安装、维修所需的全部信息
2	规范性	电路图中所使用的符号、连接性和相关说明等必须符合国家标准
3	清晰合理性	电路图中的布局应以电路所要实现的功能为核心安排，以使读者能够迅速准确地理解电路的功能
4	针对性	根据用途不同，电路图所采用的表达方法也不同，例如绘制发电厂或工厂控制系统的电路图，其主电路的表示应便于研究主控系统的功能

在介绍具体的电路图绘制实例之前，读者应该要先了解电路图的内容。电路图至少应表示项目的实现细节，可不考虑元器件的实际物理尺寸和形状。一张完整的电路图，其包括的内容主要有以下几个方面。

（1）表示电路中元件或功能的图形符号。

（2）表示元件或功能图形符号之间的连接线，包括单线或多线，连续线或中断线。

（3）项目代号，如表示项目功能面、产品面、位置面结构的参照代号。

（4）端子代号。

（5）用于逻辑信号的电平约定。

（6）电路寻迹必需的信息（信息代号、位置检索标记）。

（7）项目功能必需的补充信息。

10.2 电路图的绘制原则与画法步骤

电路图是采用国家标准规定的电气图形符号并按功能布局来绘制的一种专用工程图，它不表达电路中元器件的形状和尺寸，也不反映元器件的具体安装情况，而是要详细表达电气设备各组成部分的工作原理、电路特征和技术性能指标，为电气产品的装配、编辑工艺、调试检测、分析故障提供信息，以及为编制接线图、印制电路板及其他功能图提供依据。

本节接下来介绍电路图的绘制原则与画法步骤。

10.2.1 电路图绘制原则

在前面章节（第 4 章）对电气工程 CAD 制图规则进行了相关的介绍，在这里只简要地提出电路图绘制的几点原则，如表 10-2 所示。

表 10-2　电路图绘制的几点原则

序　号	基 本 原 则	原 则 解 释
1	规范性原则	必须严格按照国家电气制图标准来绘制电路图，在缺少标准时应遵从规范原则和行业惯律
2	完整性原则	电路图应该能够完整地反映电气电路的组成，不遗漏任何一种电气电路设备、主要元器件
3	合理性原则	电路图的布局应根据所表达电路的实际需要，合理地安排电路符号，突出表达各部分的功能
4	清晰性原则	电路图应符合人们的阅读习惯，易于读图，各种图形符号分布均匀、连线横平竖直、有序，图面清楚、简洁、整齐又美观

10.2.2 电路图画法步骤

电路图画法的一个重点在于其布局，布局原理是：合理、排列均匀，保证画面清楚有序，便于读图；用图形符号表示元件，标注应在图形符号的上方或左方；布置电路图时，按工作原理从左到右、从上到下排列，元件放置尽量横竖平齐，而输入端通常在左，而输出端通常在右；元件之间用实线连接，原则是尽量短而少交叉、横平竖直，如果连线过长时应使用中断线，功能单元可用围框；电路图中的可动元件要按无电状态时的位置画出。

　　电路图的画法要依据上述布局原理及电气工作原理等。电路图的画法步骤主要包括电路分析、布局、电气图形符号排序、连线、调整修正、注写文字符号、填写标题栏和检查修改等步骤。

1. 电路分析

　　在进行设计之前总是要进行相关的分析以确定设计目的。在电气设计中，电路分析的主要目的是选择合适的表达方式。

　　首先要了解电路的用途，电路的用途往往决定其表达方法。接着要对电路工作过程进行分析，判断出电路中能量流、信息流等不同"流"的传递流程和传递方向。在很多时候，需要将复杂电路划分为若干单元电路，以有利于布局和对电路的理解。此外，还要分析单元电路的特点以利于局部布局，分析单元电路的特点是要分析单元电路的组成元器件及其相互之间的逻辑关系特点。

2. 电路布局

　　分析电路后，心中便对电路布局有了相应方向。布局时，通常要先对整个电路进行布局。对于因果次序清楚的电路，其布局顺序应使信息的基本流向为从左到右或自上而下，而具体形式则要根据具体电路的功能和电路组成特点来决定。完成整体布局后，对构成整体电路的各个单元电路进行布局，布局时要根据单元电路的特点，对于单元电路，有时可能需要应用开口箭头来标示信息传递的方向。在进行电路布局时，要考虑电磁开关的表达方法，确定是采用集中表示还是分开表示，或者是采用混合表示。

3. 电气图形符号排序

　　完成电路布局后，在绘制电路图时免不了要考虑如何将表示元器件的电气图形符号安排在电路中。这些图形符号都要符合相应的标准和要求。各图形符号之间要预留导线的位置。

4. 连线

　　连线是电路图绘制的一个重要方面。绘制连线时要尽量减少连接线折弯或交叉。如果必须要交叉，则要确定用中断表示法还是用连续表示法。如果用中断表示法，那么在绘制连线时，就应标出中断点的符号，以免出现混乱。

　　有些连接线有分支，对于有分支的连接线，应该视具体情况在连接点处绘制出连接符号。

5. 调整修正

　　完成电路布局并绘制图形符号和连线后，要对电路图进行认真而细致地校审，看有没有发现错误和疏漏，发现有错误或疏漏时务必及时更正。很多时候需要对各元器件的位置、连接线的表达方法等做出适当的调整和修正，从而达到正确、清晰的目的。

6. 注写文字符号

文字符号也是电路图的一个组成部分。注写的文字符号包括项目代号、元器件的规格型号和各种必要的或辅助的技术说明。

7. 填写标题栏

一个完整的电路图，需要按照要求填写标题栏各项内容。

8. 修改检查

再次对电路图进行检查、修改，对需要用突出表达的连接线用大一号的实线（粗实线）描画。确保无误后，保存文件以完成全图。

10.3 常用电路常规画法实例

一些常用电路形成了各自的常规方法。本节介绍一些常用电路常规画法实例，包括桥式电路绘制实例、对称电路绘制实例、整流桥绘制实例、无源二端口网络和无源四端口网络绘制实例、放大电路绘制实例。

10.3.1 桥式电路绘制实例

桥式电路的输入端通常绘制在左方，输出端绘制在右方，其可以有多种简化模式，如图 10-1 所示。下面以中间的一种桥式电路为例介绍其绘制步骤。

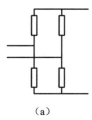　　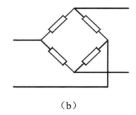　　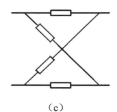

（a）　　　　　　　　　　　　（b）　　　　　　　　　　　　（c）

图 10-1 桥式电路的几种简化模式

🔢 在"快速访问"工具栏中单击"新建"按钮，弹出"选择样板"对话框，从本书配套资料包中选择"图形样板"|"ZJDQ_标准样板.dwt"文件，单击"打开"按钮。

🔢 使用"草图与注释"工作空间，接着在功能区"默认"选项卡的"图层"面板的"图层"下拉列表框中选择"粗实线"层作为当前图层。

🔢 在功能区的"默认"选项卡的"绘图"面板中单击"矩形"按钮，在绘图区域任意指定一个角点，接着指定另一个角点为"@7.5,2"，从而绘制一个细长的矩形，如图 10-2 所示。

🔢 在"绘图"面板中单击"直线"按钮，在矩形左右两边各绘制一条长度为 5 的水平直线段，它们各有一端位于矩形的相应边的中点处，如图 10-3 所示。

⑤ 在"修改"面板中单击"旋转"按钮 ↻，通过命令行进行以下操作。

```
命令: _rotate
UCS 当前的正角方向: ANGDIR=逆时针  ANGBASE=0
选择对象: 指定对角点: 找到 3 个            //以窗口选择方式选择整个图形
选择对象: ↙
指定基点:                              //选择左边直线段的左端点
指定旋转角度, 或 [复制(C)/参照(R)] <0>: 45↙
```

旋转电阻图形符号的结果如图 10-4 所示。

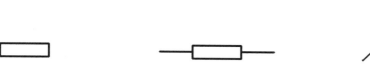

图 10-2 绘制一个矩形   图 10-3 绘制两条线段   图 10-4 旋转电阻图形符号

⑥ 镜像图形。在"修改"面板中单击"镜像"按钮 ⚠，通过命令行进行以下操作。

```
命令: _mirror
选择对象: 指定对角点: 找到 3 个        //以窗口选择方式框选整个图形
选择对象: ↙
指定镜像线的第一点:                  //选择如图 10-5 所示的端点
指定镜像线的第二点: @5,0↙            //也可在正交模式下在过第一点的水平线上任意单击一点
要删除源对象吗? [是(Y)/否(N)] <否>:↙
```

镜像图形的结果如图 10-6 所示。

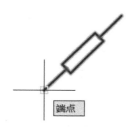

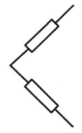

图 10-5 选择端点作为镜像线的第一点   图 10-6 镜像图形的结果

⑦ 再次镜像图形。单击"镜像"按钮 ⚠，通过命令行进行以下操作。

```
命令: _mirror
选择对象: 指定对角点: 找到 6 个        //以窗口选择方式框选整个图形
选择对象: ↙
指定镜像线的第一点:                  //选择如图 10-7 所示的端点 1
指定镜像线的第二点:                  //选择如图 10-7 所示的端点 2
要删除源对象吗? [是(Y)/否(N)] <否>:↙
```

完成第二次镜像操作得到的图形效果如图 10-8 所示。

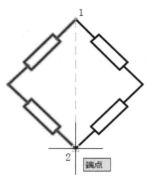

图 10-7　指定镜像线的第一点和第二点

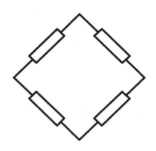

图 10-8　第二次镜像图形的结果

⑧ 连线。在"绘图"面板中单击"直线"按钮 ✏，进行以下操作。

```
命令：_line
指定第一个点：                    //选择如图 10-9 所示的端点
指定下一点或 [放弃(U)]：@10<180↙
指定下一点或 [放弃(U)]：↙
```

完成绘制的一条线段如图 10-10 所示。

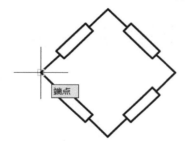

图 10-9　选择端点作为直线的第一个点

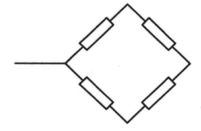

图 10-10　完成绘制的一条直线段

⑨ 继续单击"直线"按钮 ✏ 来绘制如图 10-11 所示的两条水平直线段，这两条直线段的长度均设为 20mm。

⑩ 继续单击"直线"按钮 ✏，绘制另外的连续直线段，如图 10-12 所示，具体尺寸可自行确定。至此完成此桥式电路绘制。

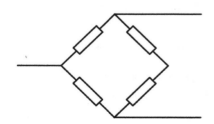

图 10-11　绘制两条水平直线段

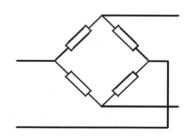

图 10-12　绘制另外的连续直线段

10.3.2　对称电路绘制实例

本节实例介绍一种对称电路的绘制，其完成结果如图 10-13 所示。

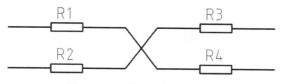

图 10-13　要完成的对称电路

1 在"快速访问"工具栏中单击"新建"按钮 ，弹出"选择样板"对话框，从本书配套资料包中选择"图形样板"|"ZJDQ_标准样板.dwt"文件，单击"打开"按钮。

2 使用"草图与注释"工作空间，接着在功能区"默认"选项卡的"图层"面板的"图层"下拉列表框中选择"粗实线"层作为当前图层。

3 在功能区的"默认"选项卡的"绘图"面板中单击"矩形"按钮 ，在绘图区域任意指定一个角点，接着指定另一个角点为"@7.5, 2"，从而绘制一个细长的矩形。

4 在"绘图"面板中单击"直线"按钮 ，分别绘制两条直线段，如图 10-14 所示，长度可大致确定（本例将这两条直线段的长度均设置为 10mm）。

5 在"修改"面板中单击"矩形阵列"按钮 ，从左到右指定两个窗口角点来选择整个图形，按 Enter 键后功能区出现"阵列创建"上下文选项卡，将列数设置为 2，列介于的相互间距离为 35（即列间距为 35），行数为 2，行介于的相互间距为 10（即行间距为 10），层级级别数为 1，单击"关联"按钮 以取消选中它，然后单击"关闭阵列"按钮 ，结果如图 10-15 所示。

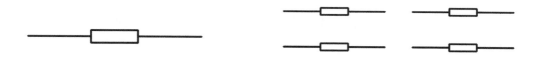

图 10-14　绘制好矩形后绘制两条直线段　　　　　图 10-15　创建矩形阵列的结果

6 连线。在"绘图"面板中单击"直线"按钮 ，连接端点 A、D 以创建线段 AD，如图 10-16 所示。使用同样的方法，单击"直线"按钮 ，连接端点 B、C 以创建线段 BC。

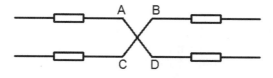

图 10-16　创建线段 AD 和线段 BC

7 在功能区"默认"选项卡的"图层"面板的"图层"下拉列表框中选择"注释"层作为当前图层。

8 添加文字注释。在功能区"默认"选项卡的"注释"面板中单击"文字"按钮 A，分别为电阻添加文字注释，完成效果如图 10-17 所示。

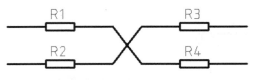

图 10-17　添加文字注释

10.3.3　整流桥电路图绘制实例

　　本节实例介绍一种常见整流桥的绘制步骤，完成的整流桥如图 10-18 所示。本实例的操作步骤如下。

　　■1■　在"快速访问"工具栏中单击"新建"按钮，弹出"选择样板"对话框，从本书配套资料包中选择"图形样板"|"ZJDQ_标准样板.dwt"文件，单击"打开"按钮。

　　■2■　使用"草图与注释"工作空间，接着在功能区"默认"选项卡的"图层"面板的"图层"下拉列表框中选择"粗实线"层作为当前图层。

　　■3■　按照本书 6.4.1 节介绍的方法绘制半导体二极管一般符号，绘制的半导体二极管一般符号如图 10-19 所示（图中给出了一些参考尺寸）。

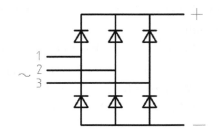

图 10-18　整流桥电路图（未含电容部分）

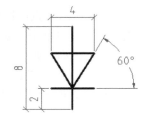

图 10-19　半导体二极管一般符号

　　■4■　在"修改"面板中单击"旋转"按钮，将整个半导体二极管一般符号旋转 180°，旋转结果如图 10-20 所示。

　　■5■　在"修改"面板中单击"复制"按钮，按照以下操作放置半导体二极管一般符号副本以完成该图形符号的布局。

```
命令：_copy
选择对象：指定对角点：找到 5 个                      //以窗口选择方式选择这个图形符号
选择对象：↙
当前设置：复制模式 = 单个
指定基点或 [位移(D)/模式(O)/多个(M)] <位移>：M↙
指定基点或 [位移(D)/模式(O)/多个(M)] <位移>：        //选择等边三角形的上顶点
指定第二个点或 [阵列(A)] <使用第一个点作为位移>：@10,0↙
指定第二个点或 [阵列(A)/退出(E)/放弃(U)] <退出>：@20,0↙
指定第二个点或 [阵列(A)/退出(E)/放弃(U)] <退出>：@20<-90↙
指定第二个点或 [阵列(A)/退出(E)/放弃(U)] <退出>：@10,-20↙
指定第二个点或 [阵列(A)/退出(E)/放弃(U)] <退出>：@20,-20↙
指定第二个点或 [阵列(A)/退出(E)/放弃(U)] <退出>：↙
```

　　半导体二极管的布局如图 10-21 所示。

图 10-20　旋转 180°后的图形符号　　　　图 10-21　半导体二极管的布局

6 连线。单击"直线"按钮 ✐ 分别绘制相应的直线段，以完成如图 10-22 所示的图形效果。绘制好相关直线段后，可以使用相关的修改工具来调整某些线段的位置等。

7 在功能区"默认"选项卡的"图层"面板的"图层"下拉列表框中选择"注释"层作为当前图层。

8 在功能区"默认"选项卡的"注释"面板中单击"文字"按钮 **A**，分别添加相应的文字符号，如图 10-23 所示。

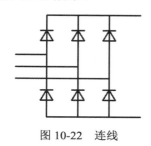

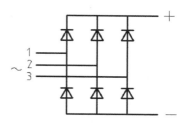

图 10-22　连线　　　　　　　　　　图 10-23　添加相应的文字符号

10.3.4　无源二端网络与无源四端网络绘制实例

本节实例介绍如何绘制无源二端网络和无源四端网络。无源二端网络的两个端一般绘制在同一侧，如图 10-24（a）所示，无源四端网络的四个端应绘制在假想矩形的四个角上，如图 10-24（b）所示。

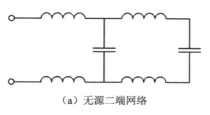

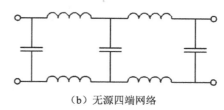

（a）无源二端网络　　　　　　　　　　（b）无源四端网络

图 10-24　网络端的简化画法

本实例的绘制步骤如下。

1．新建图形文件

1 在"快速访问"工具栏中单击"新建"按钮 ☐，弹出"选择样板"对话框，从本书配套资料包中选择"图形样板"|"ZJDQ_标准样板.dwt"文件，单击"打开"按钮。

2 使用"草图与注释"工作空间，接着在功能区"默认"选项卡的"图层"面板的"图层"下拉列表框中选择"粗实线"层作为当前图层。

2. 使用相关绘制命令绘制元器件的图形符号

① 在功能区的"默认"选项卡的"绘图"面板中单击"圆心、半径"按钮⊘，在图形窗口中任意指定一点作为圆心，指定半径为 1.5mm，从而绘制一个小圆。

② 在"修改"面板中单击"复制"按钮🔏，根据命令行提示进行以下操作。

```
命令：_copy
选择对象：找到 1 个                                        //选择小圆
选择对象：↙
当前设置：  复制模式 = 单个
指定基点或 [位移(D)/模式(O)/多个(M)] <位移>：<打开对象捕捉> //选择圆心作为基点
指定第二个点或 [阵列(A)] <使用第一个点作为位移>：A↙
输入要进行阵列的项目数：4↙
指定第二个点或 [布满(F)]：@3,0↙
```

复制结果如图 10-25 所示。

③ 在"绘图"面板中单击"直线"按钮／，分别绘制两条长度均为 3mm 的直线段，如图 10-26 所示。

④ 在"修改"面板中单击"修剪"按钮✂，将图形修剪成如图 10-27 所示，从而基本完成该电感图形符号。

图 10-25　复制结果　　　　　图 10-26　绘制直线段　　　　图 10-27　修剪以完成图形符号

⑤ 在"绘图"面板中单击"直线"按钮／，在图形窗口的适当位置处绘制一条长为 6mm 的水平直线段；接着在"修改"面板中单击"偏移"按钮⫾，指定偏移距离为 1mm，在水平直线段的下方创建一条偏移线；然后单击"直线"按钮／，分别绘制两条长度均为 4.5mm 的竖直直线段，如图 10-28 所示，从而完成该电容器一般符号。

3. 绘制无源二端网络

先按照布局放置图形符号副本，接着连线，并在端口处绘制空心小圆，并可进行相应的修改，以完成无源二端网络。

① 在"修改"面板中单击"复制"按钮🔏，将所绘的电感图形符号按照预先布局方案在预定位置处创建其副本，如图 10-29 所示。

图 10-28　电容器一般符号　　　　　　图 10-29　按照布局放置图形符号 1

② 在"修改"面板中单击"复制"按钮🔏，将电容器一般符号复制到指定位置处，如图 10-30 所示。

③ 在"绘图"面板中单击"直线"按钮／进行连线操作。用户也可以单击"延伸"按钮⫞

并结合其他工具来完成，连线结果如图 10-31 所示。

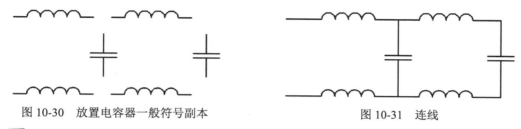

图 10-30　放置电容器一般符号副本　　　　　　　图 10-31　连线

4 在"绘图"面板中单击"圆心、半径"按钮 ⟳ ，在左端分别绘制半径均为 0.75mm 的两个小圆，如图 10-32 所示。

5 在"修改"面板中单击"修剪"按钮 ✂ ，将位于小圆内部的一小段线段修剪掉，从而完成该无源二端网络，结果如图 10-33 所示。

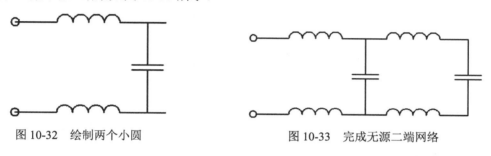

图 10-32　绘制两个小圆　　　　　　　图 10-33　完成无源二端网络

4. 绘制无源四端网络

1 无源四端网络和无源二端网络布局相似，可以单击"复制"按钮 🖧 将整个无源二端网络图形复制到旁边。

2 在"绘图"面板中单击"直线"按钮 ╱ ，在复制得到的图形右部分别绘制两段直线段，并在"修改"面板中单击"复制"按钮 🖧 将电容器一般符号连同相应连线复制到靠近预期端口的大概位置处，如图 10-34 所示。

3 分别单击"圆心、半径"按钮 ⟳ 和"修剪"按钮 ✂ 来完成无源四端网络右侧的小圆细节，结果如图 10-35 所示。

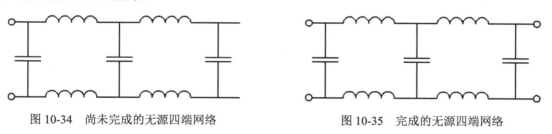

图 10-34　尚未完成的无源四端网络　　　　　　　图 10-35　完成的无源四端网络

10.3.5　放大电路绘制实例

放大电路较为常用。本节介绍一个放大电路绘制实例，要完成的放大电路如图 10-36 所示。通过前面几个常用电路绘制实例的学习和体验，发现在电路图中经常要重复用到电气图形符号，每次都重复绘制显然很麻烦，那么有什么好的办法吗？最好的解决方法是事先绘制好常用的电气简图用图形符号、电气设备用图形符号，然后将它们创建成块（可使用"写块"命令 WBLOCK），以后在绘制电路图时采用"插入块"的方式来快速获得所需的图形符号，而不必重新绘制，这样绘图效率便得到极大提高，并且不容易出错。还有一个方法是在一个图形文件中创建各类图形符号，分别将这些图形符号创建为块，然后将此图形文件保存为图形样板文件以备以后使用此图形样板。

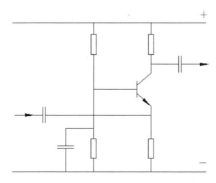

图 10-36   要完成的放大电路实例

本实例放大电路的绘制步骤如下。

1 在"快速访问"工具栏中单击"打开"按钮，选择本书配套资料包中的 CH10 | "电阻器一般符号.dwg"文件，单击"打开"按钮。

2 在命令行中输入 WBLOCK 并按 Enter 键，系统弹出"写块"对话框。在"源"选项组中选择"对象"单选按钮；在"目标"选项组中接受默认的路径，并将默认文件名更改为"电阻器一般符号块.dwg"，如图 10-37 所示；在"对象"选项组中选择"保留"单选按钮，单击"选择对象"按钮，选择整个电阻器一般图形符号，按 Enter 键返回"写块"对话框；在"基点"选项组中单击"拾取点"按钮，拾取如图 10-38 所示的端点作为该新块的插入基点。在"写块"对话框中单击"确定"按钮。

图 10-37   "写块"对话框

图 10-38   指定新块的插入基点

3 单击"应用程序"按钮 A 以打开应用程序菜单，从中选择"关闭"|"当前图形"按钮 🔲，系统弹出 AutoCAD 对话框询问是否保存文件，单击"否"按钮。

4 在"快速访问"工具栏中单击"打开"按钮 🗁，选择本书配套资料包中的 CH10 |"电容器一般符号.dwg"文件，单击"打开"按钮。

5 在命令行中输入 WBLOCK 并按 Enter 键，系统弹出"写块"对话框。在"源"选项组中选择"对象"单选按钮；在"目标"选项组中接受默认的路径，并将默认文件名更改为"电容器一般符号块.dwg"；在"对象"选项组中选择"保留"单选按钮，单击"选择对象"按钮 ✛，选择整个电容器一般图形符号，按 Enter 键返回"写块"对话框；在"基点"选项组中单击"拾取点"按钮 🖳，拾取如图 10-39 所示的端点作为该新块的插入基点。在"写块"对话框中单击"确定"按钮。

6 单击"应用程序"按钮 A 以打开应用程序菜单，从中选择"关闭"|"当前图形"按钮 🔲，系统弹出 AutoCAD 对话框询问是否保存文件，单击"否"按钮。

7 在"快速访问"工具栏中单击"打开"按钮 🗁，选择本书配套资料包中的 CH10 |"晶体三极管.dwg"文件，单击"打开"按钮，如图 10-40 所示。

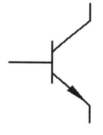

图 10-39　指定电容器一般符号块的插入点　　　　图 10-40　晶体三极管

8 在命令行中输入 WBLOCK 并按 Enter 键，系统弹出"写块"对话框。利用此对话框创建一个名为"晶体三极管块.dwg"的图块文件，注意指定左端点为该块的插入基点。然后关闭当前图形文件，注意在系统询问是否保存文件时单击"否"按钮。

9 在"快速访问"工具栏中单击"新建"按钮 🗋，弹出"选择样板"对话框，从本书配套资料包素材中选择"图形样板"|"ZJDQ_标准样板.dwt"文件，单击"打开"按钮。

10 使用"草图与注释"工作空间，接着在功能区"默认"选项卡的"图层"面板的"图层"下拉列表框中选择"粗实线"层作为当前图层。

11 在功能区的"默认"选项卡的"块"面板中单击"插入"按钮 并选择"更多选项"，系统弹出"插入"对话框，单击"浏览"按钮，选择前面写块生成的"晶体三极管块.dwg"图形文件来打开，此时"插入"对话框如图 10-41 所示，确保在"插入点"选项组中选中"在屏幕上指定"复选框。

12 在"插入"对话框中单击"确定"按钮，接着在图形窗口中任意指定一个插入点来放置此图形符号，如图 10-42 所示。

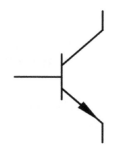

图 10-41　"插入"对话框　　　　　　　　　　　　　　图 10-42　插入第一个图块

13 在功能区的"默认"选项卡的"块"面板中单击"插入"按钮 📋 并选择"更多选项"命令，弹出"插入块"对话框，单击"浏览"按钮，选择前面写块生成的"电阻器一般符号块.dwg"图形文件来打开，在"插入"对话框的"旋转"选项组中将旋转角度值设置为 90°，在"插入点"选项组中默认选中"在屏幕上指定"复选框，如图 10-43 所示。然后在"插入"对话框中单击"确定"按钮，并在图形窗口的合适位置处选择插入点以完成第一个电阻器的插入放置。

14 重复执行"插入块"命令（"插入"按钮 📋），完成其他电阻器的插入放置，效果如图 10-44 所示。在指定插入位置时，注意巧用对象捕捉、对象捕捉追踪、极轴追踪等模式功能。

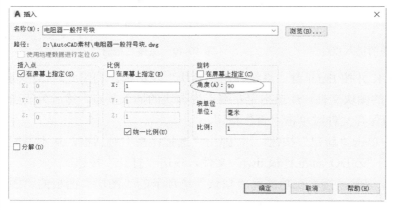

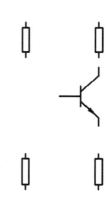

图 10-43　"插入"对话框　　　　　　　　　　　　　图 10-44　完成其他电阻的插入

15 在功能区的"默认"选项卡的"块"面板中单击"插入"按钮 📋 并选择"更多选项"命令，弹出"插入块"对话框，单击"浏览"按钮，选择前面写块生成的"电容器一般符号块.dwg"图形文件来打开，在"插入"对话框的"旋转"选项组中将旋转角度值设置为 90°，在"插入点"选项组中默认选中"在屏幕上指定"复选框，然后在"插入"对话框中单击"确定"按钮，并在图形窗口的合适位置处选择插入点以完成第一个电容器件的插入放置，如图 10-45 所示。

16 单击"插入"按钮 📋 并选择"更多选项"命令，弹出"插入块"对话框，从"名称"下拉列表框中选择"电容器一般符号块"，在"插入"对话框的"旋转"选项组中确保将旋转角度值设置为 0°，在"插入点"选项组中默认选中"在屏幕上指定"复选框，然后在"插入"对话框中单击"确定"按钮，并在图形窗口的合适位置处选择插入点以完成第 2 个电容器件的插入放置，如图 10-46 所示。

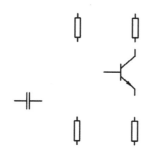

图 10-45　插入一个电容器一般符号

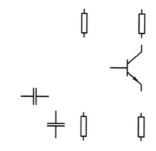

图 10-46　插入第 2 个电容器一般符号

17 继续单击"插入"按钮，插入第 3 个电容器一般符号，如图 10-47 所示。

18 在"绘图"面板中单击"直线"按钮，绘制如图 10-48 所示的连接线。在绘制连接线的过程中，可以适当改变元器件的放置位置，并可以使用其他工具命令辅助完成连线。

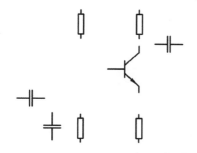

图 10-47　插入第 3 个电容器一般符号

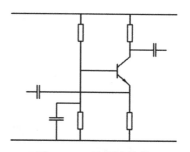

图 10-48　绘制连接线

19 通过 LEADER 命令创建带箭头的连接线。

```
命令：LEADER✓
指定引线起点：              //在左电容的左连接线上指定一点
指定下一点：@6.8<180✓
指定下一点或 [注释(A)/格式(F)/放弃(U)] <注释>：✓
输入注释文字的第一行或<选项>：✓
输入注释选项 [公差(T)/副本(C)/块(B)/无(N)/多行文字(M)] <多行文字>：N✓
```

从而绘制如图 10-49 所示的一条带箭头的连接线。

20 使用同样的方法，通过 LEADER 命令绘制另一条带箭头的连接线，如图 10-50 所示。

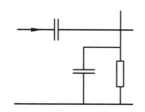

图 10-49　绘制一条带箭头的连接线

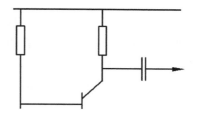

图 10-50　绘制另一条带箭头的连接线

21 将"注释"层设置为当前图层，接着在功能区"默认"选项卡的"注释"面板中单击"多行文字"按钮**A**来在放大电路中添加"+"和"−"文字符号，如图 10-51 所示。

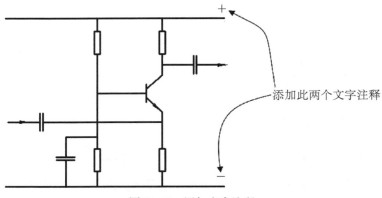

图 10-51　添加文字注释

22 在"快速访问"工具栏中单击"保存"按钮 █，弹出"图形另存为"对话框，指定文件名为"放大电路.dwg"，以及指定要保存的路径位置，单击"保存"按钮。

10.4　并联电路画法解析

把电路中的元件并列地接到电路中的两点间，电路中的电流分成几个分支，分别流经几个元件的连接方式称为并联。而串联则是电路中各元件按逐个顺序连接。

在绘制电路图时需要掌握并联电路画法的一般要求，即：在电路图中，当分支电路从上到下绘制时，同类元件图形符号一般水平排列；当分支电路从左到右绘制时，同类元件图形符号一般垂直排列。在主电路中，同等重要的元器件并联时，两支路应与主电路对称分布。

10.5　电路图综合实例 1——绘制某主电路和辅助电路

本节电路图综合实例要绘制的主电路和辅助电路如图 10-52 所示。在该实例中同样要应用到"写块"和"插入块"等工具命令。在电路图中用到大量重复出现的图形符号，把这些图形符号定义成块后，就可以在设计中无限次地重复利用，以这种主体思路进行电气制图，可以有效减少大量烦琐的重复性工作，从而提高绘图效率。

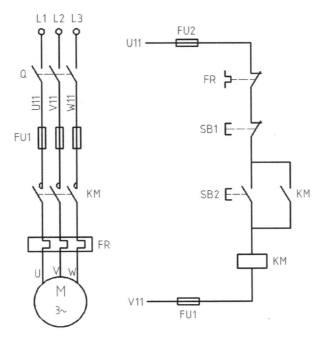

图 10-52 综合实例 1 总电路图

10.5.1 准备所需的图形符号块

根据对要完成的电路图的分析信息，本例需要准备多个图形符号块。

1 在"快速访问"工具栏中单击"打开"按钮 ，选择本书配套资料包中的 CH10 | "继电器线圈一般符号-驱动器件一般符号.dwg"文件，单击"打开"按钮，继电器线圈一般符号如图 10-53 所示。

2 在命令行中输入 WBLOCK 并按 Enter 键，系统弹出"写块"对话框。在"源"选项组中选择"对象"单选按钮；在"目标"选项组中接受默认的路径，并将默认文件名更改为"继电器线圈块.dwg"；在"对象"选项组中选择"保留"单选按钮，单击"选择对象"按钮 ，选择整个图形符号，按 Enter 键返回"写块"对话框；在"基点"选项组中单击"拾取点"按钮 ，拾取图形符号的下端点作为该新块的插入基点。在"写块"对话框中单击"确定"按钮。

3 单击"应用程序"按钮 以打开应用程序菜单，从中选择"关闭"|"当前图形"按钮 ，系统弹出 AutoCAD 对话框询问是否保存文件，单击"否"按钮。

4 在"快速访问"工具栏中单击"打开"按钮 ，选择本书资料包中的 CH10 | "熔断器一般符号.dwg"文件，单击"打开"按钮，熔断器一般符号如图 10-54 所示。

图 10-53 继电器线圈一般符号　　　　　　　　　图 10-54 熔断器一般符号

 在命令行中输入 WBLOCK 并按 Enter 键，系统弹出"写块"对话框。在"源"选项组中选择"对象"单选按钮；在"目标"选项组中接受默认的路径，并将默认文件名更改为"熔断器一般符号块.dwg"；在"对象"选项组中选择"保留"单选按钮，单击"选择对象"按钮 ✦，选择整个图形符号，按 Enter 键返回"写块"对话框；在"基点"选项组中单击"拾取点"按钮 ⬚，拾取图形符号的下端点作为该新块的插入基点。在"写块"对话框中单击"确定"按钮。

 单击"应用程序"按钮 **A** 以打开应用程序菜单，从中选择"关闭"|"当前图形"按钮 ⬚，系统弹出 AutoCAD 对话框询问是否保存文件，单击"否"按钮。

 在"快速访问"工具栏中单击"打开"按钮 ⬚，选择本书配套资料包中的 CH10 |"开关一般符号-动合（常开）一般符号.dwg"文件，单击"打开"按钮，该图形符号如图 10-55 所示。使用 WBLOCK 命令将此图形符号写块并保存在"开关一般符号块.dwg"中，然后关闭并不保存"开关一般符号-动合（常开）一般符号.dwg"文件。

 在"快速访问"工具栏中单击"打开"按钮 ⬚，选择本书配套资料包中的 CH10 |"热继电器-动断触点.dwg"文件，单击"打开"按钮，该图形符号如图 10-56 所示。使用 WBLOCK 命令将此图形符号写块并保存在"热继电器-动断触点块.dwg"中，注意指定新块的插入基点，然后关闭并不保存"热继电器-动断触点.dwg"文件。

图 10-55　开关一般符号

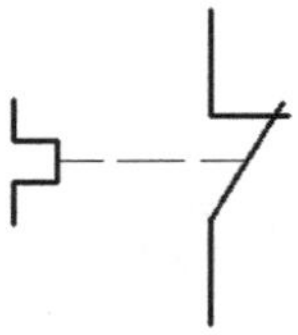

图 10-56　热继电器-动断触点

 在"快速访问"工具栏中单击"打开"按钮 ⬚，选择本书资料包中的 CH10 |"自动复位的手动按钮开关.dwg"文件，单击"打开"按钮，该图形符号如图 10-57 所示。使用 WBLOCK 命令将此图形符号写块并保存在"自动复位的手动按钮开关块.dwg"中，然后关闭并不保存"自动复位的手动按钮开关.dwg"文件。

 在"快速访问"工具栏中单击"打开"按钮 ⬚，选择本书资料包中的 CH10 |"接触器（主动合触点）.dwg"文件，单击"打开"按钮，该图形符号如图 10-58 所示。使用 WBLOCK 命令将此图形符号写块并保存在"接触器（主动合触点）块.dwg"中，然后关闭并不保存"接触器（主动合触点）.dwg"文件。

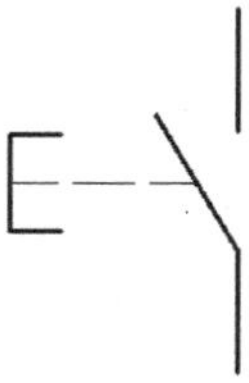

图 10-57　自动复位的手动按钮开关

图 10-58　接触器（主动合触点）图形符号

 在"快速访问"工具栏中单击"打开"按钮 ⬚，选择本书资料包中的 CH10 |"按钮开关 A.dwg"文件，单击"打开"按钮，该图形符号如图 10-59 所示。使用 WBLOCK 命令将此图形符号写块并保存在"按钮开关 A 块.dwg"中，然后关闭并不保存"按钮开关 A.dwg"文件。

12 在"快速访问"工具栏中单击"打开"按钮 ，选择本书资料包中的 CH10 | "热继电器线圈驱动器件.dwg"文件，单击"打开"按钮，该图形符号如图 10-60 所示。使用 WBLOCK 命令将此图形符号写块并保存在"热继电器线圈驱动器件块.dwg"中，然后关闭并不保存"热继电器线圈驱动器件.dwg"文件。

图 10-59　按钮开关 A　　　　　　　　图 10-60　热继电器线圈驱动器件

知识点拨： 各图形符号新块的插入基点尽量指定在接线端点处，以在绘制电路图时便于图形符号的对齐和连线。

10.5.2　在电路图中进行图形符号绘制

1 在"快速访问"工具栏中单击"新建"按钮，弹出"选择样板"对话框，从本书配套资料包中选择"图形样板" | "ZJDQ_标准样板.dwt"文件，单击"打开"按钮。

2 使用"草图与注释"工作空间，接着在功能区"默认"选项卡的"图层"面板的"图层"下拉列表框中选择"粗实线"层作为当前图层。

3 在功能区的"默认"选项卡的"块"面板中单击"插入"按钮并选择"更多选项"命令，弹出"插入块"对话框，单击"浏览"按钮选择先前写块并生成的"熔断器一般符号块.dwg"文件来打开，此时"插入"对话框如图 10-61 所示，在"插入点"选项组中确保选中"在屏幕上指定"复选框。

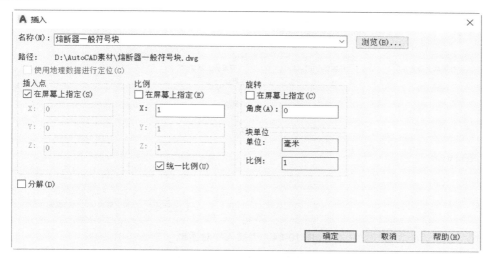

图 10-61　"插入"对话框

4 在"插入"对话框中单击"确定"按钮，接着在图形窗口中任意指定一个插入点来放置此图形符号。

5 使用同样的方法，以插入块的方式继续插入其他的熔断器一般符号块，如图 10-62 所示。

6 使用同样的方法，分别单击"插入"按钮 来通过先前写块生成的块文件来插入相应的图形符号，插入所需图形符号的参考结果如图 10-63 所示。在指定放置点时巧用对象捕捉、对象捕捉追踪等模式是很有用的，这样便于对齐图形符号。

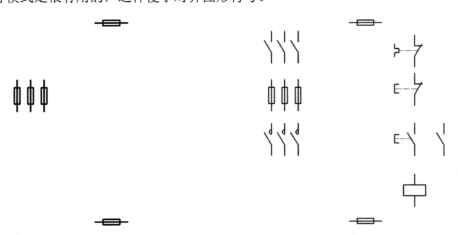

图 10-62 插入熔断器一般符号块   图 10-63 插入其他图形符号块

7 在"块"面板中单击"插入"按钮 并选择"更多选项"命令，弹出"插入"对话框，单击"浏览"按钮浏览到先前写块生成的"热继电器线圈驱动器件块.dwg"文件，单击"打开"按钮返回"插入"对话框，在"插入点"选项组中选中"在屏幕上指定"复选框，并选中"分解"复选框，如图 10-64 所示。

图 10-64 "插入"对话框

8 在"插入"对话框中单击"确定"按钮，接着在图形窗口中的合适位置处放置此图形符号，如图 10-65 所示。

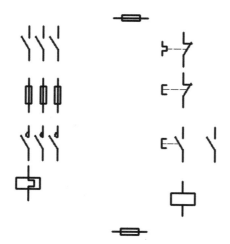

图 10-65　插入一个图形符号

⑨　在功能区的"默认"选项卡的"修改"面板中单击"拉伸"按钮，根据命令行提示进行以下操作。

```
命令：_stretch
以交叉窗口或交叉多边形选择要拉伸的对象...
选择对象：指定对角点：找到 1 个        //从右到左分别指定如图 10-66 所示的角点 1 和角点 2
选择对象：↙
指定基点或 [位移(D)] <位移>：          //单击该图形符号中矩形的右下顶点
指定第二个点或<使用第一个点作为位移>：@12<0↙
```

拉伸图形的结果如图 10-67 所示。

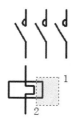

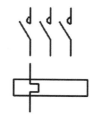

图 10-66　以交叉窗口选择对象　　　　　　　图 10-67　拉伸图形的结果

⑩　在功能区"默认"选项卡的"修改"面板中单击"矩形阵列"按钮，从左到右分别指定角点 1 和角点 2 来选择要阵列的图形，如图 10-68 所示，按 Enter 键，在"阵列创建"上下文选项卡中设置如图 10-69 所示的参数和选项，单击"关闭阵列"按钮。

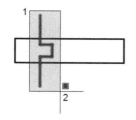

图 10-68　选择要阵列的图形　　　　　　　图 10-69　设置阵列创建参数

11 在功能区"默认"选项卡的"绘图"面板中单击"圆心、半径"按钮⊙，在如图 10-70 所示的大概位置处绘制一个半径为 9mm 的圆。

12 在功能区"默认"选项卡的"注释"面板中单击"多行文字"按钮 **A**，在圆内添加文字以基本完成三相笼式感应电动机图形符号的绘制，注意将文字所在的图层更改为"注释"层，此时图形效果如图 10-71 所示。

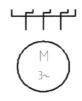

图 10-70　绘制一个圆　　　　　　　　　　　图 10-71　在圆内添加文字

10.5.3　绘制连接线及其他

1 在"绘图"面板中单击"直线"按钮／，绘制如图 10-72 所示的连接线。在绘制连接线的过程中，可以适当改变元器件的放置位置，并可以使用其他工具命令辅助完成连线。

2 在功能区"默认"选项卡的"绘图"面板中单击"圆心、半径"按钮⊙，绘制如图 10-73 所示的 3 个小圆，这 3 个小圆的半径可取 1mm 或 0.8mm。

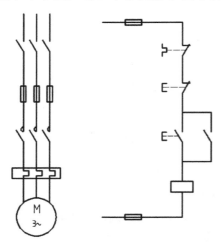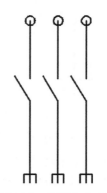

图 10-72　初步连线　　　　　　　　　　　图 10-73　绘制 3 个小圆

3 在"修改"面板中单击"修剪"按钮✂，将小圆内的线段修剪掉，结果如图 10-74 所示。

4 在"图层"面板的"图层"下拉列表框中选择"细虚线"层作为当前图层。

5 单击"直线"按钮／，在相应开关处绘制两条细虚线，可以通过"特性"选项板将选定细虚线的线型比例设置为 0.25，结果如图 10-75 所示。

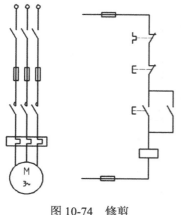

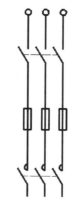

图 10-74　修剪　　　　　　　　图 10-75　绘制两条细虚线

10.5.4　添加文字注释

电路图中还需要文字注释，可以按照以下方法步骤来在电路图中添加文字注释。

① 在"图层"面板的"图层"下拉列表框中选择"注释"层，所选的图层将作为当前工作图层。

② 在"注释"面板中打开溢出列表，接着从"文字样式"下拉列表框中选择"电气文字3.5"文字样式作为当前文字样式，如图 10-76 所示。

③ 在功能区"默认"选项卡的"注释"面板中单击"多行文字"按钮A，利用打开的"文字编辑器"上下文选项卡设定具体的文字特性等，在电路图中的适当位置处添加文字注释，结果如图 10-77 所示。

图 10-76　指定当前文字样式

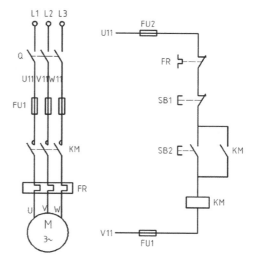

图 10-77　在电路图中添加文字注释

④ 在"修改"面板中单击"旋转"按钮↻，将文字注释 U11 旋转 90°，使用同样的方法，分别单击"旋转"按钮↻将文字注释 V11 和 W11 均旋转 90°，然后在"修改"面板中单击"移动"按钮✛适当调整这 3 个文字注释的放置位置，以示美观、整齐，结果如图 10-78 所示。

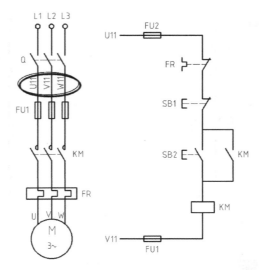

图 10-78　旋转选定的文字注释并重新调整它们的放置位置

在"快速访问"工具栏中单击"保存"按钮，弹出"图形另存为"对话框，指定要保存的路径位置，以及指定文件名为"电路图综合绘制实例 1.dwg"，单击"保存"按钮。

10.6　电路图综合实例 2——绘制某冰箱电路图

本节介绍某冰箱电路图的绘制实例，要完成的某冰箱电路图如图 10-79 所示。在该实例中主要学习如何通过插入块的方式来获得常用图形符号，并学习在电路图中绘制围框等。

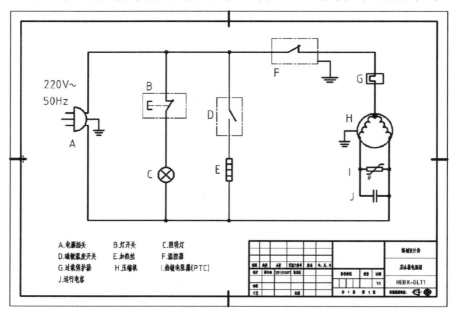

图 10-79　绘制某冰箱电路图

某冰箱电路图的绘制步骤如下。

1 在"快速访问"工具栏中单击"新建"按钮 ，弹出"选择样板"对话框，从本书配套资料包中选择"图形样板"|"ZJDQ_A3_带常用图形符号块.dwt"文件，单击"打开"按钮。文件中存在着如图 10-80 所示的带标题栏和对正、对中符号的 A3 图框。

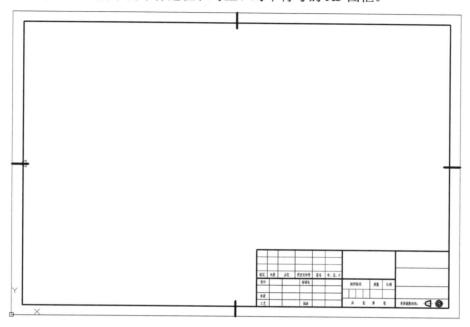

图 10-80　使用带 A3 标准图框的图形样板

2 使用"草图与注释"工作空间，接着在功能区"默认"选项卡的"图层"面板的"图层"下拉列表框中选择"粗实线"层作为当前图层。在功能区"默认"选项卡的"块"面板中单击"插入"按钮 并选择"更多选项"命令，弹出"插入"对话框。从"名称"下拉列表框中选择"压缩机图形符号"块名称，确保在"插入点"选项组中选中"在屏幕上指定"复选框，在"旋转"选项组中指定角度为 0°，并选中"分解"复选框，如图 10-81 所示，单击"确定"按钮，在图框内图纸页面的合适位置处指定一点作为块的插入点，从而放置该图形符号，如图 10-82 所示。

图 10-81　"插入"对话框（1）

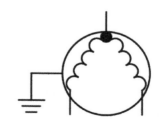

图 10-82　压缩机图形符号

在功能区"默认"选项卡的"块"面板中单击"插入"按钮并选择"更多选项"命令，弹出"插入"对话框。从"名称"下拉列表框中选择"热敏电阻器"块名称，确保在"插入点"选项组中选中"在屏幕上指定"复选框，在"旋转"选项组中指定角度为0°，并选中"分解"复选框，如图 10-83 所示，单击"确定"按钮，在压缩机图形符号下方的合适位置处指定一点作为块的插入点，从而放置该热敏电阻器图形符号，如图 10-84 所示。

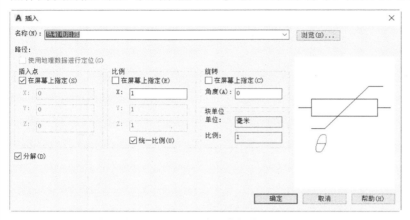

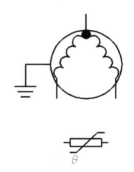

图 10-83　"插入"对话框（2）　　　　　　　　　　　　　图 10-84　插入热敏电阻器

在功能区"默认"选项卡的"块"面板中单击"插入"按钮并选择"更多选项"命令，弹出"插入"对话框。从"名称"下拉列表框中选择"电容器一般符号"块名称，确保在"插入点"选项组中选中"在屏幕上指定"复选框，在"旋转"选项组中指定角度值为90°，并选中"分解"复选框，如图 10-85 所示，单击"确定"按钮，在热敏电阻器图形下方的合适位置处指定一点作为块的插入点，从而放置该电容器图形符号，如图 10-86 所示。

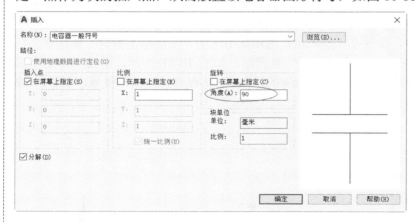

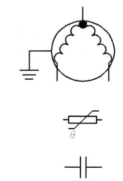

图 10-85　"插入"对话框（3）　　　　　　　　　　　　　图 10-86　插入电容器

使用同样的方法分别单击"块"面板中的"插入"按钮来插入所需的图形符号，参考效果如图 10-87 所示，图中给出了相关的图形符号对应的块名称。在插入其中某些图形符号块时，需要设置其合适的旋转角度。

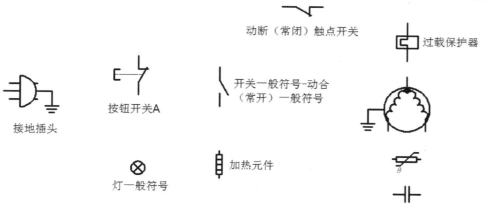

图 10-87　插入其他图形符号

6 相对于 A3 图框图纸页面而言，当前插入的图形符号布局显然显得小了，可以将全部图形放大 2 倍。方法是在"修改"面板中单击"缩放"按钮，选择全部的图形符号，按 Enter 键，接着指定合适的缩放基点，并指定缩放因子为 2。完成图形放大操作后，可以适当调整各图形符号的放置位置，以便于后面的连线，以及确保图形全部位于图幅框中，并且显得较为美观，如图 10-88 所示。还可以对某些图形符号的大小进行单独缩放，例如可以将灯一般符号和加热元件（加热丝）这两个图形符号适当地再单独放大一些。

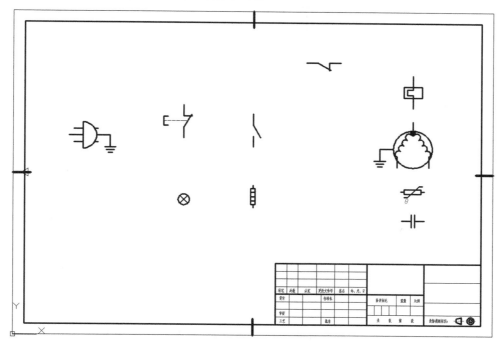

图 10-88　放大图形并调整位置

7 在"修改"面板中单击"镜像"按钮，根据命令行提示进行以下操作。

```
命令：_mirror
选择对象：指定对角点：找到 4 个          //从左到右指定如图 10-89 所示的角点 1 和角点 2 以选择对象
```

```
选择对象：✓                        //按 Enter 键
指定镜像线的第一点：              //选择如图 10-90 所示的端点 A
指定镜像线的第二点：              //选择如图 10-90 所示的端点 B
要删除源对象吗？[是(Y)/否(N)] <否>：Y✓     //选择"是"提示选项
```

镜像结果如图 10-91 所示。

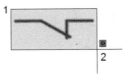

图 10-89　窗口选择

图 10-90　指定镜像线的两个点

图 10-91　镜像结果

⑧ 在"绘图"面板中单击"直线"按钮／，绘制相关的连接线，如图 10-92 所示。

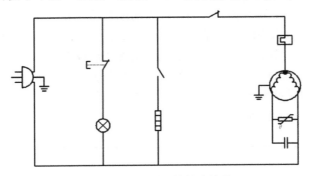

图 10-92　绘制相关的连接线

⑨ 在"绘图"面板中单击"圆心、半径"按钮，在电路图的 7 个线路交点处各绘制半径为 1.2 的小圆，然后单击"图案填充"按钮将这些小圆内的区域填充涂黑，如图 10-93 所示。

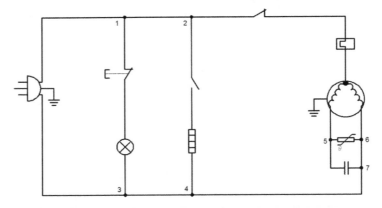

图 10-93　在 T 形连接交点处绘制小圆（共 7 个小圆）并涂黑

⑩ 绘制相关围框。在"图层"面板的"图层"下拉列表框中选择"细点画线"层，接着在"绘图"面板中单击"矩形"按钮，分别绘制如图 10-94 所示的 3 个围框。

⑪ 选择 3 个围框的全部线条，在"快速访问"工具栏中单击"特性"按钮，弹出"特性"选项板，从"常规"选项区域中将线型比例设置为 0.5，如图 10-95 所示。

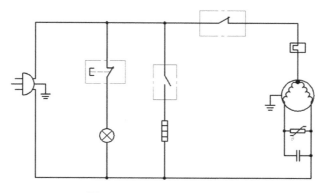

图 10-94 绘制相关 3 个围框

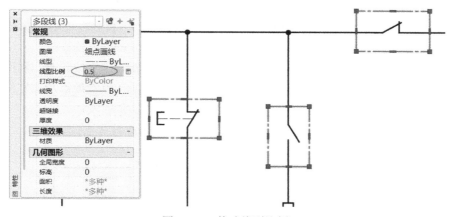

图 10-95 修改线型比例

12 关闭"特性"选项板后,按 Esc 键取消对象选择。

13 在功能区"默认"选项卡的"块"面板中单击"插入"按钮 并选择"更多选项"命令,弹出"插入"对话框。从"名称"下拉列表框中选择"接地一般符号"块名称,确保在"插入点"选项组中选中"在屏幕上指定"复选框,在"比例"选项组中将 X 值设为 1.5,在"旋转"选项组中指定角度为 0°,并选中"分解"复选框,如图 10-96 所示,单击"确定"按钮,在合适位置处指定一点作为块的插入点,从而放置该图形符号,如图 10-97 所示。

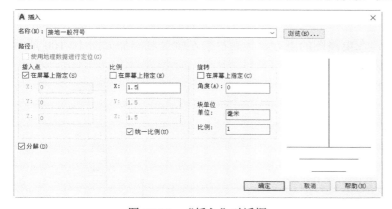

图 10-96 "插入"对话框

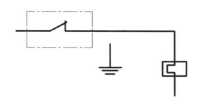

图 10-97 插入接地一般符号

14 在"图层"面板的"图层"下拉列表框中选择"粗实线"层,接着在"绘图"面板中单击"直线"按钮✏️,为该插入的接地符号创建连接线,如图 10-98 所示。

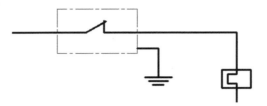

图 10-98 为刚插入的接地符号创建连接线

15 在"图层"面板的"图层"下拉列表框中选择"注释"层,所选的图层将作为当前工作图层。

16 在"注释"面板中打开溢出列表,接着从"文字样式"下拉列表框中选择"电气文字 5"文字样式作为当前文字样式。

17 在功能区"默认"选项卡的"注释"面板中单击"多行文字"按钮**A**,利用打开的"文字编辑器"上下文选项卡设定文字的相关特性,在电路图中的适当位置处添加文字注释,结果如图 10-99 所示。

注意:可以利用"文字编辑器"上下文选项卡将文字高度适当改高一些。

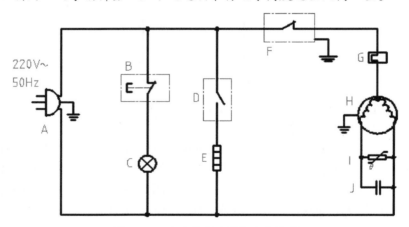

图 10-99 在电路图中添加文字注释

18 单击"多行文字"按钮**A**,在电路图的下方、标题栏的左侧区域添加如图 10-100 所示的文字注释,以便于工程技术人员读图。

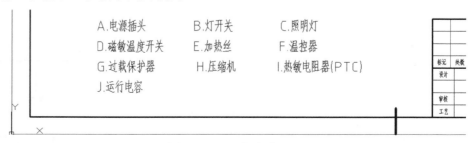

图 10-100 添加文字注释

⑲ 填写标题栏。双击标题栏图框线，弹出"增强属性编辑器"对话框，从中为相关标记指定值，如图 10-101 所示。

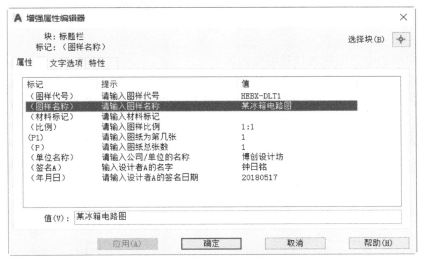

图 10-101　"增强属性编辑器"对话框

在"增强属性编辑器"对话框中单击"确定"按钮，初步填写好的标题栏如图 10-102 所示。

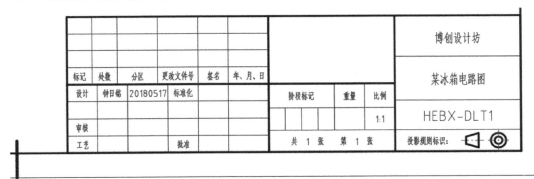

图 10-102　填写相关内容的标题栏

⑳ 在命令行中执行以下操作，以在图形窗口中查看全部内容。

命令：ZOOM↙
指定窗口的角点，输入比例因子（nX 或 nXP），或者 [全部(A)/中心(C)/动态(D)/范围(E)/上一个(P)/比例(S)/窗口(W)/对象(O)] <实时>：A↙

㉑ 检查电路图，如果发现有疏漏或错误之处，则及时更正。确定准确无误后，在"快速访问"工具栏中单击"保存"按钮 🔲，弹出"图形另存为"对话框，指定要保存的路径位置，以及指定文件名为"电路图综合绘制实例 2-某冰箱电路图.dwg"，然后单击"保存"按钮。

说明： 在绘制电路图时，图形符号与连线可以采用同一种实线绘制。用户可以根据设计要求，在确保设计意图的情况下更改某些图线的线宽。

10.7　思考与练习

（1）一张完整的电路图应该包括哪些内容？

（2）电路图的基本绘制原理有哪些？

（3）在绘制并联电路时应该要注意哪些内容？可以举例辅助说明自己认为绘制并联电路时要注意的地方。

（4）上机练习：绘制如图 10-103 所示的某电磁阀门控制电路，其中，SB1 为启动按钮；SB2 为停止按钮；K 为控制继电器；KT 为时间继电器；KM 为中间继电器；FR 为热继电器触点；Y 为电磁阀。

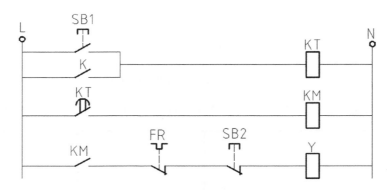

图 10-103　某电磁阀门控制电路

（5）上机练习：绘制如图 10-104 所示的高压断路器过电流保护及手动跳闸电路。其中，QS 为高压隔离开关；QF 为高压断路器；QF1 为高压断路器辅助触点；TA 为高压电流互感器；KC 为过电流继电器；KM 为中间继电器；SB 为按钮；QY 为断路器跳闸电磁铁。

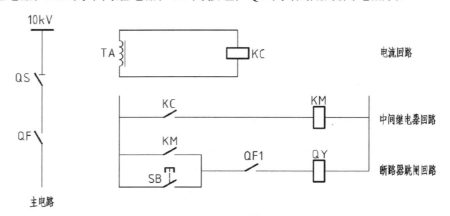

图 10-104　高压断路器过电流保护及手动跳闸电路

第11章 绘制电气接线图

本章导读

接线图是指表达项目组件或单元之间物理连接信息的简图，主要用于表达指定端子之间连线的关系。电气接线图是在电路图和逻辑图的基础上绘制的，它属于电气和电子安装图，是电气和电子设备连接操作、整机装配、系统维护和维修不可或缺的技术文件。

本章结合几个典型实例介绍如何在 AutoCAD 2019 中进行电气接线图绘制。

11.1 接线图的基础与实战知识

在介绍相关的接线图绘制实例之前，首先介绍接线图的基础与实战知识，包括接线图基础概述和接线图的一般表示方法等。

11.1.1 接线图基础概述

用符号表示电气系统和电子产品的内部各个项目（如元器件、组件、设备等）之间或与外部之间电气连接关系的一种电气施工简图便是接线图，它主要用于设备的装配、安装和维修。与接线图作用类似的是接线表，接线表将这些关系用表格的形式表达。接线图和接线表可以表达相同内容，它们是表达相同内容的两种不同形式，既可以单独使用，也可以配合一起使用。鉴于本书侧重于 AutoCAD 电气制图，因此本章主要介绍接线图的绘制知识。

电气接线图应包含的主要信息有能够识别用于接线的每个连接点及接在这些连接点上的所有导线和电缆。电气接线图适用的国家标准为《电气技术文件的编制 第 1 部分：规则》（GB/T 6988.1—2008）。在电气接线图中会涉及设备和元器件的表示，设备和元器件可以用国家标准《电气简图用图形符号》规定的图形符号来表示，或者用设备或元器件的轮廓表示，或者用简单的几何图形（通常是正方形、矩形和圆）表示。

根据表达对象和用途的不同，可以将接线图分为单元接线图、互连接线图、端子接线图和电缆图。

要绘制合格的接线图，用户需要了解和掌握接线图的一般表示方法。

11.1.2 接线图的一般表示方法

接线图的一般表示方法主要包括项目与端子组合的一般表示方法、端子的表示方法、电缆及其组成线芯的表示方法、导线的表示方法、导线的标记等。

1. 项目与端子组合的一般表示方法

在接线图中，诸如元器件、部件、组件、成套装置等项目的布局应采用位置布局法，其基本原则是接线图上的元件布局位置与其实际相对位置相同，但无须按比例布置。

接线图中的项目一般采用简化外形符号（如正方形、矩形、圆形等）表示，某些引接线比较简单的元件（如电容、电阻、熔断器、信号灯等）可以用其一般图形符号表示。简化外形符号通常可以用细实线绘制，如图 11-1 所示。在某些情况下，简化外形可用点画线围框，但是应该用细实线绘制有引接线的围框边，如图 11-2 所示。

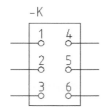

图 11-1　简化外形符号绘制

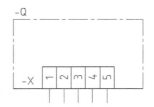

图 11-2　围框接线表示示例

在接线图中，项目符号旁一般标注有参照代号，通常只标注产品面参照代号和位置面参照代号，在图 11-1 中，–K 是产品面参照代号，而在图 11-2 中，–Q 和–X 同样是产品面参照代号。

2. 端子的表示方法

在电气接线图中，凡是需要用连接线连接的连接点均可称为端子，端子一般用图形符号和端子代号表示。端子的一般符号为小圆圈，如图 11-3（a）所示；对于可拆卸的端子，则在端子一般符号上加画一短斜线来表示，如图 11-3（b）所示；允许用方框符号表示端子，此时画法如图 11-3（c）所示；另外，还可以采用省略端子符号的项目或分立元件中端子的画法，如图 11-3（d）所示。

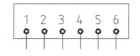

（a）用圆形符号表示固定端子

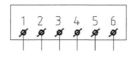

（b）可拆卸端子画法

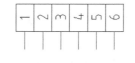

（c）用方形符号表示端子

（d）省略端子符号的项目或分立元件中端子

图 11-3　端子的表示方法

端子代号应注写在端子符号的附近，其注写方向均以标题栏的看图方向为端子代号的正方向。端子板上的端子代号注写在表示端子的小矩形框内时，应以小矩形框的长边为水平方向注写。其他省略端子符号的端子代号注写在端子引出线附近，且以标题栏的正方向作为端子代号注写的正方向。当端子接线图采用中断画法时，为了表明一个端子与其他端子的连接关系，除了要注写本端子的代号（端子自身的代号称为本端标记）外，还需要注写与之相连的另一端的代号（称为远端代号），远端代号注写在连接线的中断处。

可以省略端子符号的几种情形如下。

（1）当用简化的外形轮廓表示端子所在项目时，简化的外形轮廓已经确切地表示了端子所在的位置，则可以省略端子符号。

（2）带有围框的项目或每管脚都有独立编号的分立元器件，在不致引起误解时，可以省略端子符号。

（3）某些只有两个接线端的小型元件（如电阻器、电容器等），它们引出线已经被默认是元件的接线端子，则可省略端子符号。

（4）项目中有专门用于接线的端子板，此时每个连续排列的小矩形可被认为是一个端子，与端子板连接的连线，画至每个小矩形短边的边线上，如图 11-3（c）所示。

3. 电缆及其组成线芯的表示方法

可以用单条连接线表示多芯电缆，而且示出其组成线芯连接到物理端子，此时电缆的连接线应在交叉线处终止，并且表示线芯的连接线应从该交叉线直至物理端子，电缆及其线芯应清楚地标识，示例如图 11-4 所示。

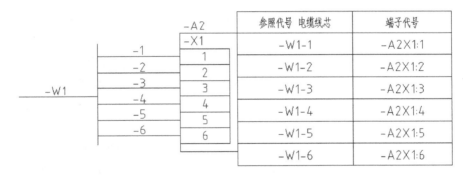

参照代号　电缆线芯	端子代号
−W1-1	−A2X1:1
−W1-2	−A2X1:2
−W1-3	−A2X1:3
−W1-4	−A2X1:4
−W1-5	−A2X1:5
−W1-6	−A2X1:6

图 11-4　多芯电缆表示方法示例

4. 导线的表示方法

接线图中的导线表示方法可以有连续线表示法和中断线表示法。

（1）连续线表示法：端子之间的连接导线用连续的线条表示。典型示例如图 11-5 所示，51号线连接项目 11 的 5 号端子和项目 12 的 1 号端子，导线用 51 号连续线表示；同样地，42 号线也是连接项目 11 和项目 12 的一条连续线。

（2）中断线表示法：端子之间的连接导线用中断的方式表示，按远端标记。典型示例如图 11-6 所示，项目 X1 和 X2 之间的两条连接线（8 号、9 号线）用中断线表示。

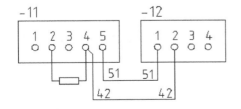

图 11-5　连续线表示法

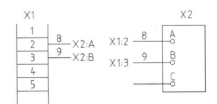

图 11-6　中断线表示法

导线组、电缆、线束等既可以用多线条表示，也可以用单线条表示。若用单线条表示，则应该将线条加粗，如图 11-7 所示（图中两导线组全部加粗，分别用 A 和 B 区分，A 代表 7 根线，B 代表 4 根线）；在不致引起误解的情况下可只对部分线条加粗。当一个单元或成套装置中有几个导线组时，它们之间应用数字或文字加以区别。

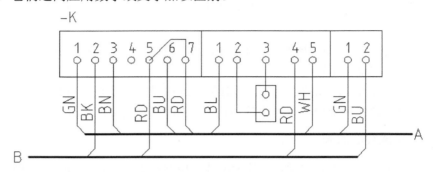

图 11-7　导线组用加粗线条表示

5. 导线的标记

在接线图中，应该对导线进行标记。导线的标记方法一般有 3 种，即等电位编号法、顺序编号法和相对编号法（相对编号法也称呼应法）。

☑　等电位编号法：用两个号码表示，第一个号码表示电位的顺序号，第二个号码表示同一电位内的导线顺序号，两个号码之间用短横线隔开，例如"2-5"线表示第 2 等电位线的第 5 条支线。

☑　顺序编号法：将所有的导线按顺序编号。

☑　相对编号法：通常按导线的另一端去向作标记，例如在前面图 11-6 中端子"X1：2"上标为"X2：A"，则表示端子"X1：2"通过连接线连接到项目 X2 的端子 A。

除了可以根据导线的特征和功能来标记导线的标记，还可以使用按色标标记。所谓色标标记是指用导线颜色的英文名称的缩写字母代码作为导线的标记。

11.2　绘制单元接线图

单元接线图主要用于表示成套装置或设备中的一个结构单元内部的连接情况，而不包括单元与单元之间的外部连接，但是需要给出与本单元相关互连图的图号。在单元接线图中，连接线既可以用连续线方式绘出，也可以用中断线方式绘出。单元接线图对项目的相对位置关系有一定要求，需要参照视图方法来绘制简图。视图的选择应能够清晰地表示出各个项目中的端子位置和布线情况。对于接线关系复杂的单元，使用一个视图不能清楚地表示多面布线时，可以采用多个视图。在绘制接线图时，应用以主接线面为基础，其他接线面可按一定方向展开。在同一接线面上，单元接线图中项目间若彼此重叠，图中重叠零件的接线图部分可采用翻转、旋转、移开等方法在同一视图中画出，并用简单文字说明处理方法。当然，也可采用剖视图、局部视图和按箭头方向的视图作为辅助视图加以表示，并加注说明。当项目重叠、且不用移动或延长画法表达时，如果项目用设备或元器件的轮廓法表示，被遮挡的部分及其连接线要画成虚线；如果项目用图形符号法表示，项目符号及连接线要画出实线。单元接线图中若有独立的元器件，图中元器件端子的相互位置应与实际的相互位置一致，端子无须画出。对于没有接线关系的项目，可以省略不画。图中所有装接元器件和导线，均应列入明细栏。

11.2.1 用连续线画法的单元接线图

本节介绍一个在 AutoCAD 2019 中用连续线画法的单元接线图，完成的该单元接线图如图 11-8 所示。从该单元接线图看，该单元包括 4 个项目，其中项目 21 和项目 22 采用简化外形绘制；项目 13 为电阻，项目 X 为端子排，这两个项目采用一般图形符号，各项目的端子代号分别标注在各端子符号旁。

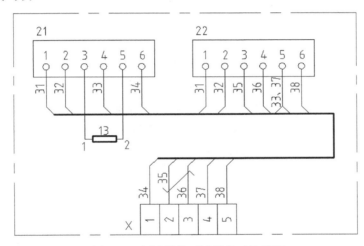

图 11-8　用连续线画法的单元接线图

本实例具体的绘制步骤如下。

🔟 在"快速访问"工具栏中单击"新建"按钮，弹出"选择样板"对话框，从本书配套资料包的"图形样板"文件夹中选择 ZJDQ_X.dwt 图形文件，单击"打开"按钮。

🔟 使用"草图与注释"工作空间，从功能区"默认"选项卡的"图层"面板的"图层"下拉列表框中选择"细实线"，并在"注释"面板的"文字样式"下拉列表框中选择"电气文字 3.5"文字样式作为当前文字样式。

🔟 在功能区的"默认"选项卡的"绘图"面板中单击"矩形"按钮，在图形窗口中任意指定一点作为矩形的第一个角点，接着输入"@-38,-12"定义第二个角点，从而绘制如图 11-9 所示的一个矩形。

🔟 在"绘图"面板中单击"圆心、半径"按钮，指定圆心位置相对坐标为"@4,3.5"，接着指定圆的半径为 1mm，绘制的第一个小圆如图 11-10 所示。

图 11-9　绘制一个矩形　　　　　　　　　　　　　图 11-10　绘制一个小圆

⑤ 在"修改"面板中单击"矩形阵列"按钮 ⊞，选择刚绘制的小圆作为要阵列的对象，按 Enter 键确定，在"阵列创建"上下文选项卡中将设置如图 11-11 所示的参数和选项，单击"关闭阵列"按钮 ✔。

图 11-11　在"阵列创建"上下文选项卡中进行相关设置

⑥ 在"注释"面板中单击"多行文字"按钮 **A**，分别绘制如图 11-12 所示的端子标识。

⑦ 在"修改"面板中单击"复制"按钮 ⁰̸₈，接着选择刚绘制的全部图形并按 Enter 键，接着分别指定基点和第二点，从而创建其复制副本以定义项目 22，如图 11-13 所示。

图 11-12　为项目 21 添加端子标识

图 11-13　定义项目 22

⑧ 在"绘制"面板中单击"绘图"按钮 ╱，绘制相关的部分连接线，如图 11-14 所示（图中特意给出了标注尺寸）。

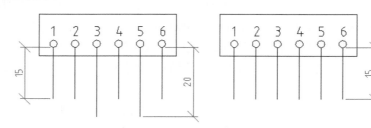

图 11-14　绘制部分连接线

⑨ 在"块"面板中单击"插入"按钮 🔲 并选择"更多选项"命令，弹出"插入"对话框，从"名称"下拉列表框中选择"电阻器一般符号"块名，在"插入点"选项组中确保选中"在屏幕上指定"复选框，并选中"分解"复选框，如图 11-15 所示，单击"确定"按钮，然后指定块插入点，并可以适当调整该电阻器图形符号的放置位置，结果如图 11-16 所示。

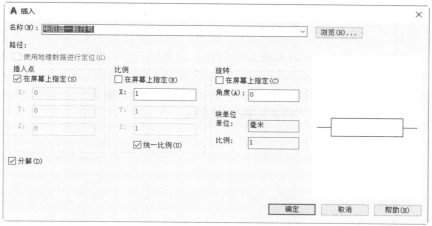

图 11-15 "插入"对话框

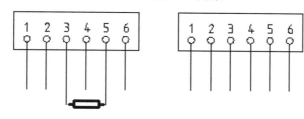

图 11-16 插入电阻器图形

⑩ 在"修改"面板中单击"延伸"按钮 ，将电阻器两端的引线延伸至相应的端子引出线处，并将电阻器两端的引线改为细实线，结果如图 11-17 所示。

⑪ 在"绘图"面板中单击"矩形"按钮 ，在现有项目图形的下方合适位置处绘制一个水平边为 6mm、竖直边为 10mm 的矩形，如图 11-18 所示。

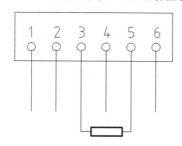

图 11-17 处理电阻器连接线

图 11-18 绘制一个小矩形

⑫ 在"修改"面板中单击"复制"按钮 ，根据命令行提示进行以下操作。

```
命令: _copy
选择对象: 指定对角点: 找到 1 个                    //选择刚绘制的小矩形
选择对象:↙
当前设置:  复制模式 = 单个
指定基点或 [位移(D)/模式(O)/多个(M)] <位移>:      //选择该小矩形的左下角点
指定第二个点或 [阵列(A)] <使用第一个点作为位移>: A↙
输入要进行阵列的项目数: 5↙
指定第二个点或 [布满(F)]: @6,0↙
```

该步骤的操作结果如图 11-19 所示。

13 在"注释"面板中单击"单行文字"按钮 A，接着指定文字的起点，并指定文字的旋转角度为 90°，输入 1，按 Enter 键直到完成创建一个单行文字，并将该单行文字移动调整到如图 11-20 所示的第一个框内。

14 使用同样的方法，创建其他几个单行文字，如图 11-21 所示。其他的这几个单行文字也可以先多次复制第一个单行文字，然后再修改其文字。

图 11-19　复制操作结果　　　图 11-20　添加一个单行文字　　　图 11-21　完成其他单行文字

15 在"绘制"面板中单击"绘图"按钮，绘制如图 11-22 所示的部分连接线。这些连接线的长度可暂时设置为 15mm。

16 在"绘制"面板中单击"绘图"按钮，绘制所需的单线条，并将这些单线条由细实线改为粗实线，如图 11-23 所示。

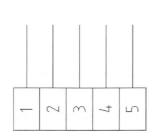
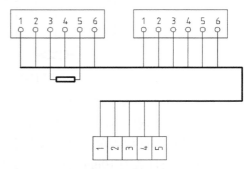

图 11-22　绘制部分连接线　　　　　　图 11-23　绘制单线的连接线

17 在"修改"面板中单击"倒角"按钮，接着在命令提示下分别选择"多个"选项、"修剪"选项和"距离"选项进行相关的设置，其中通过"修剪"选项以设置采用"不修剪"模式；通过"距离"选项将倒角的第一个距离和第二个距离均设置为 2.5mm；然后分别选择相关的直线进行倒角，初步倒角的效果如图 11-24 所示。

18 在"修改"面板中单击"修剪"按钮，将图形修剪成如图 11-25 所示的图形。

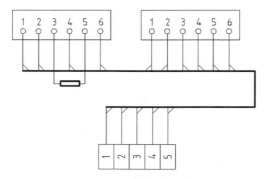
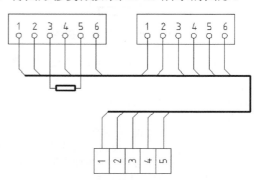

图 11-24　创建相关倒角　　　　　　图 11-25　修剪图形的效果

⑲ 在"绘制"面板中单击"绘图"按钮 ／，补充绘制相关的直线段，结果如图 11-26 所示。

⑳ 在"注释"面板中单击"单行文字"按钮 A，接着指定文字的起点，并指定文字的旋转角度为 90°来创建所需的单行文字。

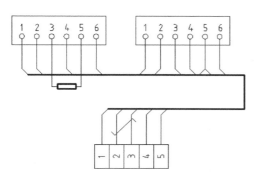

图 11-26　绘制相关直线段　　　　　　　　图 11-27　绘制所需的单行文字

㉑ 在"注释"面板中单击"单行文字"按钮 A 继续创建相关的单行文字，该步骤创建的单行文字的旋转角度均为 0°，如图 11-28 所示。

㉒ 在"图层"面板的"图层"下拉列表框中选择"细点画线"层，接着在"绘图"面板中单击"矩形"按钮 □，绘制一个以细点画线显示的围框矩形，可以修改该细点画线的线型比例（通过"特性"选项板），绘制好该围框的单元接线图如图 11-29 所示。

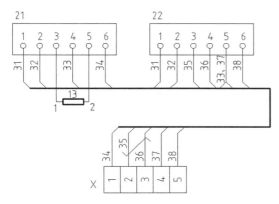
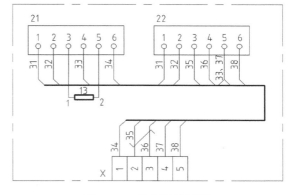

图 11-28　绘制相关的单行文字　　　　　　　图 11-29　绘制好该围框

说明：如果觉得电阻标识与粗实线显示的单线线条靠得比较近，那么可以在"修改"面板中单击"拉伸"按钮 □，将电阻图形符号及其标识往下拉伸移动适当的位置即可。

㉓ 保存文件，保存的文件名为"用连续线画法的单元接线图.dwg"。

11.2.2　用中断线画法的单元接线图

本节介绍采用中断线画法的单元接线图，要完成的单元接线图如图 11-30 所示。在该单元接线图中，导线标记采用独立标记和从属远程标记，以表示各导线的连接去向。

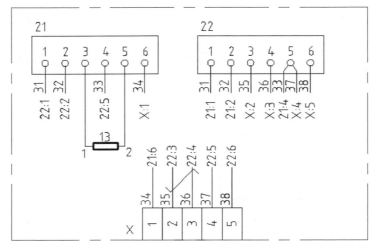

图 11-30　采用中断线画法的单元接线图

　　本实例的单元接线图绘制步骤和 11.2.1 节的实例绘制步骤类似（两个单元接线图均表示同样的内容信息），即新建图形文件后，设置当前图层和文字样式，使用相关的绘制工具和修改工具绘制如图 11-31 所示的图形，接着分别执行"多行文字"命令和"单行文字"命令绘制相应的文字注释，如图 11-32 所示，最后更改当前图层以及单击"矩形"按钮 绘制以细点画线显示的围框即可。具体步骤不再赘述。

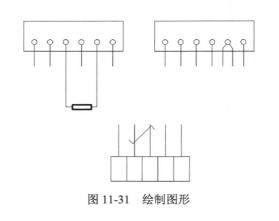

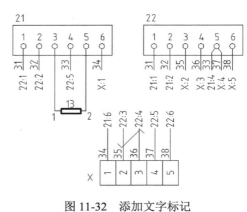

图 11-31　绘制图形　　　　　　　　　　　图 11-32　添加文字标记

11.3　绘制互连接线图

　　本节介绍互连接线图概念、画法规则及其实例。

11.3.1　互连接线图概念及其画法规则

　　互连接线图是单元接线图上一层次的接线图，是表示系统、成套装置或设备内单元之间的接线图。互连接线图不涉及各单元的内部连接，但是要给出与之有关的电路图或单元接线图的图号以表示其去向。

在互连接线图中，表示各单元对外接线关系的各个视图，应该画在同一个图中，以明确表示各单元之间的连接关系。图中的各单元以点画线围框表示。互连接线图以能表达连接关系为准则，各单元视图中只绘制出直接与外部相连接的接线端子，接线端子的位置应与该端子在单元中的相对位置一致。图中若有与本图以外的连接线，连接线宜延伸至图纸的边框附近，并标注项目编号和连接编号。如果单元内各个项目需要用外部线缆的芯线连接时，在本图上应该画出完整的连接关系。应该对每条互连连接线编写编号，编号的书写方向以该连接线的走向作为水平方向。互连图中的连接线可采用单线画法，也可采用多线画法。如果用多芯线缆表示，那么应该注写线缆项目号和电缆规格。

11.3.2　绘制互连接线图实例

下面以如图 11-33 所示的互连接线图为例，该互连接线图采用单线表示。

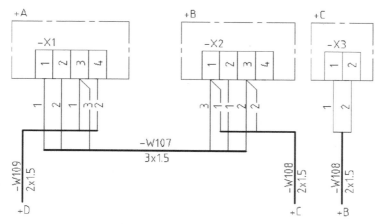

图 11-33　互连接线图绘制实例

本实例具体的绘制步骤如下。

① 在"快速访问"工具栏中单击"新建"按钮，弹出"选择样板"对话框，从本书配套资料包的"图形样板"文件夹中选择 ZJDQ_X.dwt 图形文件，单击"打开"按钮。

② 使用"草图与注释"工作空间，从功能区"默认"选项卡的"图层"面板的"图层"下拉列表框中选择"细实线"，并在"注释"面板的"文字样式"下拉列表框中选择"电气文字 3.5"文字样式作为当前文字样式。

③ 在功能区的"默认"选项卡的"绘图"面板中单击"矩形"按钮，在绘图区域中绘制一个水平边为 6mm、竖直边为 10mm 的矩形。

④ 在"修改"面板中单击"矩形阵列"按钮，选择矩形并按 Enter 键，在"阵列创建"上下文选项卡中设置如图 11-34 所示的设置，单击"关闭阵列"按钮。

⑤ 在"修改"面板中单击"复制"按钮，在矩形阵列图形的右侧再创建如图 11-35 所示的两组副本。

图 11-34　设置矩形阵列创建参数

（a）　　　　　　　　　　　　　　　　（b）

图 11-35　复制图形

6 在"注释"面板中单击"单行文字"按钮 A，接着指定文字的起点，并指定文字的旋转角度为 90°，输入 1，按 Enter 键直到完成创建一个单行文字，并将该单行文字移动调整到如图 11-36 所示的第一个框内。

图 11-36　在框内完成一个单行文字

7 使用同样的方法创建在框内创建其他单行文字。也可以通过"复制"按钮 以及修改选定文本的方法来完成。此时如图 11-37 所示。

图 11-37　在现有框内创建其他单行文字

8 在"绘制"面板中单击"绘图"按钮 ，绘制如图 11-38 所示的连接线。

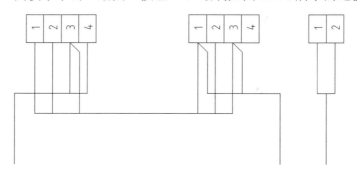

图 11-38　绘制连接线

9 在"图层"面板的"图层"下拉列表框中选择"细点画线"层，接着在"绘图"面板中单击"矩形"按钮 ，分别绘制 3 个以细点画线显示的围框矩形，之后可以修改该细点画线的线型比例（通过"特性"选项板），结果如图 11-39 所示。

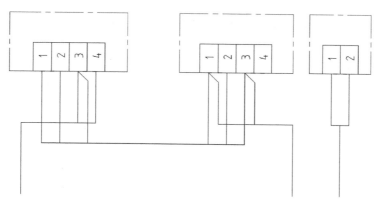

图 11-39　绘制 3 个围框

🔟 在"图层"面板的"图层"下拉列表框中选择"细实线"层或"注释"层。

⓫ 单击"单行文字"按钮 **A** 创建相关的单行文字，注意有些单行文字的旋转角度为 0°，有些单行文字的旋转角度为 90°，完成相关文字标记的接线图如图 11-40 所示。

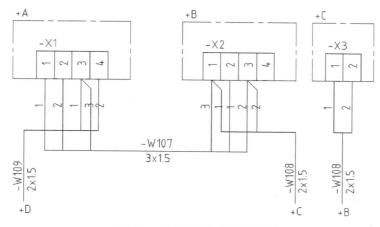

图 11-40　完成相关文字注释标记

⓬ 在"修改"面板中单击"打断"按钮，在如图 11-41 所示的位置处选择要打断的对象（该选择单击位置将默认为要打断的第 1 点），接着指定第 2 点，从而在两点之间打断选定的对象，如图 11-42 所示。

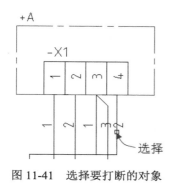

图 11-41　选择要打断的对象

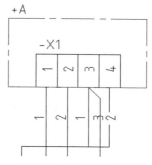

图 11-42　在两点之间打断对象

13 使用同样的方法，打断其他线段，结果如图 11-43 所示。

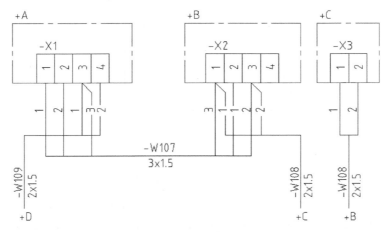

图 11-43　打断其他线段

14 如果有要求，可以将单线条部分加粗（改为粗实线），如图 11-44 所示。

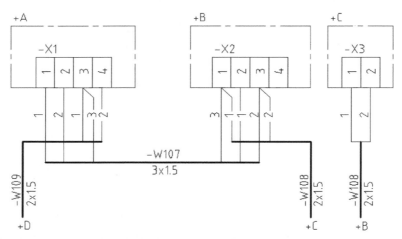

图 11-44　将单线条表示的部分加粗

15 保存文件，保存的文件名为"互连接线图.dwg"。

11.4　绘制端子接线图

　　端子接线图用于表示成套装置或设备中的端子及其与外部导线的连接关系，而不包括单元或设备的内部连接，但是可以给出与之相关的电路图或单元接线图的图号。本实例要完成的端子接线图如图 11-45 所示，具体的操作步骤如下。

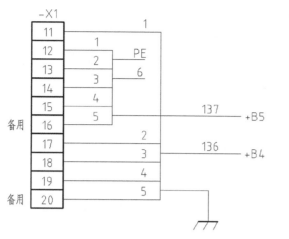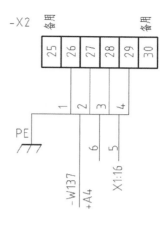

图 11-45　绘制端子接线图实例

1 在"快速访问"工具栏中单击"新建"按钮，弹出"选择样板"对话框，从本书配套资料包的"图形样板"文件夹中选择 ZJDQ_X.dwt 图形文件，单击"打开"按钮。

2 使用"草图与注释"工作空间，从功能区"默认"选项卡的"图层"面板的"图层"下拉列表框中选择"粗实线"，并在"注释"面板的"文字样式"下拉列表框中选择"电气文字3.5"文字样式作为当前文字样式。

3 在功能区的"默认"选项卡的"绘图"面板中单击"矩形"按钮，在绘图区域中绘制一个水平边为 10mm、竖直边为 6mm 的矩形。

4 在"修改"面板中单击"矩形阵列"按钮，选择矩形并按 Enter 键，在"阵列创建"上下文选项卡中设置如图 11-46 所示的设置，单击"关闭阵列"按钮，阵列结果如图 11-47所示。

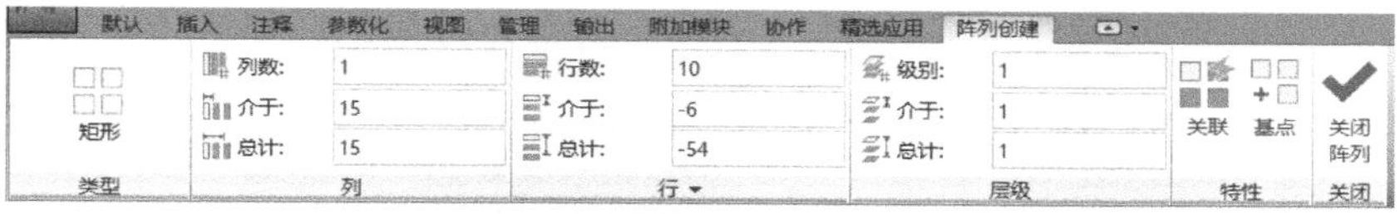

图 11-46　设置矩形阵列参数（1）

图 11-47　阵列结果

5 在功能区的"默认"选项卡的"绘图"面板中单击"矩形"按钮，在绘图区域中的适当位置处绘制一个水平边为 6mm、竖直边为 10mm 的矩形。

⑥ 在"修改"面板中单击"矩形阵列"按钮，选择上步骤刚绘制的矩形并按 Enter 键，在"阵列创建"上下文选项卡中设置如图 11-48 所示的设置，单击"关闭阵列"按钮。

图 11-48　设置矩形阵列参数（2）

⑦ 从功能区"默认"选项卡的"图层"面板的"图层"下拉列表框中选择"细实线"。

⑧ 在"绘制"面板中单击"直线"按钮，在接线图中绘制相应的连接线和图形符号，如图 11-49 所示。

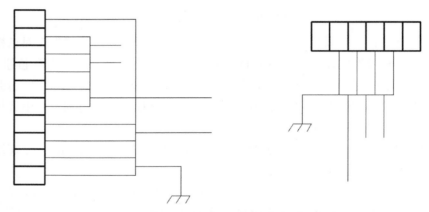

图 11-49　绘制相关的连接线和图形符号

⑨ 选择如图 11-50 所示的两段线段作为要修改的线段，从功能区"默认"选项卡的"特性"面板的"线宽"下拉列表框中选择"0.35 毫米"以将所选线段的线宽改粗为"0.35 毫米"，如图 11-51 所示。

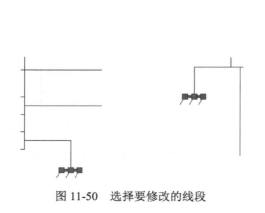

图 11-50　选择要修改的线段

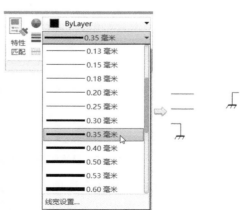

图 11-51　修改选定线段的线宽

10 单击"单行文字"按钮 **A** 创建相关的单行文字，注意有些单行文字的旋转角度为 0°，有些单行文字的旋转角度为 90°，完成该步骤后的接线图如图 11-52 所示。用户也可以单击"多行文字"按钮 **A** 来创建其中的某些文字注释。

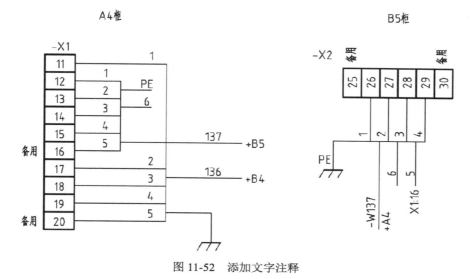

图 11-52 添加文字注释

11 在"绘制"面板中单击"绘图"按钮，分别在"A4 柜"和"B5 柜"文字注释的下方各绘制一条短直线段，如图 11-53 所示。

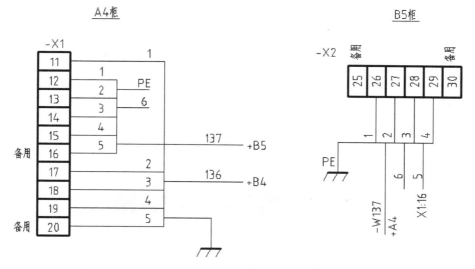

图 11-53 绘制两条下横线（短直线段）

12 保存文件，保存的文件名为"端子接线图.dwg"。

如果要绘制带有远端标记的端子接线图，远端标记注写在连接线的中断处，如图 11-54 所示。而带有本地标记的端子接线图可以参照如图 11-55 所示的来绘制。有兴趣的读者可以分别练习如何绘制这两个端子接线图。

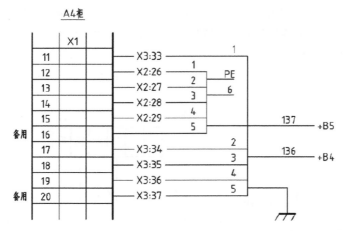

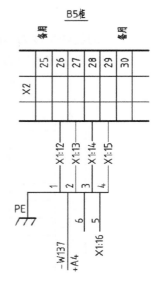

图 11-54　绘制带有远端标记的端子接线图

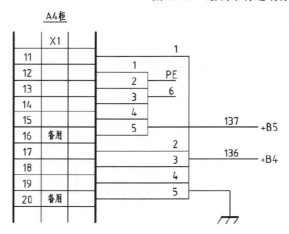

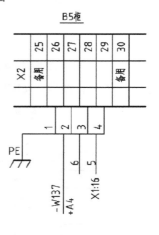

图 11-55　绘制带有本地标记的端子接线图

11.5　绘制电缆配置图

　　电缆配置图（配置表）表示单元之间外部电缆的配置、电缆的型号规格、起止单元以及电缆的敷设方式、路径等。电缆配置图应清晰地表示出各单元（例如机柜、屏、台）间的电缆。在绘制电缆配置图时，各单元用实线线框表示，并标注其相应的位置代号。电缆配置表一般包括电缆号、电缆类型、连接点的参照（位置）代号及其他说明。

　　如果专门为电缆铺设使用，那么应该在电缆配置图（表）中给出电缆铺设所需的全部信息。

　　电缆配置图的绘制实例如图 11-56 所示，该实例表示的是 4 个单元间的电缆配置图。

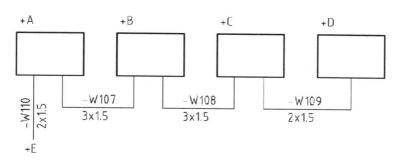

图 11-56 电缆配置图的绘制实例

该实例的具体绘制步骤如下。

1 在"快速访问"工具栏中单击"新建"按钮，弹出"选择样板"对话框，从本书配套资料包的"图形样板"文件夹中选择 ZJDQ_X.dwt 图形文件，单击"打开"按钮。

2 使用"草图与注释"工作空间，从功能区"默认"选项卡的"图层"面板的"图层"下拉列表框中选择"粗实线"，并在"注释"面板的"文字样式"下拉列表框中选择"电气文字 5"文字样式作为当前文字样式。

3 在功能区的"默认"选项卡的"绘图"面板中单击"矩形"按钮，在绘图区域中绘制一个水平边为 30mm、竖直边为 20mm 的矩形。

```
命令：_rectang
指定第一个角点或 [倒角(C)/标高(E)/圆角(F)/厚度(T)/宽度(W)]： //在图形窗口中任意指定一点
指定另一个角点或 [面积(A)/尺寸(D)/旋转(R)]： @30,20✓
```

4 在"修改"面板中单击"矩形阵列"按钮，选择矩形并按 Enter 键，在"阵列创建"上下文选项卡中设置如图 11-57 所示的设置，单击"关闭阵列"按钮✔。

图 11-57 设置阵列创建参数

5 从功能区"默认"选项卡的"图层"面板的"图层"下拉列表框中选择"细实线"。

6 在"绘制"面板中单击"绘图"按钮，分别绘制相关的连接线，如图 11-58 所示。具体尺寸大概确定即可。

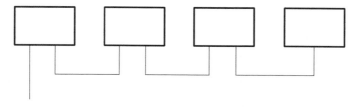

图 11-58 绘制连接线

1 单击"单行文字"按钮 A 创建相关的单行文字，注意有些单行文字的旋转角度为 0°，有些单行文字的旋转角度为 90°，完成该步骤后的电缆配置图如图 11-59 所示。用户也可以单击"多行文字"按钮 A 来创建其中的某些文字注释。

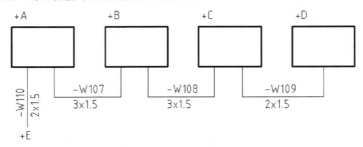

图 11-59　完成的电缆配置图

5 单击"保存"按钮 保存文件，保存的文件名为"电缆配置图.dwg"。

11.6　思考与练习

（1）什么是电气接线图？电气接线图主要包括哪些类型？

（2）什么是单元接线图？如何区分单元接线图的连续线画法和中断线画法？

（3）什么是互连接线图？在绘制互连接线图时需要注意哪些画法规则？

（4）什么是端子接线图？

（5）上机练习：绘制如图 11-60 所示的接线图。

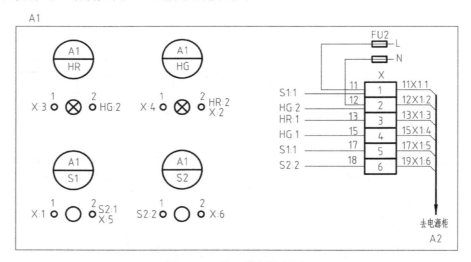

图 11-60　练习绘制接线图

（6）上机练习：绘制如图 11-61 所示的电缆配置图。在该电缆配置图示例中，连接单元采用插头和插座与线缆相连接，则单元用点画线围框表示，而插头和插座用细线围框表示，并在其内标出项目种类代号。

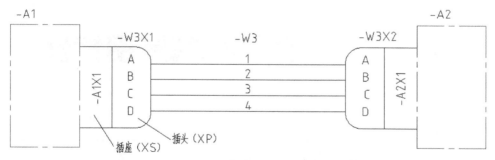

图 11-61　单元之间采用插头和插座连接的电缆配置图

第12章 建筑电气制图设计

本章导读

　　建筑电气以电能、电气设备和电气技术为手段，创造、维持与改善室内外空间的电、光、热、声等环境，从而提高人们的生活、工作和学习质量。建筑电气设计通常包括强电和弱电。使用 AutoCAD 2019 可以高效地进行建筑电气制图设计。

　　本章首先介绍建筑电气制图基本规定、建筑电气常用图形符号和建筑电气制图图样画法，接着介绍照明箱配电系统图绘制实例和电气照明系统图绘制实例。

12.1 建筑电气制图基本规定

　　为统一建筑电气专业制图规则，保证制图质量、提高制图效率，做到图面清晰、简明，符合设计、施工、存档的要求，适应工程建设的需要，国家制定了《建筑电气制图标准》（GB/T 50786—2012）。下面介绍建筑电气制图关于图线、比例、编号与参照代号、标注的一些基本规定。

12.1.1 图线

　　在电气总平面图和电气平面图中，一般有本专业（包括强电和弱电，下同）设备轮廓线、图形符号轮廓线、本专业设备之间电气通路的连接线缆、非本专业设备轮廓线等。电气总平面图和电气平面图宜采用 3 种及以上线宽绘制以便清楚地表示上述项目之间的关系。其他图样宜采用两种或以上的线宽绘制，例如，简单的系统图采用两种线宽便可以表达清楚。注意建筑电气涉及的系统图、电路图以本专业设备为主。

　　说明：电气平面图是指采用图形和文字符号将电气设备及电气设备之间电气通路的连接线缆、路由、敷设方式等信息绘制在一个以建筑专业平面图为基础的图内并表达其相对或绝对位置信息的图样。电气总平面图是指采用图形和文字符号将电气设备及电气设备之间电气通路的连接线缆、路由、敷设方式、电力电缆井、人（手）孔等信息绘制在一个以总平面图为基础的图内，并表达其相对或绝对位置信息的图样。

　　建筑电气专业的图线宽度（b）应该根据图线的类型、比例和复杂程度，按现行国家标准《房屋建筑制图统一标准》GB/T 50001 的规定选用，并宜为 0.5mm、0.7mm 和 1.0mm。

在同一张图纸内，相同比例的各图样，宜选用相同的线宽组。在同一个图样内，各种不同线宽组中的细线，可统一采用线宽组中较细的细线。当然图样中也可使用自定义的图像、线型及用途，并应在设计文件中明确说明。下面以表格的形式列出建筑电气专业常用的制图图线、线型及线宽。

表 12-1 建筑电气制图图线、线型及线宽

图线名称		线 型	线 宽	一 般 用 途
实线	粗	▬▬▬▬	b	本专业设备之间电气通路连接线、本专业设备可见轮廓线、图形符号轮廓线
	中粗	▬▬▬	0.7b	
	中	▬▬	0.7b	本专业设备可见轮廓线、图形符号轮廓线、方框线、建筑物可见轮廓
			0.5b	
	细	——	0.25b	非本专业设备可见轮廓线、建筑物可见轮廓线；尺寸、标高、角度等标注线及引出线
虚线	粗	▬ ▬ ▬ ▬	b	本专业设备之间电气通路不可见连接线；线路改造中原有线路
	中粗	- - - -	0.7b	
	中	- - -	0.7b	本专业设备不可见轮廓线、地下电缆沟、排管区、隧道、屏蔽线、连锁线
			0.5b	
	细	- - - -	0.25b	非本专业设备不可见轮廓线及地下管沟、建筑物不可见轮廓线等
波浪线	粗	∿∿	b	本专业软管、软护套保护的电气通路连接线、蛇形敷设线缆
	中粗	∿	0.7b	
单点画线		—·—·—	0.25b	定位轴线、中心线、对称线；结构、功能、单元相同围框线
双点画线		—··—··—	0.25b	辅助围框线、假象或工艺设备轮廓线
折断线		—/\—	0.25b	断开界线

当采用 b=0.7mm 和 0.5mm 的线宽组时，0.25b 细线分别为 0.18mm 和 0.13mm，图线中的细线可采用 0.18mm 和 0.13mm 线宽，也可统一采用 0.13mm 线宽。

12.1.2 比例

电气总平面图、电气平面图的制图比例，宜与工程项目设计的主导专业一致，采用的比例宜符合表 12-2 中的规定，并应该优先采用常用比例。

表 12-2 电气总平面图、电气平面图的制图比例

序 号	图 名	常 用 比 例	可 用 比 例
1	电气总平面图、规划图	1∶500、1∶1000、1∶2000	1∶300、1∶5000
2	电气平面图	1∶50、1∶100、1∶150	1∶200
3	电气竖井、设备间、电信间、变配电室等平、剖面图	1∶20、1∶50、1∶100	1∶25、1∶150
4	电气详图、电气大样图	10∶1、5∶1、2∶1、1∶1、1∶2、1∶5、1∶10、1∶20	4∶1、1∶25、1∶50

对于电气总平面图和电气平面图，用户应该按比例制图，并应该在图样中标注制图比例。一个图样宜选用一种比例绘制。如果要选用两种比例绘制时，应该要做说明。

需要用户注意的是，绘制电气总平面、电气平面图、电气详图时，制图比例一般不包括图形符号。电气大样图中的所有元器件均应按比例绘制。所谓的电气详图一般指用 1：20 至 1：50 比例绘制出的详细电气平面图或局部电气平面图。电气大样图则一般指用 1：20 至 10：1 比例绘制出的电气设备或电气设备及其连接线缆等与周边建筑构、配件联系的详细图样，清楚地表达细部形状、尺寸、材料和做法。

12.1.3 编号与参照代号

当同一类型或同一系统的电气设备、线路（绘图）、元器件等的数量大于或等于 2 时，应进行编号，编号宜选用 1、2、3···数字顺序排列。当电气设备的图形符号在图样中不能清晰地表达其信息时，应在其图形符号附近标注参照代号。参照代号采用字母代码标注时，参照代号宜由前缀符号、字母代码和数字组成，参照代号里的数字应标注在字母代码之后，数字可对项目进行编号，也可附加特定含义。当采用参照代号标注不会引起混淆时，参照代号的前缀符号可省略。参照代码可表示项目的数量、安装位置、方案等信息。参照代号的编制规则宜在设计文件里说明。

12.1.4 标注

电气设备的标注与机械工程图的标注是不同的。电气设备的标注应符号以下几条规定。
（1）宜在用电气设备的图形符号附近标注其额定功率，参照代号。
（2）对于电气箱（柜、屏），应在其图形符号附近标注参照代号并宜标注设备安装容量。
（3）对于照明灯具，宜在其图形符号附近标注灯具的数量、光源数量、光源安装容量、安装高度和安装方式。

另外，在电气线路中，应标注电气线路的回路编号或参照代号、线缆型号及规格、根数、敷设方式、敷设部位等信息；对于弱电线路，宜在线路上标注本系统的线型符号；对于封闭母线、电缆梯架、托盘和槽盒宜标注其规格及安装高度。

照明灯具安装方式、线缆敷设方式及敷设部位，应按标准规定的文字符号标注。

12.2 建筑电气常用图形符号

在进行建筑电气制图时，图样中采用的图形符号可以放大或缩小。当图形符号旋转或镜像时，其中的文字宜为视图的正向。当图形符号有两种表达形式时，可以任意选用其中一种形式，但同一工程应使用同一种表达形式。

当现有图形符号不能满足设计要求时，可按图形符号生成原则生成新的图形符号，新产生的图形符号宜由一般符号与一个或多个相关的补充符号组合而成。补充符号可置于一般符号的里面、外面或与其相交。

建筑电气常用的图形符号类别包括强电图样的常用图形符号、弱电图样的常用图形符号（包括通信及综合布线系统图样的常用图形符号、火警自动报警系统图样的常用图形符号、有线电视及卫星电视接收系统图样的常用图形符号、广播系统图样的常用图形符号、安全技术防范系统图样的常用图形符号、建筑设备监控系统图样的常用图形符号）、图样中电气线路的线型符号、电气设备标注方式表示和相关的文字符号。

12.3　建筑电气制图图样画法

建筑电气制图有自己的图样画法规则，包括一般规定、图号和图纸编排、图样布置、各类图样绘制方法（包括系统图、电路图、接线图（表）、电气平面图和电气总平面图）。

12.3.1　一般画法

建筑电气制图图样的一般画法包含的内容如下。

（1）同一个工程项目所用的图纸幅面规格宜一致，所用的图形符号、文字符号、参照代号、术语、线型、字体、制图方式等也应一致。对于规模较大的建筑群或底部连体的建筑群，同一个工程项目可以是其中的一个子项目（一栋建筑物或上部独立的建筑物），图纸幅面规格应符合现行国家标准《房屋建筑制图统一标准》GB/T 50001 的有关规定，如有困难时，同一个工程的图纸幅面规格不宜超过两种。

（2）图样中本专业（包括强电和弱电，下同）的汉字标注字高不宜小于 3.5mm，主导专业工艺、功能用房的汉字标注字高不宜小于 3.0mm，字母或数字标注字高不应小于 2.5mm。

（3）图样宜以图的形式表示，当设计依据、施工要求等在图样中无法以图表示时，应按这些规定进行文字说明：对于工程项目的共性问题，宜在设计说明里集中说明；对于图样中的局部问题，宜在本图样内说明。

（4）主要设备表宜注明序号、名称、型号、规格、单位、数量，如图 12-1 所示。

图 12-1　主要设备表绘制示例

（5）图形符号表宜注明序号、名称、图形符号、参照代号、备注等。建筑电气专业的主要设备表和图形符号表宜合并，可按如图 12-2 所示的形式来绘制。

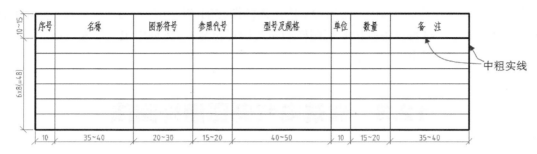

图 12-2　主要设备、图形符号表的绘制示例

（6）电气设备及连接线缆、敷设路由等位置信息应以电气平面图为准，其安装高度统一标注不会引起混淆时，安装高度可在系统图、电气平面图、主要设备表或图形符号表的任一处标注。

12.3.2　图号和图纸编排

设计图纸加注图号标识是为了便于图纸管理与检索。图号和图纸编排是有规定的。设计图纸应该有图号标识，图号标识宜表示出设计阶段、设计信息、图纸编号。设计阶段指规划、方案、初步设计、施工图设计、装修设计；设计信息是指强电设计和弱电设计。简单的电气工程不分强电、弱电出图，而规模大的工程，强电和弱电需要分别出图。注意设计图纸应编写图纸目录并满足相关的条款。

设计图纸宜按照这些规定进行编排：图纸目录、主要设备表、图形符号、使用标准图目录、设计说明宜在前，设计图样宜在后；对于设计图样，建筑电气系统图宜编排在前，电路图、接线图（表）、电气平面图、剖面图、电气详图、电气大样图、通用图宜编排在后；建筑电气系统图宜按强电系统、弱电系统、防雷、接地等依次编排；电气平面图应按地面下各层依次编排在前，地面上各层由低向高依次编排在后。

建筑电气专业的总图宜按图纸目录、主要设备表、图形符号、设计说明、系统图、电气总平面图、路由剖面图、电力电缆井和人（手）孔剖面图、电气详图、电气大样图、通用图依次编排。

12.3.3　图样布置

同一张图纸内绘制多个电气平面图时，应自下而上按建筑物层次由低向高顺序布置。电气详图和电气大样图宜按索引编号顺序布置。每个图样均应在图样下方标注出图名，图名下应绘制一条中粗横线（0.7b），长度宜与图名长度相等。图样比例宜标注在图名的左侧，字的基准线应与图名取平；比例的字高宜比图名的字高小一号。

图样中的文字说明宜采用"附注"形式书写在标题栏的上方或左侧，当"附注"内容较多时，宜对"附注"内容进行编号。

12.3.4 系统图

电气系统图表达的是系统、分系统、装置、设备等的主要构成和它们之间的关系，不是全部组成、全部特征。各系统、分系统、装置、设备等的详细信息应在电路图、接线图（表）、电气平面图中表示。

电气系统图宜按功能布局、位置布局绘制，连接信息可采用单线表示，图中可补充位置信息。电气系统图可根据系统的功能或结构（规模）的不同层次分别绘制。在电气系统图中，宜标注电气设备、路由（回路）等的参照代号、编号等，并应采用用于系统的图形符号绘制。系统图中标注电气设备、路由（回路）等的参照代号、编号是为了便于位置检索和查找。

12.3.5 电路图

建筑电气中的电路图应便于理解电路的控制原理及其功能，并可以不受元器件实际物理尺寸和形状的限制。电路图一般包括图形符号、连接线、参照代号、端子代号及了解其功能必需的补充信息。

电路图应绘制主回路系统图。电路图的布局应突出控制过程或信号流的方向，并可以增加端子接线图（表）、设备表等内容以方便施工和维修。

电路图中的元器件可以采用单个符号或多个符号组合表示。同一个项工程同一张电路图，同一个参照代号不宜表示不同的元器件，这是为了方便施工和维修。

电路图中的元器件可采用集中表示法、分开表示法、重复表示法表示。为了便于理解和检索元器件在布置图中的位置，宜在电路图图样的某个位置列出元器件及符号表。

- ☑ 集中表示法：表示符号的组合可彼此相邻，用于简单的电路图。
- ☑ 分开表示法：表示符号的组合可彼此分开，实现布局清晰。
- ☑ 重复表示法：同一个符号用于不同的位置。

12.3.6 接线图（表）

建筑电气专业的接线图（表）宜包括电气设备单元接线图（表）、互连接线图（表）、端子接线图（表）、电缆图（表）。其中，单元接线图（表）一般由厂商提供或非标设备设计时绘制，它应提供单元或组件内部的元器件之间的物理连接信息；互连接线图（表）应提供系统内不同单元外部之间的物理连接信息；端子接线图（表）应提供到一个单元外部物理连接的信息；电缆图（表）应提供装置或设备单元之间敷设连接电缆的信息。

电缆较多时应标注其编号、参照代号便于查找，接线图（表）所表示的端子顺序应方便其预定用途。在接线图（表）中，应能识别每个连接点上所连接的线缆，并应表示出线缆的型号、规格、根数、敷设方式、端子标识、编号、参照代号及补充说明。连接点的标识宜采用参照代号、端子代号、图形符号等表示。

在接线图中，元器件、单元或组件宜采用正方形、矩形或圆形等简单图形表示，也可以采用图形符号表示。元器件、单元或组件采用简单图形表示，是为了简化图面突出其接线，例如控制箱元器件、单元或组件的布置及接线应有相应的图纸，标准控制箱的布置及接线图一般由厂商完成。

另外，要注意建筑电气中电缆的颜色、标识方法、参照代号、端子代号、线缆采用线束的表示方法。

12.3.7 电气平面图

在电气平面图中，应表示出建筑物轮廓线、轴线号、房间名称、楼层标高、门、窗、墙体、梁柱、平台和绘图比例等，承重墙体及柱宜涂灰。承重墙体、柱涂灰或涂成其他浅色并涂实，一是为了区别墙体，应承重墙体上预留一定尺寸的孔洞要与结构专业配合；二是为了识别墙体内的接线盒、电气箱等电气设备和敷设线缆。

电气平面图应绘制出安装在本层的电气设备、敷设在本层和连接本层电气设备的线缆、路由等信息。进出建筑物的线缆，其保护管应注明与建筑轴线的定位尺寸、穿建筑外墙的标高和防水形式。通常，电气专业电源插座、信息插座安装在低处，其连接线缆一般敷设在本层楼板或垫层里；照明灯具安装在高处，其连接线缆一般敷设在本层吊顶或上一层楼板中，这些线缆均应绘制在本层电气平面图内。

电气平面图应标注电气设备、线缆敷设路由的安装位置、参照代号等，并应采用用于平面图的图形符号绘制。

电气平面图、剖面图中局部部位需另绘制电气详图或电气大样图时，应在局部部位处标注电气详图或电气大样图编号，在电气详图或电气大样图下方标注其编号和比例。

如果电气设备布置在不同楼层时，应分别绘制其电气平面图；如果电气设备布置在相同的楼层，则可只绘制其中一个楼层的电气平面图。

当建筑专业的建筑平面图采用分区绘制时，其相应的电气平面图也应分区绘制，分区部位和编号宜与建筑专业一致，并应绘制分区组合示意图，各区电气设备线缆连接处应加以标注。

对于强电和弱电，应分别绘制它们相应的电气平面图。

另外，防雷接地平面图应在建筑物或构筑物建筑专业的顶部平面图上绘制接闪器、引下线、断接卡、连接板、接地装置等的安装位置及电气通路。

12.3.8 电气总平面图

电气总平面图应表示出建筑物和构筑物的名称、外形、编号、坐标、道路形状、比例等，指北针或风玫瑰图宜绘制在电气总平面图图样的右上角。

强电和弱电宜分别绘制电气总平面图。电气总平面图涉及强电和弱电进出建筑物的相关信息，所以电气总平面图应根据工程规模、系统复杂程度及当地主管部门审批要求进行绘制，既可以将强电和弱电绘制在一张图里，也可以分别绘制。

12.4 绘制照明箱配电系统图

本节介绍使用 AutoCAD 2019 绘制照明箱配电系统图的实例，如图 12-3 所示。该图是某配电室二层照明系统的配电装置，采用水平分支电路自上而下布置，电源线进线在上部。在该照明箱配电系统图中，表示了元器件、参照代号、元器件规格标注等标注的方法。当电气箱系统图采用水平方向表示时，文字标注于图形符号的上方，回路容量和用途标注于图形符号右侧。图中的符号"□"为产品型号，根据需要由设计人员确定。

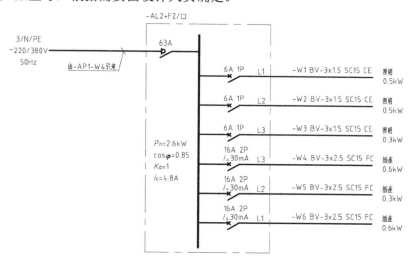

图 12-3　照明箱配电系统图

在本例中，读者还将学习如何定义多重引线样式，以及在电气图中创建电气引线注释。

本照明箱配电系统图的绘制步骤如下。

1 在"快速访问"工具栏中单击"新建"按钮，弹出"选择样板"对话框，从本书配套资料包中选择"图形样板"|"ZJDQ_建筑电气标准样板.dwt"图形样板，单击"打开"按钮。

2 在"快速访问"工具栏的"工作空间"下拉列表框中选择"草图与注释"工作空间选项，接着从功能区"默认"选项卡的"图层"面板的"图层"下拉列表框中选择"中实线"，所选的"中实线"层作为当前工作图层。

3 在功能区"默认"选项卡的"块"面板中单击"插入"按钮并选择"更多选项"命令，弹出"插入"对话框。从"名称"下拉列表框中选择"断路器一般符号"，在"插入点"选项组中确保选中"在屏幕上指定"复选框，在"旋转"选项组中输入旋转角度为90°，并选中"分解"复选框，如图 12-4 所示，接着单击"确定"按钮，并在图形窗口中指定一点作为块的插入点，插入的断路器一般符号如图 12-5 所示。

图 12-4　"插入"对话框

图 12-5　插入的断路器一般符号

4️⃣ 在功能区"默认"选项卡的"修改"面板中单击"矩形阵列"按钮⊞，选择刚插入的整个图形，按 Enter 键，功能区出现"阵列创建"上下文选项卡，从中进行如图 12-6 所示的阵列创建参数设置，然后单击"关闭阵列"按钮✓。

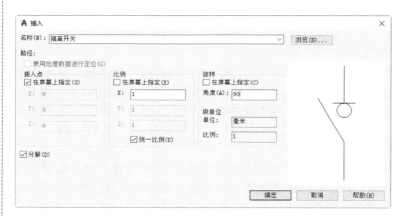

图 12-6 "阵列创建"上下文选项卡

5️⃣ 在功能区"默认"选项卡的"块"面板中单击"插入"按钮并选择"更多选项"命令，弹出"插入"对话框。从"名称"下拉列表框中选择"隔离开关"，在"插入点"选项组中确保选中"在屏幕上指定"复选框，在"旋转"选项组中输入旋转角度为 90°，并选中"分解"复选框，如图 12-7 所示，接着单击"确定"按钮，并在图形窗口的合适位置处指定一点作为块的插入点，则完成插入的隔离开关图形符号如图 12-8 所示。

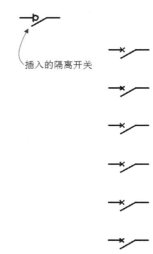

图 12-7 "插入"对话框　　　　　　　　　　　　　　图 12-8 插入隔离开关图形符号

6️⃣ 在功能区"默认"选项卡的"绘图"面板中单击"直线"按钮，分别绘制线路连接线，如图 12-9 所示。在绘制相关线段时，可以巧用正交模式、对象捕捉模式和对象捕捉追踪模式。

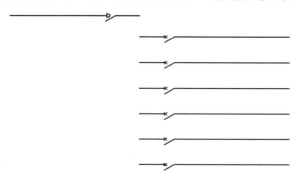

图 12-9 绘制相关直线段

7 从功能区"默认"选项卡的"图层"面板的"图层"下拉列表框中选择"中粗实线"，所选的"中粗实线"层作为新的当前工作图层。

8 在功能区"默认"选项卡的"绘图"面板中单击"直线"按钮，绘制以单线表示的电气通路连接线，如图 12-10 所示。

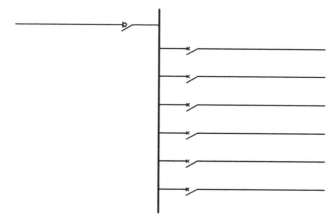

图 12-10　绘制电气通路连接线

9 从功能区"默认"选项卡的"图层"面板的"图层"下拉列表框中选择"细点画线"，所选的"细点画线"层作为新的当前工作图层。

10 在功能区"默认"选项卡的"绘图"面板中单击"矩形"按钮，绘制如图 12-11 所示的细点画线围框。

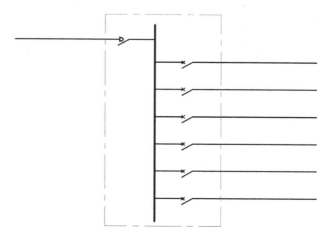

图 12-11　绘制细点画线围框

11 从功能区"默认"选项卡的"图层"面板的"图层"下拉列表框中选择"注释"，所选的"注释"层作为新的当前工作图层。

12 在功能区"默认"选项卡中单击"注释"面板溢出按钮，接着从"注释"面板的溢出列表中将"电气文字 3.5"文字样式设置为当前文字样式。

13 在功能区"默认"选项卡的"注释"面板中单击"多行文字"按钮A，分别创建如图 12-12 所示的文字注释或文字符号。

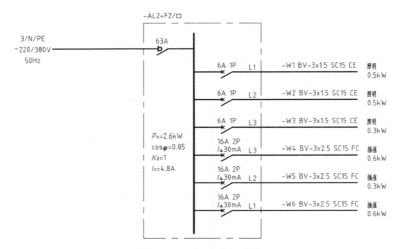

图 12-12　创建多行文字

知识点拨：在创建多行文字的过程中，可以为多行文字中选定的某个或某组文字字符设置单独的文字格式、大小等。多行文字中出现的"□"和"△"字符可以采用插入"符号"的方式来获得。例如，要在多行文字中插入"△"，可以在"文字编辑器"上下文选项卡的"插入"面板中单击"符号"按钮@，如图 12-13 所示，接着从符号下拉列表中选择"差值"，接着在输入框中选择刚插入的该符号，并在"文字编辑器"中将该符号的文字大小适当改小，以及更改该符号的字体格式（例如选择"宋体"）。当然，"△"和"□"字符也可以通过"字符映射表"来找到，要使用"字符映射表"，则需要在单击"符号"按钮@后选择"其他"选项，打开"字符映射表"对话框，如图 12-14 所示，指定合适的字体并从列表中选择所需的字符，接着单击对话框中的"选择"按钮，以及单击"复制"按钮将该符号复制到剪切板，然后返回到 AutoCAD 当前活动窗口的文字输入状态，按 Ctrl+V 组合键便可以以粘贴方式输入该符号，同样根据需要单独修改该符号的字体格式、大小等。

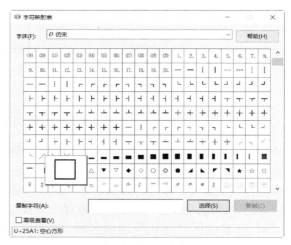

图 12-13　单击"符号"按钮

图 12-14　使用字符映射表

14 为指引线设置多重引线样式。

（1）在命令行中输入 MLEADERSTYLE 并按 Enter 键，或者在"注释"面板的溢出列表中单击"多重引线样式"按钮，弹出如图 12-15 所示的"多重引线样式管理器"对话框。

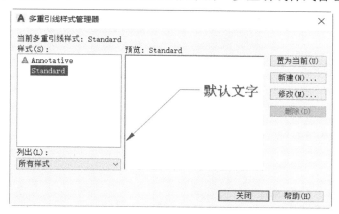

图 12-15　"多重引线样式管理器"对话框

（2）在"多重引线样式管理器"对话框中单击"新建"按钮，弹出"创建新多重引线样式"对话框，基础样式默认为 Standard，在"新样式名"文本框中输入"电气引线"，如图 12-16 所示，然后单击"继续"按钮。

图 12-16　"创建新多重引线样式"对话框

（3）系统弹出"修改多重引线样式：电气引线"对话框，在"引线格式"选项卡中，将引线类型指定为"直线"，颜色、线型、线宽为默认设置，从"箭头"选项组的"符号"下拉列表框中选择"倾斜"，将符号大小设置为 3，如图 12-17 所示。

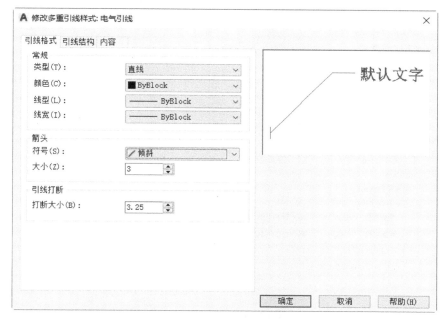

图 12-17　设置引线格式

（4）切换至"引线结构"选项卡，设置如图 12-18 所示的引线结构约束选项、基线设置和比例选项参数。

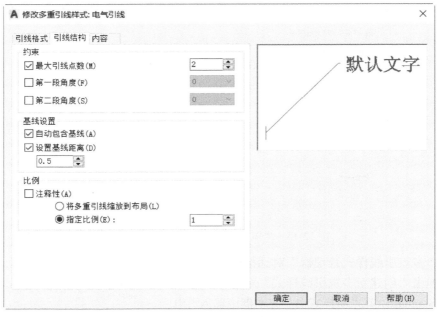

图 12-18　设置引线结构

（5）切换至"内容"选项卡，设置如图 12-19 所示的引线内容，包括将多重引线类型设置为"多行文字"，文字样式为"电气文字 3.5"，引线连接选项为"水平连接"，连接位置-左为"第一行加下划线"，连接位置-右为"第一行加下划线"，基线间隙为 1。

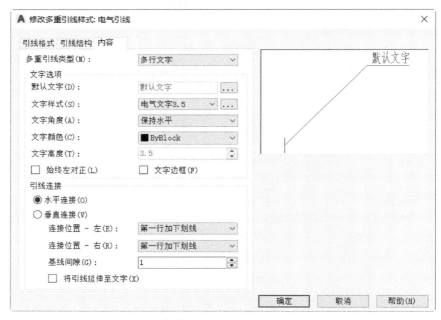

图 12-19　设置引线内容

（6）在"修改多重引线样式：电气引线"对话框中单击"确定"按钮，返回"多重引线样式管理器"对话框，如图 12-20 所示。确保新创建的"电气引线"多重引线样式为当前多重引线样式，单击"关闭"按钮。

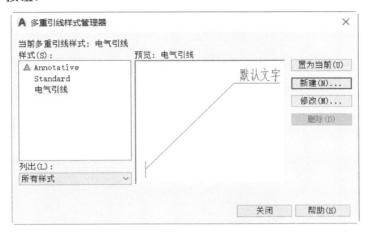

图 12-20　定义好多重引线样式

16　在功能区"默认"选项卡的"注释"面板中单击"引线"按钮 ，接着指定引线基线的位置，输入"由-AP1-W4 引来"文字注释，单击"关闭文字编辑器"按钮 ，创建的引线标注如图 12-21 所示。

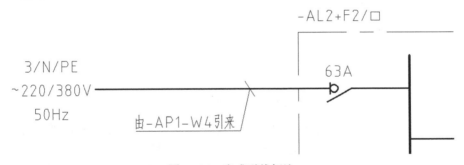

图 12-21　完成引线标注

16　至此完成本例操作。有兴趣的读者可以为该系统图绘制图框和标题栏等，最后单击"保存"按钮 ，或者按 Ctrl+S 组合键，将文件保存为"绘制照明箱配电系统图.dwg"。

12.5　绘制室内电气照明系统图

本节介绍绘制某室内电气照明系统图实例，实例完成效果如图 12-22 所示。室内电气照明系统图可对整个建筑物中的室内照明的配电系统、容量分配、配电线路及设备容量等进行表达，是室内电气照明施工的一个重要图纸。

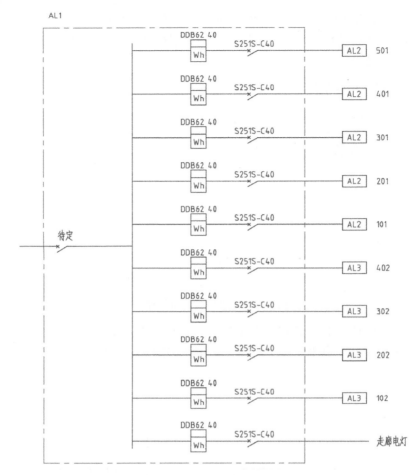

图 12-22　某室内电气照明系统图

　　在本综合实例中，读者要学会如何建立一个符合建筑电气专业制图标准的 AutoCAD 绘图环境，包括图形单位设置、图层设置、文字样式设置、电气符号图块创建等，然后将该图形文件保存为图形样板文件以备以后可以使用。建好图形样板后，新建一个使用该图形样板的图形文件，在此基础上进行室内电气照明系统图的绘制、编辑及注释等。

12.5.1　建立适合建筑电气制图的图形样板

　　建立适合建筑电气制图的图形样板是一项基础且重要的工作，建立好该图形样板的好处是以后可以在该图形样板的基础上进行建筑电气设计工作，可以减少大量的重复性工作，从而有效提高建筑电气设计绘图的效率。

　　① 在"快速访问"工具栏中单击"新建"按钮 ，弹出"选择样板"对话框，在对话框中单击"打开"按钮 打开(O) 旁的 按钮，如图 12-23 所示，接着选择"无样板打开-公制"选项来创建以公制为基础的无样板图形文件。

图 12-23　"选择样板"对话框

2 在"快速访问"工具栏的"工作空间"下拉列表框中选择"草图与注释"工作空间选项。

3 设置图形单位。在命令行的"键入命令"提示下输入 UNITS 并按 Enter 键，系统弹出"图形单位"对话框，从中进行如图 12-24 所示的设置，然后单击"确定"按钮。

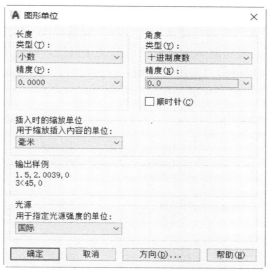

图 12-24　设置图形单位

4 设置文字样式。

（1）在命令行的"键入命令"提示下输入 STYLE 并按 Enter 键，弹出如图 12-25 所示的"文字样式"对话框。

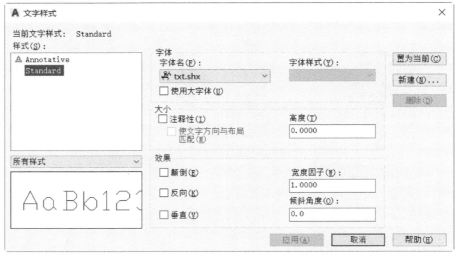

图 12-25 "文字样式"对话框

（2）在"文字样式"对话框中单击"新建"按钮，弹出"新建文字样式"对话框，在"样式名"文本框中输入"建筑电气注释"，如图 12-26 所示，单击"确定"按钮。

图 12-26 "新建文字样式"对话框

（3）在"文字样式"对话框中为"建筑电气注释"设置如图 12-27 所示的内容。本例将文字高度设为 0，此设置使文字高度将默认为上次使用的文字高度，或使用存储在图形样板文件中的值，然后分别单击"应用"按钮和"关闭"按钮。

图 12-27 为"建筑电气注释"文字样式设置字体、大小和效果

说明：如果在"大小"选项组的"高度"文本框中输入大于 0 的高度，那么系统将自动为此文字样式设置固定的文字高度。

⑤ 设置图层。

（1）在功能区"默认"选项卡的"图层"面板中单击"图层特性"按钮，打开"图层特性管理器"选项板，如图 12-28 所示。

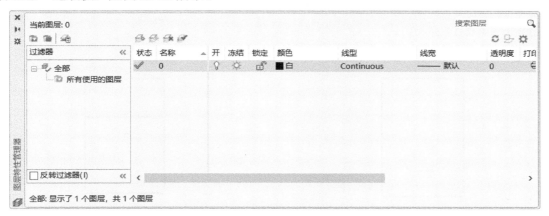

图 12-28　"图层特性管理器"对话框

（2）在"图层特性管理"选项板中单击"新建图层"按钮，新建一个图层，并分别更改其名称、颜色、线型和线宽等。使用同样的方法，分别创建其他所需的图层。创建好的若干图层如图 12-29 所示。

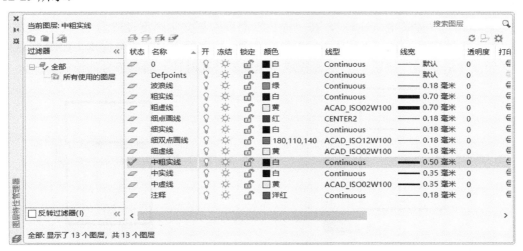

图 12-29　创建所需的图层

（3）选择"中粗实线"层，单击"置为当前"按钮 以将所选图层设置为当前图层。然后关闭"图层特性管理器"选项板。

⑥ 在"绘图"面板中单击"矩形"按钮，根据命令行提示进行以下操作来绘制如图 12-30 所示的一个矩形。

```
命令：_rectang
指定第一个角点或 [倒角(C)/标高(E)/圆角(F)/厚度(T)/宽度(W)]：     //任意指定一点
指定另一个角点或 [面积(A)/尺寸(D)/旋转(R)]：@10,15✓
```

7 在"绘图"面板中单击"直线"按钮 ，在命令行中进行以下操作。

```
命令：_line
指定第一个点：@0,-5✓
指定下一点或 [放弃(U)]：@-10,0✓
指定下一点或 [放弃(U)]：✓
```

绘制一条直线段如图 12-31 所示。

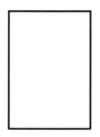

图 12-30　绘制一个矩形

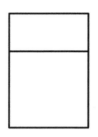

图 12-31　绘制一条直线段

8 在功能区"默认"选项卡的"图层"面板的"图层"下拉列表框中选择"注释"层作为当前图层。

9 在功能区"默认"选项卡的"注释"面板中单击"多行文字"按钮 A，依次选择如图 12-32 所示的第一角点和对角点以定义输入框宽度，功能区出现"文字编辑器"上下文选项卡，默认的文字样式为"建筑电气注释"，在"样式"面板中将文字高度设置为 5，在"段落"面板中单击"对正"按钮 A，选择"正中 MC"对正选项，接着输入 Wh 注释文本，如图 12-33 所示，单击"关闭文字编辑器"按钮 ✔，从而完成该电度表（瓦时计）图形符号的绘制。

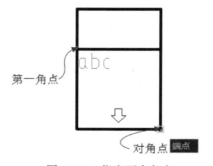

图 12-32　指定两个角点

图 12-33　输入注释文本

10 在功能区"默认"选项卡的"块"面板中单击"创建"按钮 ，弹出"块定义"对话框，在"名称"文本框中输入"电度表（瓦时计）"；在"对象"选项组中单击"选择对象"按钮 ，以窗口选择方式选择整个电度表图形（包含文字注释），按 Enter 键，返回"块定义"对话框，并在"对象"选项组中选择"删除"单选按钮；在"基点"选项组中单击"拾取点"按钮 ，选择电度表图形矩形的右下顶点作为基点；在"方式"选项组中选中"允许分解"复选框；在"说明"选项组中的文本框中输入相关的说明信息，如图 12-34 所示。然后单击"确定"按钮。

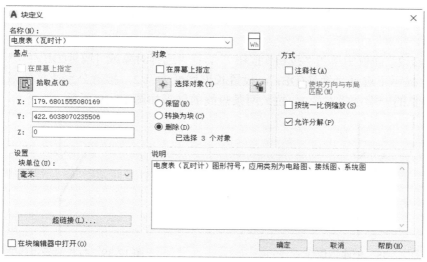

图 12-34 "块定义"对话框

II 绘制断路器图形符号并将它创建成块。

（1）在功能区"默认"选项卡的"图层"面板的"图层"下拉列表框中选择"中粗实线"层作为当前图层。

（2）在命令行中进行以下操作，以绘制如图 12-35 所示的相关线。

```
命令：LINE↙
指定第一个点：                    //在图形窗口中任意指定一点
指定下一点或 [放弃(U)]：@6<-90↙
指定下一点或 [放弃(U)]：↙
命令：LINE↙
指定第一个点：@12<-90↙
指定下一点或 [放弃(U)]：@6<90↙
指定下一点或 [放弃(U)]：@7.8<120↙
指定下一点或 [闭合(C)/放弃(U)]：↙
```

（3）在"绘图"面板中单击"直线"按钮 ，根据命令行进行以下操作。

```
命令：_line
指定第一个点：                    //选择如图 12-36 所示的端点
指定下一点或 [放弃(U)]：@1.2<45↙
指定下一点或 [放弃(U)]：↙
```

绘制的一条短线如图 12-37 所示。

图 12-35 绘制相关线　　　图 12-36 选择端点为新线段起点　　　图 12-37 绘制的一条短线

（4）在"修改"面板中单击"镜像"按钮◭，创建短线，然后创建其镜像副本，结果如图 12-38 所示。

（5）在"修改"面板中单击"拉长"按钮╱，在"选择对象或 [增量(DE)/百分数(P)/全部(T)/动态(DY)]："提示下选择"增量(DE)"，设置长度增量为 1.2，接着分别选择要修改的对象（注意在靠近要拉长的一端选择对象），拉长两条短线的结果如图 12-39 所示。

图 12-38　创建镜像线　　　　　　　　　　图 12-39　拉长两条短线的结果

（6）在功能区"默认"选项卡的"块"面板中单击"创建"按钮，弹出"块定义"对话框，在"名称"文本框中输入"断路器"；在"对象"选项组中单击"选择对象"按钮，以窗口选择方式选择整个断路器图形，按 Enter 键，返回"块定义"对话框，并在"对象"选项组中选择"删除"单选按钮；在"基点"选项组中单击"拾取点"按钮，选择断路器图形的下端点作为基点；在"方式"选项组中选中"允许分解"复选框，如图 12-40 所示，然后单击"确定"按钮。

图 12-40　利用"块定义"对话框建立断路器图块

12 建立"物件"一般符号，并创建附带属性的图块。

（1）在"绘图"面板中单击"矩形"按钮，根据命令行提示进行以下操作来绘制如图 12-41 所示的一个矩形。

```
命令：_rectang
指定第一个角点或 [倒角(C)/标高(E)/圆角(F)/厚度(T)/宽度(W)]:    //任意指定一点
指定另一个角点或 [面积(A)/尺寸(D)/旋转(R)]: @16,8↙
```

（2）在功能区"默认"选项卡的"图层"面板的"图层"下拉列表框中选择"注释"层作为当前图层。

（3）在功能区"默认"选项卡的"块"面板溢出列表（如图 12-42 所示）中单击"定义属性"按钮 ，弹出"属性定义"对话框。

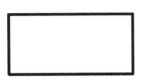

图 12-41　绘制一个矩形

图 12-42　"块"面板溢出列表

（4）在"属性定义"对话框中进行如图 12-43 所示的设置，单击"确定"按钮，接着指定属性放置点，如图 12-44 所示。可以适当微调放置点位置。

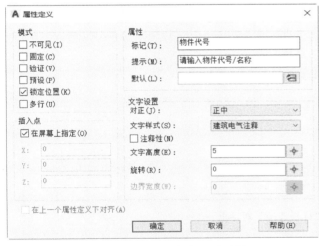

图 12-43　"属性定义"对话框

图 12-44　指定属性放置点

（5）在功能区"默认"选项卡的"块"面板中单击"创建"按钮 ，弹出"块定义"对话框，在"名称"文本框中输入"物体"；在"对象"选项组中单击"选择对象"按钮 ，以窗口选择方式选择整个"物体"图形，按 Enter 键，返回"块定义"对话框，并在"对象"选项组中选择"删除"单选按钮；在"基点"选项组中单击"拾取点"按钮 ，选择"物体"图形的左竖边中点作为基点；在"方式"选项组中选中"允许分解"复选框，然后单击"确定"按钮。

说明：可以继续在该图形中绘制建筑电气用的图形符号并生成块。

🔢 在"快速访问"工具栏中单击"另存为"按钮 ，弹出"图形另存为"对话框，从"文件类型"下拉列表框中选择"AutoCAD 图形样板（*.dwt）"，指定要保存的路径/文件夹，在"文件名"文本框中输入"建筑电气制图图形样板"，如图 12-45 所示。

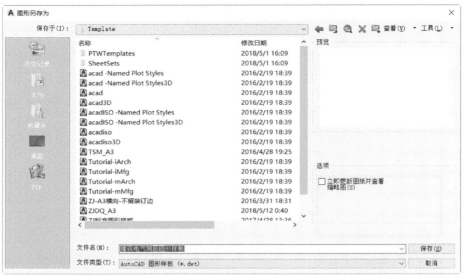

图 12-45　"图形另存为"对话框

在"图形另存为"对话框中单击"保存"按钮，系统弹出"样板选项"对话框，在"说明"文本框中添加所需的说明，测量单位默认为公制，如图 12-46 所示，单击"确定"按钮。

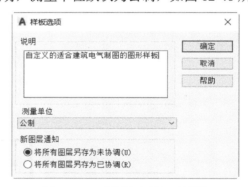

图 12-46　"样板选项"对话框

关闭此图形样板文件。

12.5.2　绘制室内电气照明系统图

可以在建立的图形样板基础上绘制室内电气照明系统图，以提高设计效率。

在"快速访问"工具栏中单击"新建"按钮，弹出"选择样板"对话框，选择刚建立的"建筑电气制图图形样板.dwt"图形样板，单击"打开"按钮。在本书配套资料包的 CH12 文件夹里也提供有该图形样板文件。

使用"草图与注释"工作空间，从功能区"默认"选项卡的"图层"面板的"图层"下拉列表框中选择"中粗实线"层作为当前图形。

在功能区"默认"选项卡的"块"面板中单击"插入"按钮并选择"更多选项"命令，弹出"插入"对话框，从"名称"文本框中选择"电度表（瓦时计）"，其他设置如图 12-47

所示，单击"确定"按钮，然后在图形窗口中指定一点作为块的插入点，从而插入电度表图形。

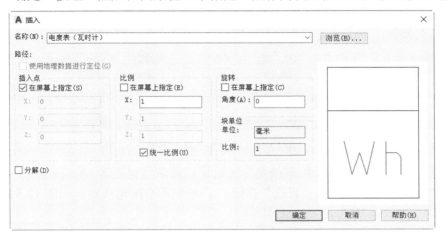

图 12-47 "插入"对话框

在功能区"默认"选项卡的"块"面板中单击"插入"按钮 并选择"更多选项"命令，弹出"插入"对话框，从"名称"文本框中选择"断路器"，其他设置如图 12-48 所示，单击"确定"按钮，然后在电度表图形右侧的适当位置处指定一点作为该块的插入点（可使用对象捕捉和对象捕捉追踪功能辅助指定插入点），结果如图 12-49 所示。

图 12-48 在"插入"对话框中进行设置

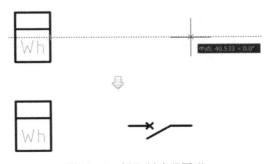

图 12-49 插入断路器图形

在功能区"默认"选项卡的"修改"面板中单击"矩形阵列"按钮，以窗口选择方式选择电度表图形和断路器图形，按 Enter 键，在"阵列创建"上下文选项卡中设置如图 12-50 所示的矩形阵列参数，单击"关闭阵列"按钮✔，阵列结果如图 12-51 所示。

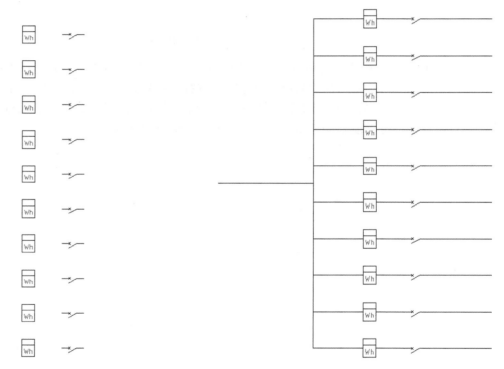

图 12-50　设置矩形阵列参数

在状态栏中单击"显示/隐藏线宽"按钮 以隐藏线宽显示。

在"绘图"面板中单击"直线"按钮，绘制用户配电线路，如图 12-52 所示。

图 12-51　阵列结果　　　　图 12-52　绘制用户配电线路

在功能区"默认"选项卡的"块"面板中单击"插入"按钮 并选择"更多选项"命令，弹出"插入"对话框，从"名称"文本框中选择"断路器"，在"插入点"选项组中选中"在屏幕上指定"复选框，在"旋转"选项组中设置旋转角度为 90°，选中"分解"复选框，接着单击"确定"按钮，并在左边水平配电线路上指定一点，插入该断路器的效果如图 12-53 所示。

在功能区"默认"选项卡的"修改"面板中单击"修剪"按钮 ，将新断路器在配电线路上这部分进行修剪，修剪结果如图 12-54 所示。

图 12-53 插入断路器　　　　　　　　图 12-54 修剪结果

10 在功能区"默认"选项卡的"块"面板中单击"插入"按钮，并选择"更多选项"命令，弹出"插入"对话框，从"名称"文本框中选择"物体"，从中进行如图 12-55 所示的设置，注意取消选中"分解"复选框，单击"确定"按钮，接着选择如图 12-56 所示的端点作为插入点。

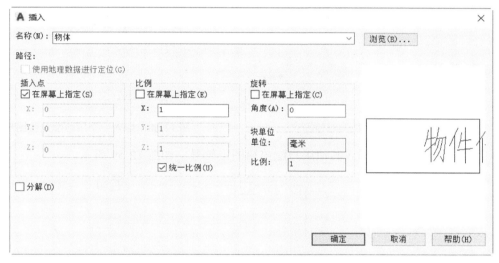

图 12-55 "插入"对话框

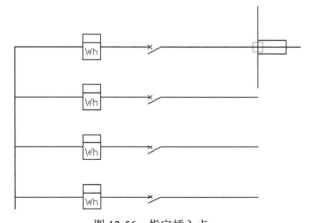

图 12-56 指定插入点

11 系统弹出"编辑属性"对话框，在"请输入物体代号/名称"文本框中输入 AL2，如图 12-57 所示，然后单击"确定"按钮，插入的该用户配电箱图形符号如图 12-58 所示。

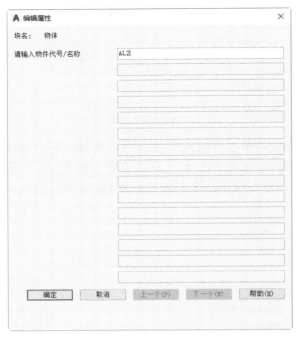

图 12-57 "编辑属性"对话框

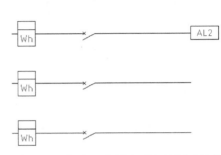

图 12-58 插入一个用户配电箱图形符号

12 使用同样的方法，插入其他用户配电箱图形符号，如图 12-59 所示。

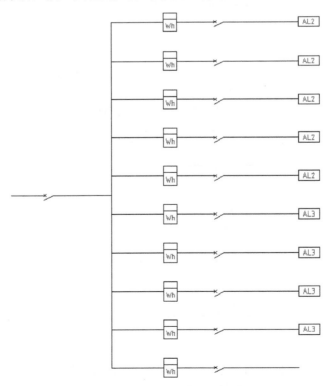

图 12-59 插入其他用户配电箱图形符号

🔟 在功能区"默认"选项卡的"图层"面板的"图层"下拉列表框中选择"细点画线"层作为当前图形。

🔟 在功能区"默认"选项卡的"绘图"面板中单击"矩形"按钮□，依次指定两个角点来绘制一个以细点画线表示的矩形，如图 12-60 所示。

🔟 在功能区"默认"选项卡的"图层"面板的"图层"下拉列表框中选择"注释"层作为当前图形。

🔟 在功能区"默认"选项卡的"注释"面板中单击"多行文字"按钮 A，在系统图中分别创建所需的文字注释，结果如图 12-61 所示。

🔟 通过夹点将最下面的走廊电灯线路向右沿水平方向适当拉长，结果如图 12-62 所示。

🔟 可以将竖直线路两端适当拉长，并将该竖直线路加粗，改为"粗实线"。此时，在状态栏中通过单击"显示/隐藏线宽"按钮 ⊟ 以设置显示线宽，结果如图 12-63 所示。

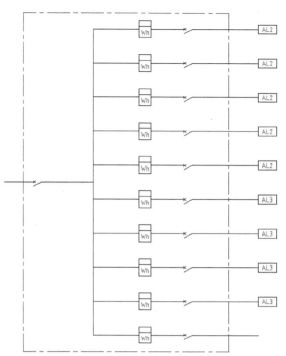

图 12-60　绘制一个以细点画线表示的矩形

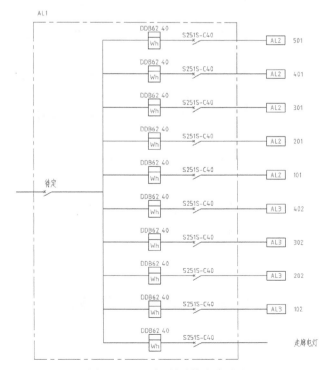

图 12-61　添加所需的文字注释

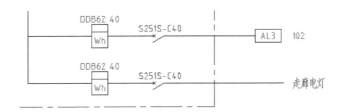

图 12-62   拉长线路

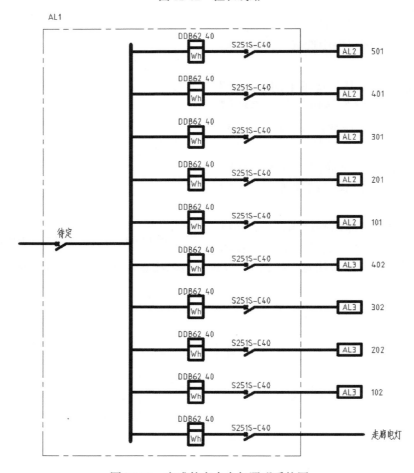

图 12-63   完成的室内电气照明系统图

🔟 单击"保存"按钮，或者按 Ctrl+S 组合键，将文件保存为"绘制室内电气照明系统图.dwg"。

12.6   思考与练习

（1）建筑电气制图的图线有哪些要求？

（2）建筑电气制图的一般画法要点包括哪些？

（3）如何理解电气平面图和电气总平面？它们的画法有哪些要求？

（4）上机练习：请按照相关标准在 AutoCAD 2019 中绘制一个主要设备表。

（5）上机练习：请按照相关标准在 AutoCAD 2019 中绘制一个包含主要设备和图形符号合并信息的表格。

（6）上机练习：请在 AutoCAD 2019 中绘制如图 12-64 所示的动力配电箱系统图。注意当电气箱系统图采用垂直方向表示时，文字标注于图形符号的左侧，回路容量和用途标注于图形符号下方。

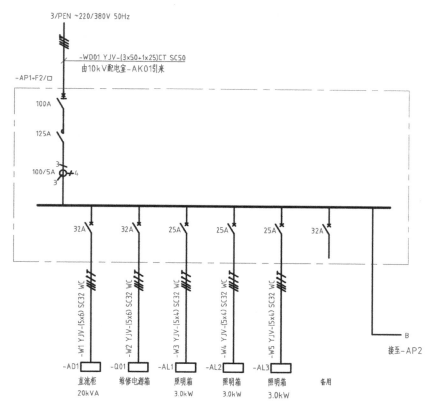

图 12-64　动力配电箱系统图

参 考 文 献

[1] 何利民，尹全英. 电气制图与读图[M]. 3 版. 北京：机械工业出版社，2012.

[2] 高红，杜士鹏，魏双燕，等. 电气电子工程制图与 CAD[M]. 北京：中国电力出版社，2012.

[3] 邓艳丽，刘宇. AutoCAD 2013 电子与电气设计完全自学手册[M]. 北京：人民邮电出版社，2013.

[4] 中华人民共和国住房和城乡建设部. 建筑电气制图标准[M]. 北京：中国建筑工业出版社，2012.